Veronika Bellone | Thomas Matla

Es ist nie zu spät, sich selbstständig zu machen

Veronika Bellone | Thomas Matla

Es ist nie zu spät, sich selbstständig zu machen

Neues Glück mit Tiny Start-ups –
gründen aus dem Job oder danach

REDLINE | VERLAG

Bibliografische Information der Deutschen Nationalbibliothek:
Die Deutsche Nationalbibliothek verzeichnet diese Publikation in der Deutschen Nationalbibliografie; detaillierte bibliografische Daten sind im Internet über **http://d-nb.de** abrufbar.

Für Fragen und Anregungen:
info@redline-verlag.de

1. Auflage 2020

Nymphenburger Straße 86
D-80636 München
Tel.: 089 651285-0
Fax: 089 652096

Redaktion: Christiane Otto, München
Umschlaggestaltung: Pamela Machleidt, München
Satz: Christiane Schuster | www.kapazunder.de
Druck: Florjancic Tisk d.o.o., Slowenien
Printed in the EU

ISBN Print 978-3-86881-803-1
ISBN E-Book (PDF) 978-3-96267-237-9
ISBN E-Book (EPUB, Mobi) 978-3-96267-238-6

Inhalt

VORWORT

Veronika Bellone & Thomas Matla
© Rene Weiss 2020

Schön, dass du da bist!

Wer, außer dir, weiß bereits, welche Potenziale in dir stecken? Zeig es ihnen doch einfach. Es ist nie zu spät für deine Selbstständigkeit!

Egal, ob du 30 bist und dir andere direkt oder indirekt zu verstehen geben, dass das doch jetzt vielleicht zu riskant sei, von wegen Familienplanung und unsichere Zukunft. Egal, ob du 45plus bist und andere schon orakeln, dass das ein ganz schlechter Zeitpunkt sei, immerhin gibst du einen Job auf, Ferien und monatlich das pünktliche Geld auf dem Konto. Halte doch durch bis zur Rente, dann kannst du ja immer noch etwas anfangen. Bist du dann kurz davor oder bereits im Ruhestand, dann heißt es: Warum willst du dich denn jetzt noch selbstständig machen? In deinem Alter!

Bedenkenträger gibt es immer und in jeder Lebenssituation, ob in der Krise oder in bester Ausgangslage. Jeder projiziert seine eigenen Vorbehalte in deine Situation. Im besten Fall gibt dir das die Möglichkeit, Überlegungen zum Geschäftskonzept oder zur Planung zu reflektieren. Manchmal wirst du vielleicht enttäuscht sein, dass du nicht mehr Unterstützung bekommst, gerade von denen, die immer so viele Ideen im Kopf haben. Wie dem auch sei, lass dich nicht abbringen, wenn du deinem Leben eine neue Wendung geben und ein Unternehmen gründen willst. Um dich dabei zu unterstützen, haben wir dieses Buch geschrieben. Es ist ein Buch voller Anregungen und Inspirationen, nicht ein klassischer Ratgeber, mit dem du Schritt für Schritt deinen Businessplan erarbeitest. Wir wollen dir durch unsere vielen Beispiele von Start-ups und etablierten Unternehmer*innen Mut machen, deine ganz persönliche Passion zu leben. Wir wollen dich aus verschiedenen Blickwinkeln heraus inspirieren, deine Geschäftsidee zu finden und dein Unternehmer*innen-Profil besser kennenzulernen. Also auf geht's.

Im ersten Kapitel stellen wir dir Gründer*innen in den drei Alterskategorien 30, 45plus und 60plus vor und zeigen dir, wie sie zu ihren Ideen kamen, inklusive Herausforderungen und Chancen, auch in der Corona-Zeit. Denn diese können wir nicht außer Acht lassen, wurden wir beim Schreiben des Buches doch genauso eiskalt von der Pandemie erwischt wie der Rest der Welt. So gibt es in diesem Kapitel auch Beispiele von Start-ups, die in oder nach persönlichen wie gesellschaftlichen Krisenzeiten gegründet wurden. Abschließend präsentieren wir dir deine persönliche Risikobeurteilung.

Das zweite Kapitel handelt von Dinosauriern und dem Potenzial kleiner Start-ups. Dabei gehen wir nicht Millionen Jahre zurück, sondern bleiben mit ein paar verblüffenden Daten und Fakten in der Jetztzeit. Hier nämlich weisen ein paar zum Gigantismus neigende Unternehmen Anzeichen eines möglichen Aussterbens auf. Damit eröffnen sich für findige Unternehmer*innen neue Chancen.

Im dritten Kapitel geht es zunächst um typische Fehler, die Start-ups scheitern lassen. Wir geben dir Beispiele, aber auch Tipps und Links zur Vorbeugung und Behebung. Um deine bereits bestehende oder noch zu entwickelnde Geschäftsidee mit größtmöglichem Innovationspotenzial auszustatten, tauchen wir dann in sieben Megatrends ein. Dort wirst du Konzepte kennenlernen, die auf diesen Einflüssen basieren. Wir schließen jeweils mit »Final Tiny Tipps« ab. Unter dem letzten Punkt »DERD« kannst du dann dein Unternehmer*innen-Profil abgleichen.

Im vierten und letzten Kapitel präsentieren wir dir zwei unserer Werkzeuge, mit denen wir professionell arbeiten: die Bedürfniszielscheibe und den 13-P-Marketing-Mix. Die Zielscheibe hilft dir, deine potenzielle Kundschaft mit dem Blick auf deren Bedürfnisse und erwarteten Nutzen besser kennenzulernen. Immerhin scheitern genau daran die meisten Start-ups – an der Unkenntnis von Markt und Kunden. Mit dem 13-P-Marketing-Mix gehen wir methodisch 13 Perspektiven durch, die dir bei der Evaluation von Ideen helfen und dir jeweils unter »New Normal« Beispiele und Optionen in Corona-Zeiten zeigen.

Das vorliegende Buch spiegelt unsere Einstellung zum Leben und zur beruflichen Selbstständigkeit wider: aus der Fülle zu schöpfen, um sich dann auf das einzulassen, was Spaß macht und zu einem gehört. Dann wird es in der Regel auch rentabel.

Wenn dir unser Buch gefällt, du Fragen hast oder ein Feedback schicken möchtest, nutze bitte das Formular auf unserer Website www.tinystartup.ch. Du kannst uns auch gerne anschreiben, wenn du uns Interessantes über dein Tiny Start-up oder deinen Weg der Selbstständigkeit mitteilen willst. Auf der Seite findest du auch weitere Kurzinterviews und Informationen. Außerdem kannst du uns über www.facebook.com/TinyStartups und www.instagram.com/tinystartups/ folgen.

Wir wünschen dir einen glücklichen Start für dein Gründungsprojekt!

Veronika Bellone & Thomas Matla

Zug/Schweiz, im August 2020

»TINY START-UP MANIFEST«

1. Jedes Tiny Start-up ist einzigartig.
2. Lebensglück und Lebensfreude bilden seine Energie.
3. Individuelle Werte schaffen sein Fundament.
4. Flexibilität ermöglicht mutige Zukunftsentscheidungen.
5. Eigenverantwortung erzeugt ungewöhnliche Ereignisse.
6. Beziehungen, Freunde und Partnerschaften werden wertgeschätzt.
7. Wachstum erfolgt individuell und selbstbestimmt.

1. GIBT ES EIN IDEALES GRÜNDUNGSALTER?

Veronika Bellone in Luzern © Bellone Franchise Consulting GmbH

Bellone
FRANCHISE CONSULTING
TRENDS • BRANDS • IMPLEMENTATION

Was ist, wenn du scheiterst?

»Ich habe mich mit 30 Jahren beruflich selbstständig gemacht. Für mich war es eine Konsequenz, die sich aus der Unzufriedenheit im Job ergab. Mein Freiheitsdrang gipfelte darin, dass ich abrupt kündigte, ohne genau zu wissen, wie es für mich beruflich weitergehen könnte. Die Idee der Consultingtätigkeit entwickelte sich aus den Ergebnissen meiner Feldstudie im Rahmen des Studiums und den Erfahrungen im Job, die alle um das Thema Franchising kreisten. Dass ich damit einen atypischen Weg einschlug, im Vergleich zu meinen ehemaligen Studienkolleg*innen und meinem Freundeskreis, wurde mir erst durch deren Reaktionen richtig bewusst. Ich war viel zu sehr mit der Entwicklung und Finanzierung meines Business beschäftigt. ›Wie willst du das mal mit einer Familie vereinbaren? Was ist, wenn du scheiterst? Deine Karriere im Management kannst du dann abhaken!‹ Ich muss zugeben, dass mich doch die eine oder andere Angst beschlich. Wobei die Angst vor dem Scheitern wohl die größte war, die in Abständen in den ersten drei Jahren auch immer mal wieder auftauchte. Insbesondere dann, wenn die Auftragslage zurückging und ich nicht sicher war, ob meine Kommunikations- und Akquisitionsmaßnahmen adäquat waren. Als gebürtige Berlinerin lebte ich beim Start in die Selbstständigkeit erst seit zweieinhalb Jahren in der Schweiz. Das hieß dann schon, sich etwas in Zurückhaltung zu üben und andere kulturelle Gepflogenheiten schätzen zu lernen. Geholfen hat mir in dieser Phase, dass ich ein Netzwerk von Gleichgesinnten gesucht habe und einem Jungunternehmerverband beitrat. Das erwies sich als genial. Denn hier sprach man die gleiche Sprache. Es gab ähnliche Herausforderungen, Ängste und Erfolgsgeschichten, die wir miteinander austauschten. Und dann war da noch eine, für mich wichtige Begegnung anlässlich einer Tagung. Ich kam mit dem Moderator der Veranstaltung, Kurt Aeschbacher, ins Gespräch. Als Schweizer Fernsehmoderator war er mir bekannt, aber nicht als Unternehmer. Seine erfrischende, motivierende Art und seine Menschenkenntnis inspirierten mich. Ich freue mich sehr, dass wir ein Interview mit ihm, zu seinem neuesten unternehmerischen Projekt, das er 2018 mit 69 Jahren anging, nachfolgend in unserem Buch vorstellen können.

Veronika Bellone auf dem Titelblatt des ORGANISATOR, Nr. 7–8/1995

Heute gibt es für Start-ups diverse Möglichkeiten, sich untereinander auszutauschen und Unterstützung zu bekommen. In den 1990er-Jahren war die Szene noch wenig vernetzt. Das war auch der Anstoß für mich, damals einen Beraterpool für Unternehmensgründer*innen und Jungunternehmer*innen mit dem Verlag ORGANISATOR zu entwickeln, eine Plattform, die verschiedenste Unterstützer*innen und Neuunternehmer*innen miteinander vernetzte. Später sind daraus eigenständige Communities entstanden. Heute freue ich mich, dass ich Start-ups über spezielle Coaching-Programme und Initiativen unterstützen kann.«

Veronika Bellone, Autorin, Professorin und Inhaberin der Bellone Franchise Consulting GmbH

www.bellone-franchise.com

Wir finden, dass Kurt Aeschbacher, bekannter Schweizer Moderator, Redner und Unternehmer einen inspirierenden Einstieg in unser Buchthema liefert. Nicht nur, weil er sich noch einmal in späten Jahren auf neue Unternehmensprojekte eingelassen hat, sondern weil er seit über 40 Jahren unternehmerisch unterwegs ist. Dabei hat er vieles ausprobiert und hat selbst aus vermeintlichen Fehlschlägen wieder neue Lösungen kreiert. Er ist ein Multitalent mit unglaublicher Energie und Spontanität. Letzteres durften wir persönlich miterleben: Wir fragten bei ihm für ein Interview an, und nicht einmal zwei Tage später konnten wir dieses bereits führen.

Kurt Aeschbacher, Moderator, Redner und Unternehmer

Kurt Aeschbacher © Privatbesitz

Warum haben Sie sich selbstständig gemacht?

»Bloß von Ideen zu träumen, reichte mir nie. Ich wollte immer wissen, was aus ihnen wird, wenn man sie umsetzt, und lernte: Nicht jede Idee wird auch erwachsen….

Vor über 40 Jahren fand ich, die Australier hätten gepflegteren Weihnachtsschmuck verdient, füllte zwei Container mit schönsten Christbaumkugeln aus Siebenbürgen und verschiffte sie nach Sydney. Bloß glaubte die australische Partnerin bis zur Ankunft der Fracht in Down Under nicht mehr an die Idee, und die fragilen Dinger landeten nach einer langen Reise um die Welt bei mir in der Garage. Aus einer Not entstand dann ein improvisierter Weihnachtsladen in Basel. Und da ich ja bereits ein Ladenlokal hatte, mutierte der Ort zum exklusiven Verkaufsgeschäft von Seidenstoffen, Schals und Krawatten. Nach zwölf Jahren mit dieser Nebenbeschäftigung merkte ich endgültig, dass die Basler Kundschaft wohl Accessoires élégants liebte, aber hauptsächlich im Ausverkauf. Meinen Lebensunterhalt verdiente ich bis vor kurzem als Journalist und Moderator beim Schweizer Fernsehen. Dem Beamtenapparat dieses Mediums traute ich aber auch nicht auf die Dauer und baute mir deshalb mein eigenes Studio in einem alten Industriegebäude außerhalb der bewachten ›Fernsehstadt‹ und nutzte das Gebäude neben meiner Talkshow als Event- und Partylokal. Weil ich mich sogar noch als Wirt verwirklichen wollte, zog ich nicht weit von meinem Studio ein super gestyltes Suppenrestaurant auf, das total in die Hosen ging: falsches Konzept, am falschen Ort, zum falschen Zeitpunkt. Der Klassiker bei vermeintlich durchschlagenden Ideen. Kaum vom finanziellen Desaster dieses Investments erholt, fragte ich mich mit 65, wie ich mich denn eigentlich als Pensionär beschäftigen könnte, und kaufte als Antwort gemeinsam mit einem Partner das Magazin *50plus*. Auch hier: eigentlich eine tolle Idee, denn welches demografische Segment wächst am schnellsten, wenn nicht die ältere Generation. Bloß kauften wir zu teuer, schätzten die Folgen der Digitalisierung falsch ein und kämpfen heute mit aller Kraft um jene Inserenten, die spüren, wie man moderne ältere Menschen anspricht. Aber das Heft ist lebendig, es macht riesig Spaß und hat 400.000 Leserinnen und Leser.

Nachdem mir das viele Schreiben gewisse körperliche Verspannungen bescherte und mein Fitnessstatus zunehmend zu wünschen ließ, richtete ich mir mit Antagon ein medizinisches Therapiezentrum für Massagen und Personal Training ein. Auch da gab´s einige Anlaufschwierigkeiten. Aber ich wurde von unseren Mitarbeitenden wenigstens so fit getrimmt, dass heute acht Leute einen tollen Job haben und das Unternehmen floriert. Und damit es mir nicht langweilig wird, bin ich an einem Online-Start-up beteiligt, das Schweizer Handwerkern und Handwerkerinnen mit ihren Produkten als digitales Heimatwerk dient, eine Plattform mit dem sinnigen Namen KURTS (Anmerkung der Autoren: www.KURTS.ch).«

Wie erleben Sie Ihr Unternehmertum? Worin liegen die größten Chancen, worin die größten Herausforderungen?

»Meine nicht immer ruhmvollen Investments haben mir meine Grenzen aufgezeigt und mir gleichzeitig, wenn auch nicht immer materielle, so doch emotionelle Höhenflüge ermöglicht. Ich habe als Unternehmer gelernt, Krisen durchzustehen, auf neue Voraussetzungen mit Kreativität zu reagieren, Mut zu Fehlern zu haben und trotzdem die Risiken so einzuschätzen, dass ein falscher Entscheid nicht gerade den Kopf kostet. Ich lernte die Bedeutung dieses Allerweltswortes ›Resilienz‹ kennen und weiß, was es heißt, Durchhaltewillen zu zeigen. Hauptsächlich lernte ich, dass nur ein Team voller begeisterungsfähiger Menschen einer Idee zum Erfolg helfen kann.«

Welche Auswirkungen hat die Corona-Krise auf Ihr Business?

»Dieses gemeine Virus hat von einem Tag auf den anderen bei mir so ziemlich alles in Frage gestellt: keine Moderationsauftritte mehr, keine Anfragen für Vorträge und dies über Monate, Schließung des Therapiezentrums für sechs Wochen, Stornierung aller Inserate bei *50plus* für mehrere Ausgaben. Aber dem Virus sei Dank, dass es uns mit seinen bedrohlichen Auswirkungen gezwungen hat, uns Zeit zu nehmen, um zu überlegen, was wichtig ist, wo man auch geschäftlich Schwächen hat und was es zu ändern gilt. Abgesehen von all den Menschen, die krank wurden oder bedauerlicherweise starben, sind wir wohl alle etwas ärmer geworden, aber leben dafür hoffentlich auch bewusster.«

Was ist ein typischer Glücksmoment, den Sie immer wieder in Ihrer unternehmerischen Tätigkeit erleben?

»Gemeinsam mit einem Team motivierter Menschen darüber nachzudenken, was man Neues in Angriff nehmen könnte, und dann den Mut zu haben, es auch auszuprobieren.«

https://plus.ch/

https://andreasundconrad.ch/artist/kurt-aeschbacher/

1.1 KANN ICH MICH MIT 30PLUS NOCH SELBSTSTÄNDIG MACHEN?

»Zeit für neue Traditionen«, unter diesem Motto stellt sich das Hamburger Start-up Marmetube auf. Besser kann man es wohl nicht ausdrücken, wenn Marmelade nicht wie gewohnt im Glas daherkommt, sondern in Tuben und mit neuen Rezepturen wie zum Beispiel Brombeere/Minze oder Apfel/Zimt. »Wir haben beide längere Zeit als Angestellte lernen müssen, wie schwer es ist, Ideen immer wieder vorzutragen und nie gehört zu werden. Nun können wir durch die Selbstständigkeit alles so machen, wie wir es möchten«, so Daniel Hutschenreuter in einem Interview für unsere Plattform www.tinystartup.ch.[1] Die Startupper Daniel Hutschenreuter und Max Ehmig waren 30 und 22 Jahre jung, als sie die Produkte 2018 lancierten. Bis dato feilten sie nicht nur an einer innovativen Verpackung, die praktikabel und nachhaltig ist, sondern ebenso daran, wie die Marmelade ohne Zusatzstoffe wie Konzentrate, Sirup und Farbstoffe auskommt, aber dafür durch einen hohen Fruchtanteil besticht. Ihr Aufwand hat sich gelohnt. Die Produkte kommen an. Im September 2019 stieg mit Square One Foods ein strategischer Investor aus Österreich mit exklusivem Fokus auf Food & Beverage bei Marmetube ein, um mit Kapital, Netzwerk und Mentoring vor allem die Distribution voranzutreiben.[2]

Veronika Bellone und Daniel Hutschenreuter, Marmetube in der Berliner Bikini Mall 2019 © Bellone Franchise Consulting GmbH

Zwei weitere Männer verschreiben sich bereits seit 2014 der Marmelade. Es sind Timo Brüggemann und Percival Correia, die in Berlin das Unternehmen Marmelicious gegründet haben und ihre innovativen Fruchtaufstriche nun seit 2017 in Berlin-Tempelhof in der alten Sarotti-Fabrik kochen. War bei Marmetube der Schlüsselmoment für die Produktidee der Crash eines Marmeladenglases auf dem Frühstückstisch, der zur widerstandsfähigen und nachhaltigen Verpackung führte, war es bei Marmelicious ein Glas leckerer Heidelbeermarmelade vom Viktualienmarkt in München. Brüggemann und Correira, damals 39 Jahre und 22 Jahre alt, waren ebenfalls Angestellte und auf der Suche nach einer Idee für die Selbstständigkeit. Die Inspiration kam über die besagte Heidelbeermarmelade und war so nachhaltig, dass sie für eine entsprechend differenzierte Qualität nicht nur eine spezielle Herstellungsmethode herausstellen, auch die Zutaten und deren Kombinationen sind spannend. So gibt es beispielsweise die Sorten »Spreewaldgurke-Vanille«, »Kirsche-Bier« oder »Orange-Tomate-Zimt«. Dass solche und weitere wohlschmeckende Marmeladen von zwei Männern entwickelt werden, lässt denn so manch ältere Dame vor Neid erblassen, ob der verpassten Chance für ein eigenes Geschäft, wie einer der Gründer in einem Interview mit dem *Berliner Kurier* erzählte.[3] Nun, es ist nie zu spät ... wie auch die Marmeladen-Oma[4] beweist, die mit 86 Jahren zum YouTube-Star wurde, zwar nicht mit Marmeladenrezepten, aber mit Märchen-Livestreams unterhält sie heute 198.000 Abonnenten.

Die Hamburgerin Eva Osterholz bezeichnete ihren Schritt in die berufliche Selbstständigkeit mit dem Wechsel in ein zweites Leben. Sie hat die Senf-Tradition aufgemischt. Mit Anfang 30 hatte die Soziologin ihre Schreibtischarbeit und die 60-Stunden-Woche satt und kündigte.[5] Nebenher hatte sie als Hobby nach eigenem Gusto Senfkreationen hergestellt und an Freunde verschenkt. Die Beschenkten brachten sie auf die Idee, sich mit den Produkten selbstständig zu machen. Gesagt, getan, aus dem Hobby wurde Senf Pauli. Der Name ist Programm, leitet er sich doch aus ihrem Lieblingsstadtteil Hamburgs ab, der auch ihr erster Wohnsitz war. Die seit 2008 bestehende kleine Manufaktur beliefert heute deutschlandweit den Feinkosthandel und die gehobene Gastronomie. In ihrem eigenen Onlineshop kann man die mit originellen Namen versehenen Senfsorten bestaunen, die von »Zappenduster« über »Mord im Orient« bis zur »Mutprobe« ein Sortiment von 28 Produkten umfasst.[6]

Dies sind drei Beispiele von Tiny Startuppern, die in ihren 30ern einen unkonventionellen Weg einschlugen und das auch relativ spontan. Unkonventionell ist das auch heute noch, trotz all der Aufbruch- und Zustimmung für Existenzgründer*innen, die wir erleben, den vielen Start-up-Initiativen, Fuck-up-Nights und Gründer-Labs. Berufliche Selbstständigkeit ist zwar für viele ein Traum, aber das Passende für sich auszumachen und darauf eine Existenz aufzubauen, hängt von vielen inneren und äußeren Faktoren ab. Wir stellen euch hier in dieser und weiteren Alterskategorie(n) Beispiele von Gründer*innen vor, die ihrem Leben eine andere Wendung gegeben haben. Manche, in dem sie eine Idee unbedingt verwirklichen wollten, andere, weil sie sich mit der Selbstständigkeit andere Wünsche erfüllen können, und wieder andere, denen das Leben Chancen offenbarte, weil sie offen und auf der Suche waren oder sich verändern mussten. Die Auslöser sind ebenso vielfältig wie die Geschäftsideen. Anregend sind sie in jedem Fall, denn bei den Interviews oder Coachings, die wir durchgeführt und für die wir recherchiert haben, spricht immer die Leidenschaft für das eigene Tun heraus. Und das wird fortwährend auf die Probe gestellt, sei es durch Kundenreaktionen, Veränderungen am Markt oder in Krisensituationen, wie wir sie mit Corona sehr einschneidend erlebt haben und auch weiter erleben werden. Das Alter respektive bestimmte Lebensabschnitte sind häufig noch mit zusätzlichen Erwartungshaltungen oder Mustern besetzt.

1.1.2 TELL ME WHY

Aber bleiben wir zunächst im Lebensabschnitt ab 30 Jahren und beruflicher Selbstständigkeit. In diesem Lebensabschnitt werden häufig Weichen gestellt, die Karriere voranzutreiben, zu heiraten, eine Familie zu gründen und vor allem für Work-Life-Balance zu sorgen. Die heutigen »Ü30« gehören der ersten Generation an, die als Digital Natives bezeichnet werden, weil sie mit den technologischen Errungenschaften der Digitalisierung aufgewachsen sind. Die Bezeichnung Generation Y (ab 1980 geboren) wird auch gerne »Generation why« genannt, weil sie vieles hinterfragt und nach Lösungen sucht, wie sich Selbstverwirklichung, Einkommenssicherheit und Vereinbarkeit von Beruf und Familie ermöglichen lassen. Dabei werden, laut einer Umfrage des Zukunftsinstituts in Frankfurt und dem YouGov Deutschland, dennoch keine geringen Ansprüche an den wirtschaftlichen Erfolg gestellt. Denn die Mehrheit der Befragten möchte »irgendwann« ein Haus oder eine Wohnung erwerben, eine Weltreise machen und sich auf eigene Kosten weiterbilden.[7] Es darf aber alles etwas später angegangen werden, auch die Familienplanung. Waren die Mütter von Erstgeborenen in den 1970er-Jahren im Durchschnitt noch unter 25 Jahre alt, sind sie heute 30 Jahre und älter.[8] Erstkäufer*innen von Immobilien sind heute fast 40 Jahre alt. 2004 lag das Durchschnittsalter bei rund 37 Jahren.[9] So wundert es auch nicht, dass laut dem deutschen Start-up-Monitor 2019 das Durchschnittsalter der befragten Gründer*innen bei 35,1 Jahren lag.[10] Darunter gibt es zwar einen Anteil umtriebiger Twens, aber die meisten Gründer*innen sind jenseits der 30 oder älter. Gemäß *Harvard Business Review* sind die meisten Unternehmensgründer*innen mindestens 30, der Großteil hat das 40. Lebensjahr überschritten.[11]

Auffällig ist, dass viele der Gründer*innen um die 30 sinnstiftende, nachhaltige Geschäftskonzepte realisieren und damit dem vorgenannten »Why-Ansatz« nachgehen, das heißt nach Lösungen suchen, die mit der Gesellschaft und Umwelt kompatibel sind. So auch Nina Julia Walter, die mit ind Berlin (Innovatives, Nachhaltiges Design made in Berlin[12]) Kleidungsstücke designt, die auf mindestens zwei Arten getragen werden können. So entsteht ein neues Bewusstsein von Nachhaltigkeit, indem insgesamt weniger Mode konsumiert wird und es trotzdem abwechslungsreiche Möglichkeiten gibt. Sie erzählte uns, dass sie die Freiheit mag, alles selbst bestimmen zu können, und dass sie zusammen mit ihrem Freund arbeiten kann und sie zusammen erfolgreich sind.[13]

Veronika Bellone mit Nina Julia Walter, ind BERLIN © Bellone Franchise Consulting GmbH

Für die beiden Gründer Valeria Grätzer und Pascal Kälin von nale unverpackt im schweizerischen Einsiedeln war die Gründung ihres Geschäftes »… eine Achterbahnfahrt der Gefühle«, wie sie uns berichteten. »Wir haben den gesamten Ladenumbau selbst gemacht und auch der noch ausstehende Onlineshop wird in Eigenregie aufgebaut.«[14] Letzterer ist mittlerweile realisiert, was sich in der Corona-Zeit zusätzlich als positiv herausgestellt hat. Die Auslöser für ihren Unverpackt-Laden waren, neben dem umweltbewussten Konsumbeitrag, auch der Antrieb aus den Eigenerfahrungen wie bei vielen Selbstständigen. Valeria und Pascal sind als überzeugte Veganer*in immer auf der Suche nach spannenden Herstellern, die mit neuen Produktideen ihren Alltag bereichern. Das können sie nun mit ihrem Geschäft auch anderen zugänglich machen.

Valeria Grätzer & Pascal Kälin, Gründer na-le GmbH Einsiedeln

Valeria Grätzer & Pascal Kälin, Gründer na-le GmbH Einsiedeln

Aus welcher Situation heraus habt ihr euer Tiny Start-up gegründet?

»Wir haben uns vor der Gründung erneut intensiv mit unserem Konsumverhalten und den daraus resultierenden Konsequenzen für Mensch, Tier und Umwelt auseinandergesetzt. Wir waren immer mehr der Meinung, dass jeder Einzelne etwas bewirken kann, viele Leute aber oft zu ängstlich oder zu bequem sind, etwas dafür zu tun. Mit unserem Konzept wollten wir den Einstieg in einen nachhaltigeren Lebensstil etwas vereinfachen oder schmackhaft machen. Der Zeitpunkt der Gründung war sehr gut, da wir einen Neuanfang im Leben haben wollten. Als dann die Eröffnung des Ladens zum Onlineshop dazu kam, befand sich Pascal gerade noch in der Abschlussphase zum Produktdesigner, was alles etwas stressig werden ließ. Da das Thema Nachhaltigkeit, Foodwaste und Plastik gerade Anfangs 2019 sehr aktuell wurde, ist dementsprechend aber die Eröffnung sehr positiv ausgefallen.«

na-le-Geschäft in Einsiedeln, Kanton Schwyz © na-le GmbH

Wie hat sich euer Start-up seit der Gründung entwickelt?

»Wir gewinnen immer mehr und mehr Stammkunden, das Sortiment wächst auch stetig an. Als sehr positiv ist das Feedback unserer Kunden zu werten, die Freude, wenn sie merken, dass mit so wenig Aufwand so viel bewirkt werden kann, ist unbezahlbar. Auf uns kommt diese Freude zurück, da wir merken, wir können im Kleinen viel zu bewussterem Konsum beitragen. Wir hoffen, dass wir in Zukunft beide vom Laden leben können, denn die Doppelbelastung, da Valeria im Moment noch in der Betreuung mit Schichtdienst arbeitet, wäre auf Dauer zu viel. Wir haben als Paar etwas zu wenig Zeit miteinander. Aber wir sind gerade dabei zu lernen, uns diese Zeit einfach zu nehmen. Es gibt viele Details, die wir nach dieser Zeit etwas anders angegangen wären, aber aus all den Fehlern haben wir viel lernen dürfen. Es ist schön, von Anfang an ein Geschäft aufbauen zu können, diese Gelegenheit und das daraus entstandene Wissen kann uns niemand mehr nehmen. Die Vision für die Zukunft ist, dass wir Angestellte haben können, falls es möglich sein sollte. Wir wollen zeigen, dass eine Geschäftsstruktur mit sehr, sehr flache Hierarchien und Lohngleichheit für alle ein taugliches Zukunftsmodell ist, auch, oder gerade auch, für die Schweiz. Somit hätte man zufriedene Angestellte, welche ihren Teil auch gerne zum Wohl für alle und alles beitragen.«

Warum würdet ihr auch anderen raten, sich selbstständig zu machen?

»Wir können grundsätzlich empfehlen, seinen Träumen mehr Platz zu geben und Ängste vor dem Versagen beiseite zu lassen. Im eigenen Geschäft entscheidet man selbst, in welche Richtung es gehen soll, und wenn es klappt, erfüllt einen wie gesagt das Feedback der Menschen und das Wissen, dass man es versucht hat. Sollte es nicht klappen, hat man dafür Gewissheit, es versucht zu haben, und etwas daraus gelernt. So oder so, man kann nur gewinnen.«

www.na-le.ch

https://www.instagram.com/na_le_gmbh/

https://www.facebook.com/na.le.seite/

Valeria & Pascal, na-le mit Veronika & Thomas © Bellone Franchise Consulting GmbH

Thomas Matla in Lyon © Bellone Franchise Consulting GmbH

Was passiert eigentlich, wenn du alt wirst?

»Meine ersten beruflichen Sporen habe ich mir in Werbeagenturen verdient, in amerikanischen, britischen und deutschen, in Berlin, Düsseldorf, Frankfurt am Main, Hamburg und München, in goldenen Zeiten, als noch richtig dicke Gehälter und Provisionen für die Agenturen möglich waren. Als noch kräftig gefeiert wurde und Fotoshootings, wegen des speziellen Lichtes, unbedingt in Florida realisiert werden mussten. Mir gefiel der Lifestyle, umgeben von jungen, kreativen und gutaussehenden Menschen, mit immer neuen Kunden-Herausforderungen konfrontiert zu werden. Jeder Tag war neu, jeder anders, entsprechend lang und intensiv war die Arbeitszeit. Sie verging, rückwirkend betrachtet, unglaublich schnell. Ehe ich mich versah, war ich 40. Ich realisierte, dass es nur wenige ›Großkopferte‹ in den Agenturen gab. Wir anderen waren ›Kleinkopferte‹. Wir durften kreativ sein und instinktiv handeln, uns austoben und dabei die Arbeit machen. Ausführen, was die ›Großkopferten‹ auf Golfplätzen oder beim Tennis abgestimmt hatten. So fragte ich mich irgendwann, ob das Leben für mich so weitergehen sollte. Ich hatte verschiedene Agenturen kennengelernt und mich hochgearbeitet. Sollte auch ich jetzt ›Großkopferter‹ werden oder gar auf die Kundenseite wechseln? Ich suchte nach Vorbildern, wollte wissen, was Werber*innen ab 40 so machten. Ich fand nicht viel Anregendes, verließ das ›Angestelltentum‹ und wurde freiberuflich selbstständig. Die Fachzeitschrift *w&v* berichtete später über meine Netzwerkplattform ›werberuebervierzig.de‹.

Wo sind sie geblieben?

Werber über 40 gehören zum alten Eisen. So die gängige Meinung in der Agenturszene. Thomas Matla will das Vorurteil endlich ausräumen.

„Ab einem bestimmten Alter existieren Werber nicht mehr, sie kommen einfach nicht mehr vor", sagt Thomas Matla. Er selbst ist 49 Jahre hat, hatte zehn Jahre lang in Großagenturen wie McCann, Leo Burnett und Scholz & Friends gearbeitet, bevor er sich selbstständig gemacht hat. Frei nach dem Gesetz der Arroganz der Jugend würden Werber, die vor 1967 geboren sind, als nicht mehr zeitgemäß aussortiert, mokiert sich der Berliner Marketingberater.

Wo sind die über 40-Jährigen gelandet? Wie viele arbeiten freiberuflich, wer hat einen CEO-Posten ergattert? Solche Fragen ließen Matla nicht mehr los. Ergo hat er jetzt eine Website eingerichtet, über die er zur Diskussion aufruft (werberuebervierzig.de) Im Idealfall, so Matlas Wunsch, entsteht daraus ein Netzwerk von Profis. Denn für bestimmte Marketing-Fragen brauche man einen gewissen Erfahrungshorizont, den 25-Jährige nun mal nicht haben. In der Werbung habe sich das Bild von älteren Konsumenten geändert. „Sie werden als normale, lebenslustige Menschen dargestellt", beobachtet Matla. „Ich finde es an der Zeit, auch auf Seiten der Werbeproduzenten dem Bild der Werbung zu folgen und authentisch zu werden." *kr*

Thomas Matla Will seine Website zum Kontakt- und Kompetenzzentrum ausbauen.

Artikel in der *w&v* 20/2007

Um es gleich vorwegzunehmen, meine Initiative änderte nichts an der Jugendlichkeitsorientierung der Werbeagenturen im deutschsprachigen Raum, bis heute nicht. Mir jedoch hat der Prozess der eigenen Auseinandersetzung mit dem Alter und vorhandenen Prägungen sowie mit den äußeren Vorurteilen in der Gesellschaft sehr geholfen, meinen Weg als freiberuflicher Berater und Autor zu finden und ihn nachhaltig zu gehen. Das Anregende und immer wieder Neue sowie die intensiven Arbeitstage sind denn auch geblieben. Ich brauche sie wohl einfach, auch die vielen Kontakte und Interaktionen. Meine Erlebnisqualität hat sich dabei jedoch wesentlich verbessert. Als Existenzgründer und heutiger Partner einer Beratung sowie als freier Autor kann ich voll und ganz hinter dem stehen, was ich anzubieten habe. Ich kann konsequent bleiben, wo ich früher, aufgrund internationaler Agentur- und Kunden-Verflechtungen, nachgiebig sein musste. Selbstständigkeit bedeutet für mich Selbstverantwortlichkeit, wodurch Selbstbewusstheit und Selbstbewusstsein entstehen, die Grundlage für ein tiefes und sich selbst verstärkendes Selbstwertgefühl. Das tut ungemein gut. Dieses Gefühl allein schon ist es wert, Existenzgründer*in zu werden.«

Thomas Matla, Gründer Greenfranchise Lab, Partner/CMO der Bellone Franchise Consulting GmbH und Autor.

www.greenfranchiselab.com

Weiterführende Links:

»Silver Jobber - Auf Agenturjobsuche im fortgeschrittenen Alter.«, Anja Janotta, 26.06.2018
Link: https://www.wuv.de/agenturen/auf_agenturjobsuche_im_fortgeschrittenen_alter

»40 ist das neue 60.«, Armin Jochum, 19.08.2014
Link: https://www.handelsblatt.com/unternehmen/dienstleister/werber-rat/der-werber-rat-40-ist-das-neue-60/10351254.html?ticket=ST-3516832-QnwOQfDs67TrbFApokca-ap1

»Senioren entdecken den Schnee und der Werber sein Alter«, Stefan Gilgen, 07.02.2017 Link: https://blitzdonner.ch/winterliebe/. Sehenswert ist das Video auf der Seite (Winterliebe.ch/Lenk Simmental)

»Hermann Strittmatter Der GGK-Werber wird 70«, Interview von Matthias Ackeret, vom 02.07.2007
Link: https://www.persoenlich.com/kategorie-werbung/der-ggk-werber-wird-70-274148

Wie wir unsere Texte über unsere Übergänge von den Festanstellungen in die Selbstständigkeit gerade so schreiben, publiziert die Schweizer *Werbewoche* online die Schlagzeile: »Der ehemalige Kommunikationsleiter der Suva, Ralph Heidemann, gründet seine eigene Agentur.«[15] Natürlich mussten wir ihn sofort für ein Interview anfragen. Und er hat auch gleich zugesagt.

Ralph Heidemann, Heidemann Kommunikation

Ralph Heidemann © Heidemann Kommunikation

Warum hast du dein Unternehmen gegründet?

»Ich war zuvor als Marketingleiter bei einer großen Versicherung angestellt. Als klar wurde, dass ich mich trotz sehr guter Beurteilungen und Einstufung als ›Talent‹ nicht weiterentwickeln konnte, wuchs der Wunsch nach Veränderung und mehr Eigenverantwortung in meiner Tätigkeit als Kommunikationsexperte.«

Was war der Auslöser für deine Geschäftsidee?

»Ich hatte schon länger mit dem Gedanken gespielt, mich beruflich zu verändern. Die Maschinerie, Entscheidungsfindungsprozesse und Arbeitseffizienz in einem Unternehmen mit mehr als 4000 Mitarbeitenden hat dazu beigetragen, meinen ›Frustpegel‹ stetig zu steigern. In den Herbstferien 2019 riet mir meine Frau endlich, meine Ideen von einer selbstständigen Kommunikationsberatung umzusetzen und beruflich das zu machen, was mir an der Kommunikation Freude bereitet. In der darauffolgenden Woche habe ich dann gekündigt.«

Wie erlebst du dein Unternehmertum? Worin liegen die größten Chancen, worin die größten Herausforderungen?

»Wer sich in einer gesättigten Branche selbstständig macht, muss wissen, dass niemand auf einen gewartet hat. Insofern ist es wichtig, seine Nische zu definieren und zu finden. Die Aktivierung seines Netzwerks ist dabei das A und O – und dies regelmäßig und nicht nur sporadisch. Am einfachsten ist es, wenn man auf Menschen zugeht, mit denen man im alten Job bereits zu tun hatte und die das Know-how und die Arbeitsqualität von einem zu schätzen wissen. Ergeben sich vielleicht Kooperationen? Gibt es vielleicht einen Kundenkontakt über Dritte? Man muss immer am Ball bleiben.«

Welche Auswirkungen hat die Corona-Krise auf dein Unternehmen?

»Der Shutdown im März traf mich mitten in der Aktivierungsphase meines Netzwerks. Persönliche Verabredungen waren nicht mehr möglich. Das Bedürfnis nach Auftragsvergaben war zunächst gebremst. Jeder musste sich mit der neuen (und ungewohnten) Situation vertraut machen. Diese Phase war nicht ohne Frustrationsmomente. Da half es, sich auf das Homeschooling zu konzentrieren.

Als nächstes bot ich meine kommunikativen Fähigkeiten pro bono denen an, die sie in dieser Zeit am dringendsten brauchten – kleineren Spitälern, die kommunikativ teilweise mit der internen Kommunikation und der Medienarbeit überfordert waren. So konnte ich einem kleinen Spital in der Zentralschweiz den März über helfen, und das mit einem guten Gefühl! Nichtsdestotrotz blieb ich mit Kommunikationskollegen in Kontakt und tauschte mich mit ihnen aus. Das ging dann soweit, dass wir einen Thinktank gründeten, in dem wir uns mit Fragen und Antworten rund um das Thema ›Back to work – back to office‹ befassten. Denn irgendwann würden ja Mitarbeitende wieder zurück ins Büro kommen – dann aber mit vielen Fragen, die eine kommunikative Herausforderung für die Chefetage darstellen. Ein weiterer wichtiger Faktor war das Aktivbleiben auf Social Media. So hatte ich durch eine gute Kontaktpflege bald ein erstes großes Mandat, das mich bis Jahresende beschäftigen wird. Daneben kamen in der Zwischenzeit weiter kleinere Mandate, sodass ich mich glücklich schätzen kann, die Corona-Krise gut gemeistert zu haben.«

Was ist ein typischer Glücksmoment, den du immer wieder in deinem Unternehmen erlebst?

»Ich freue mich immer über unverhoffte Kontaktaufnahmen und Interesse an dem, was ich tue, sei es, weil jemand mich online gefunden hat oder weil ich empfohlen wurde. Und schön ist es natürlich, wenn einem die Kunden ein positives Feedback geben, das zeigt, dass man auf dem richtigen Weg ist.«

https://heidemann-kommunikation.ch/

1.2 SELBSTSTÄNDIGKEIT MIT 45PLUS, GEHT DAS AUCH NOCH?

Technologie-Start-ups werden nur von den Jungen gegründet. So lautet zumindest die allgemein gängige Meinung. Aber vielleicht bist du heute schon von deinem Garmin GPS durch den Straßenverkehr navigiert worden oder hast deine Gesundheitsdaten von der Smartwatch auswerten lassen. Zurückzuführen sind diese Möglichkeiten auf eine Entwicklung von Gary Burell. Der US-Amerikaner Burell, ein Elektrotechnik-Ingenieur, gründete 1989 gemeinsam mit dem aus Taiwan stammenden Dr. Min Kao die Firma Garmin, heute globaler Marktführer auf dem Gebiet der mobilen Navigation sowie der GPS-Satellitenkommunikation. Burrell war bei der Gründung 52 Jahre alt, der Mitgründer Dr. Min Kao 40 Jahre.

Falls du unser Buch gerade auf deinem Laptop liest, dann siehst du eventuell die integrierte Marke »Intel Inside«. Die Intel Corporation, bekannt durch PC-Mikroprozessoren, Mikrochips und Netzwerkkarten, wurde 1968 im Silicon Valley vom 41-jährigen Robert Noyce und vom fast 40-jährigen Gordon Moore gegründet.

Reid Hoffman war zwar 35 Jahre jung, als er das Business-Netzwerk LinkedIn 2002 mit vier anderen zusammen gründete, aber 44 Jahre, als das Unternehmen an die Börse ging. Zu dem Zeitpunkt war Dave Duffield bereits schon wieder ein paar Jahre mit seiner zweiten Firma erfolgreich am Markt. Duffield war 46 Jahre alt, als er unter PeopleSoft, einer ERP-Software, sein Unternehmen 1987 gründete. 2004 wurde diese von Oracle übernommen. Und nur ein Jahr später gründete Duffield in Kalifornien zusammen mit seinem »Ex-Chefstrategen« Aneel Bushri (der Anfang 50 war) eine neue Firma namens Workday. Eine Firma, die sich auf cloudbasierte Computersoftware spezialisiert hat und heute über 8000 Mitarbeitende zählt.

James Dyson, respektive Sir James Dyson, gründete von den Lizenzeinnahmen, die ihm sein erstes beutelloses Staubsaugermodell einbrachte, 1991 seine eigene Firma in Wiltshire im Südwesten Englands, da war er 44 Jahre alt. Im gleichen Jahr wurde Günter Leifheit zum Ehrenbürger der deutschen Stadt Nassau an der Lahn ernannt. Die Ehrung wurde ihm zuteil, hatte er dort 1959, als knapp 40-Jähriger zusammen mit seiner Frau das Unternehmen Leifheit gegründet. Übrigens widmete sich auch deren erstes Erfolgsprodukt der Teppichreinigung. Mit dem Leifheit Regulus Teppichkehrer startete eine Erfolgsgeschichte, die bis heute anhält.

Und wenn wir schon in Nassau sind und entlang der Lahn nicht nur den Radweg entlangfahren, sondern mit einem Hausboot unterwegs sind, dann kommt man unweigerlich auf einen anderen Unternehmer. Thomas Laux gründete 2013 sein *Hausboote Lahn*, nachdem er sich zwei Jahre mit der Idee trug und es sich nie verziehen hätte, sie nicht realisiert zu haben. Das sagte er in einem Interview mit dem RKW Kompetenzzentrum.[16] Den Mann mussten wir unbedingt kennenlernen, und so kam es zu dem folgenden Interview:

Thomas Laux, Hausboote Lahn

Warum hast du dein Tiny Start-up gegründet?

»Es war klar, dass sich bei meiner aktuellen Tätigkeit als Leiter des Vertriebs von Investmentfonds für institutionelle Kunden bei einer deutschen Privatbank Veränderungen ergeben würden. Die Bank war durch die Finanzkrise in eine Schieflage geraten und wurde von einer großen deutschen Geschäftsbank übernommen. Welche Konsequenzen das auf Sicht für mich haben würde, war nicht absehbar. Um nicht irgendwann vor vollendete Tatsachen gestellt zu werden, habe ich mich aktiv mit den möglichen Zukunftsoptionen beschäftigt. Zunächst ging es nur um die

Frage, ob ich in der neuen Umgebung eine interessante Aufgabe übernehmen kann oder ob ich mich bei anderen Unternehmen in der Finanzbranche umschaue. Bis mir bei einer Fahrradtour an der idyllischen Lahn die Idee mit den Hausbooten kam. Ich hatte selbst einmal einen wunderschönen Hausbooturlaub in Frankreich gemacht und konnte mir dieses Urlaubsangebot sehr gut an der Lahn vorstellen.«

Thomas Laux an einem seiner Hausboote © Hausboote Lahn

Was war der Auslöser für deine Geschäftsidee?

»Ich stand vor einem Veränderungsprozess, war Anfang 50, hatte die Folgen der Finanzkrise noch im Gedächtnis und sah die Perspektiven für die Finanzbranche kritisch. Daher war ich auch prinzipiell offen für eine Neuorientierung in anderen Bereichen – ohne dass ich bereits konkrete Vorstellungen hatte. Dann kam die Idee und damit die Gelegenheit, ein an der Lahn bisher einmaliges Angebot zu schaffen, das von Anfang an meine Handschrift trägt und von mir gestaltet werden konnte.«

Wie erlebst du dein Kleinst-/Kleinunternehmertum? Worin liegen die größten Chancen, worin die größten Herausforderungen?

»Die größten Chancen liegen im Gestaltungsspielraum, den man hat. Man setzt seine Idee nach seinen eigenen Vorstellungen um, kann frei agieren, ohne von vorgegebenen Strukturen eingeschränkt zu werden. Die Herausforderungen sind natürlich ebenfalls vielfältig. Man trägt die vollen Konsequenzen aus seinem Tun. Und der abzudeckende Aufgabenbereich ist vielfältig. Er beinhaltet die Entwicklung eines belastbaren Businessplans und dessen Umsetzung, die erfahrungsgemäß auch immer wieder Modifizierungen und Anpassungen erfordert. Bei allem Enthusiasmus rund um die Geschäftsidee ist eine sachliche Analyse der Chancen, aber auch der Risiken unverzichtbar. Bei der Konsultierung Dritter wird man oft mit Bedenken konfrontiert, warum etwas nicht geht. Das sollte man realistisch einordnen, ohne jedoch ›beratungsresistent‹ zu sein. Wichtig ist, bei allem Gründerengagement sich selbst nicht zu vergessen. Die Erhaltung der eigenen Gesundheit ist schließlich für den Unternehmenserfolg mindestens genauso wichtig wie der Businessplan. Man kann nicht immer alles alleine machen oder über Know-how in allen Bereichen verfügen. Deshalb ist es von Bedeutung, sich eine Struktur zu schaffen, die einen als Gründer auch entlastet. Selbstständigkeit ist kein Sprint, sondern ein Marathonlauf, in dem man sich seine Kräfte einteilen muss.«

Welche Auswirkungen hat die Corona-Krise auf dein Tiny Start-up?

»Die Saison 2020 war bereits Anfang des Jahres nahezu komplett ausgebucht. Die Corona-Krise hat dazu geführt, dass ich alle Charterverträge von Saisonbeginn Anfang April bis Ende Mai rückabwickeln musste und die bei Abschluss der Verträge geleisteten Anzahlungen vollumfänglich zurückerstattet habe. Dadurch, dass die Hausboot-Vercharterung ein Saisongeschäft ist, das nur sieben Monate läuft, fallen zwei ertragslose Monate stark ins Gewicht. Die Kosten für die Winterarbeiten, Versicherungen, Liegeplätze, Finanzierung et cetera und nicht zuletzt die Lebenshaltungskosten mussten natürlich trotzdem bezahlt werden. Jetzt – Anfang Juni – sieht es so aus, als könne der Rest der Saison durchgeführt werden. Das hängt natürlich davon ab, wie sich die Pandemie weiterentwickelt. Ein Risiko, das auch in der nahen Zukunft bleiben wird und nicht kalkulierbar ist. Sollte Corona beherrschbar werden, blicke ich für mein Unternehmen optimistisch in die Zukunft. Die Nachfrage nach Urlaub in Deutschland war vor der Krise bereits sehr hoch und wird künftig eher steigen.«

Was ist ein typischer Glücksmoment, den du immer wieder in deinem Tiny Start-up erlebst?

»Da gibt es viele Glücksmomente. Wenn die Gäste mir erzählen, dass der Urlaub auf dem ›Flusshäuschen‹ einer der schönsten war, den sie erlebt haben. Wenn ich die tollen Einträge in den Logbüchern lese und die kunstvollen Zeichnungen sehe. Wenn ich Gäste zum wiederholten Mal auf ›ihrem‹ Flusshäuschen begrüßen darf. Dann weiß ich, dass meine Entscheidung richtig und gut war.«

https://www.hausboote-lahn.de/

Das Gründungsalter war bei den vorgenannten Unternehmensgründern wenig relevant, es war die Passion, die sie antrieb und die durchaus auch verschiedene Wendungen nahm. Beim Erfinder und Unternehmer Dyson gab es bis zu seinem Erfolg etliche Fehlschläge. Es ist von rund 5000 Prototypen die Rede, bis zu dem ersten mit Vakuumtechnik angetriebenen Staubsauger, mit dem er den Grundstein für seinen Erfolg legte.[17] Heute gehört er mit seinem Familienunternehmen zu den 1000 reichsten Menschen der Welt. »Der König der Fehlschläge«, wie er auch gerne genannt wird, sieht im Scheitern die Chance, um sich weiterzuentwickeln und der Lösung eines Problems näherzukommen.[18] Um diesem kreativen Geist neben dem eigenen Unternehmen Raum zu geben, hat er 2004 die James Dyson Stiftung gegründet. Über diese Stiftung wird jährlich in 27 Ländern der James Dyson Award ausgeschrieben, ein internationaler Design Preis, der die nächste Generation von Design-Ingenieuren unterstützt, ermutigt und inspiriert. Im Wissen, dass Ingenieur*innen und Wissenschaftler*innen eine nachhaltige Zukunft wesentlich beeinflussen und mitgestalten, wird seit 2020 zusätzlich ein James Dyson Award für die Lösung sozialer oder umweltbedingter Probleme ausgeschrieben.[19]

Günter Leifheit hatte bis zu seinem Erfolgsprodukt des Teppichkehrers auch mit Entwicklungsschwierigkeiten zu kämpfen, ihm kamen allerdings die Zeitumstände des deutschen Wirtschaftswunders zugute. Die Nachfrage nach Produkten, die die Hausarbeit erleichterten und effizienter machten, war groß und hatte gesellschaftsrelevante Bedeutung, wurden dadurch doch die Frauen entlastet, die überwiegend den Haushalt führten und die so zunehmend bezahlten Tätigkeiten nachgehen konnten.

Thomas Laux von Hausboote Lahn konnte schon vor Corona den Trend zu Deutschlandreisen nutzen, hat dann allerdings auch mit der Krise umgehen müssen.

Laut einer Studie der KfW-Bankengruppe ist jeder dritte Unternehmensgründer in Deutschland älter als 45 Jahre. Davon sind rund 15 Prozent der über 45-Jährigen mit technologieaffinen Konzepten selbstständig. Der überwiegende Teil ist in der Old Economy tätig und macht sich zum Beispiel als Berater*in, mit einem Restaurant oder einem Pflegedienst selbstständig.[20]

Eataly Mailand © Bellone Franchise Consulting GmbH

Nicht nur ein Restaurant zu eröffnen, sondern gleich eine ganze Welt rund um das Essen und überhaupt um die Italianità, das war die Idee von Oscar Farinetti, dem Gründer von Eataly. Mit 53 Jahren eröffnete er in Turin seine erste Filiale, heute gibt es rund 40 in vielen internationalen Großstädten, wie zum Beispiel São Paulo, Yokohama und New York.[21] Der gesamthafte Jahresumsatz lag 2019 bei ca. 700 Millionen Euro.[22] Betreffend Unternehmertum war Farinetti allerdings kein unbeschriebenes Blatt. Bereits mit 23 Jahren stieg er nach Abbruch eines Wirtschaftsstudiums in das Geschäft seines Vaters ein und entwickelte aus dessen Kaufhaus eine erfolgreiche Elektronik-Handelskette, die er 2003 ebenso erfolgreich an die britische Dixons Retail verkaufte. Mit dem Erlös von gut 500 Millionen Euro folgte dann vier Jahre später sein Herzensprojekt.[23] Und ganz ehrlich, wir sind Fans dieser Kombination aus Retail und Gastronomie. Leider wird es in diesem Jahr doch keinen »Spatenstich« für Eataly in der Schweiz geben. Die avisierten Objekte für die Realisation in Lausanne oder Zürich sind für 2020 gescheitert.[24] Immerhin beansprucht ein Eataly-Standort im Durchschnitt 5.000 bis 6.000 Quadratmeter. Aber glücklicherweise gibt es die Filialen in München, in der alten Schrannenhalle am Viktualienmarkt, und in Mailand – nur 22 Minuten vom Hauptbahnhof entfernt.

Im Eataly in München © Bellone Franchise Consulting GmbH

1.2.1 MIT 45PLUS DAS BISHERIGE LEBEN INFRAGE STELLEN

Wenn du um die 45 Jahre und älter bist, dann blitzt bei dir vielleicht die Frage auf: »Soll ich diesen Job jetzt bis zur Rente machen?« Familiär hat sich oft die Lebenssituation geändert. Die Kinder sind ausgezogen. Ein neuer Lebenspartner oder eine neue Lebenspartnerin sind in das eigene Leben eingetreten, oder du erlebst ein neues Single-Dasein. Natürlich gibt es genau dann viele Bedenkenträger*innen, die dich von einer beruflichen Selbstständigkeit abhalten wollen. Man sollte doch durchhalten, immerhin hätte man doch ein geregeltes Einkommen und eine fixe Urlaubszeit. In dieser Umbruchphase, einer Art Midlife-Crisis, trafen wir Anna Baduini für ein Coaching. Eigentlich wollte sie sich schon lange selbstständig machen, aber es gab viele Gründe, die sie davon abhielten. 2017 war es dann soweit.

Anna Baduini und Annika Lerch, Herzblut Vintage Fashion

Annika Lerch (links) und Anna Baduini (rechts) © Herzblut Vintage Fashion

Warum habt ihr euch selbstständig gemacht?

Anna: »Als ich 30 wurde, wollte ich eine Damenkleider-Boutique übernehmen, doch da hörte ich auf Familie und Freunde, die mir abrieten! ›In diesen schweren Zeiten, das klappt nicht, das kannst du nicht, bleibe in deinem gelernten kaufmännischen Beruf, dieser ist viel sicherer‹ usw. Mit 45 Jahren fing ich an, mir Gedanken über mein ›nicht unbedingt glückliches‹ Leben zu machen, meine Partnerschaft war glücklich zu zweit, ich hatte eine wunderbare Wohnung, doch war beruflich unglücklich, unerfüllt. Ich war immer auf der Suche nach etwas Neuem wie Kosmetikerin und Make-up-Artistin als Nebenjob. Das war etwas interessanter als im Büro nur mit dem Computer zu kommunizieren. Genau so soll es noch 20 Jahre weitergehen? Einfach auf diesem Bürostuhl verweilen und vor lauter Langeweile irgendwann sterben! Da habe ich meinen ganzen Mut und mein Selbstbewusstsein zusammengenommen und habe, ohne irgendjemanden zu informieren (nur mein Partner und meine langjährige beste Freundin wussten Bescheid), meinen Traum realisiert. Ein großartiges Glück war es, meine jetzige Geschäftspartnerin Annika kennengelernt zu haben und mit ihr gemeinsam im April 2017 unser wunderbares Geschäft Herzblut Vintage Fashion in Luzern zu eröffnen.«

Annika: »Nach über zehn Jahren als kaufmännische Angestellte in ganz verschiedenen Branchen habe ich mir die Frage gestellt, wie es weitergehen soll. Die Weiterbildungen in diesem Bereich haben mich nicht wirklich interessiert. Ich wollte in eine kreativere, freiere Zukunft gehen. Dass es Kleider werden, war mir sehr schnell klar, und dass es etwas nicht Alltägliches werden wird, auch. Ich wusste, dass die Selbstständigkeit auch Risiken birgt und dass durchaus die Möglichkeit besteht, dass es schiefgeht. Ich fand die Aussicht eines möglichen Versagens einfach weniger schlimm, als wenn ich es nicht versucht hätte. Allerdings muss ich auch sagen, dass ich es ohne Anna wahrscheinlich nicht sofort getan hätte, in ihr habe ich eine super Freundin und Geschäftspartnerin gefunden.«

Was war der Auslöser für eure Geschäftsidee

Anna: »Da musste natürlich etwas gefunden werden, etwas nicht Alltägliches. Am Wochenende war ich bei Oldtimer-US-Car-Treffen und fand es immer sehr schade, dass die Damen nicht selbst einen Oldtimer fuhren oder, wenn sie mit Ihrem Mann mitfuhren, nach der heutigen Mode angezogen waren und fast niemand etwas aus dieser style-technisch wunderbaren Zeit anhatte. Und so entstand mit Annika die Idee, wenn ein Kleiderladen, dann mit Kleidung aus den 1930er-, 40er-, 50er- und 60er-Jahren. Natürlich war es die elegante Zeit aus diesen Jahren, die uns fasziniert, und so sind auch unsere Kollektionen. Für die heutige selbstbewusste Frau mit Kanten und Rundungen, nicht nur für ein Fest oder eine Hochzeit, sondern auch für den Alltag im Büro oder für einen speziellen Anlass oder Event geeignet.«

Annika: »Wir haben oft über die Idee einer Boutique gesprochen. Fanden aber beide, dass die moderne Mode einfach irgendwie nicht zu uns passt. Mich fasziniert die Mode der 1940er- und 50er-Jahre seit ich denken kann. Alte Filme habe ich mir eigentlich nur wegen der Kleider angeschaut, diese Eleganz hat mich schon sehr früh in den Bann gezogen. Das Angebot an Vintage-Boutiquen in der Schweiz war eher spärlich. Entweder waren die Kleider zu sehr in Richtung Rockabilly oder zu wenig alltagstauglich. Online war die Auswahl zwar gut, aber irgendwie wie Lotto spielen, die Passformen variieren einfach zu sehr von Marke zu Marke. Irgendwann haben wir dann die Idee besprochen, uns informiert und umgeschaut und fanden, dass unsere Boutique voll von alltagstauglicher, eleganter, festlicher und weiblicher Mode in den Schnitten der 1940er- und 50er-Jahre sein soll.«

Wie erlebt ihr euer Kleinst-/Kleinunternehmertum? Worin liegen die größten Chancen, worin die größten Herausforderungen?

Anna: »Die größte Chance ist es, ein erfülltes Leben zu haben oder es zu erreichen und auch die Chance zu haben, auf die Nase zu fallen und wieder aufzustehen. Die Herausforderung ist es, finanziell durchzukommen, für das Geschäft und privat. Immer wieder das Gespür zu haben, das ›Richtige‹ einzukaufen. Meine größte Herausforderung ist es, nicht wieder in die alten Ängste zu verfallen: Das kannst du nicht, das schaffst du nicht. Meine Kraft ist es, dass Aufgeben keine Option ist, und gelernt zu haben, in mich zu gehen und dann neuen Ideen, welche zu meinem Business passen, Platz zu machen und zu realisieren!«

Annika: »Die größte geschäftliche Herausforderung ist sicherlich, uns bekannt zu machen und zu zeigen, dass die Mode durchaus alltags- und bürotauglich ist und nicht nur zu speziellen Anlässen getragen werden darf. Persönlich besteht die Gefahr, dass man nicht abschalten kann und auch an freien Tagen mit den Gedanken im Laden ist. Die Chancen sind ganz klar, dass man sehr individuell und schnell auf Kundenwünsche reagieren kann und wir viel persönlichen Kontakt zu unseren Kundinnen haben. So entsteht ein engeres und persönlicheres Verhältnis, und es findet ein Austausch statt, der über das Verkaufen von Mode hinausgeht.«

Welche Auswirkungen hat die Corona-Krise auf eure Selbstständigkeit?

Anna: »Die Corona-Krise sehe ich nicht als Krise, sondern als Möglichkeit, sich neu zu finden und zu erfinden und neue Wege zu gehen, dass unsere Boutique Herzblut Vintage Fashion mit viel Herzblut weiterlebt.«

Annika: »Die Auswirkung der Corona-Krise ist hauptsächlich ein finanzielles Problem. Wir haben zum Glück einen großartigen Vermieter, der uns sehr entgegengekommen ist. Nichtsdestotrotz mussten von unserer Seite größere Aufträge storniert werden, oder unsere Lieferanten konnten bestellte Ware nicht produzieren. Eine Krise ist aber auch immer eine Chance, sich neu auszurichten und neue Wege zu beschreiten.«

Oldtimer-Sunday-Morning-Treffen in Zug © Herzblut Vintage Fashion

Was ist ein typischer Glücksmoment, den ihr immer wieder in eurer Selbstständigkeit erlebt?

Anna: »Ein Glücksmoment ist der Moment, wenn Kundinnen glücklich nach Hause gehen, ob nun mit einem schönen Kleidungsstück oder weil sie einfach unsere Beratung genossen haben. Wenn Kundinnen plötzlich jeden Monat bei uns in der Boutique erscheinen und ein neues Lieblingsstück ergattern und man sich durch Gespräche kennenlernt. Glücksmomente sind die Sonntage am Oldtimer-Sunday-Morning-Treffen in Zug. Da wird am Samstag das Auto mit Kleidern und Accessoires vollgepackt, am Sonntagmorgen wird der Stand aufgebaut und die mitgebrachten

Lieblingsstücke werden angeboten und verkauft. Für die Männer sind die Oldtimer-Autos da und wir für die Ladies. Eine Modenschau vorzubereiten und zu organisieren und dabei zu merken, wie gut dies ankommt – dafür liebe ich mein Business und mein Leben!«

Annika: »Es ist einfach wunderbar, wenn unsere Kundinnen unsere Freude für die Vintage-Mode teilen und sich mit Spaß vor unseren Spiegeln drehen.«

https://www.herzblut-shop.ch/

Das, was Anna und Annika mit ihrem Start in die berufliche Selbstständigkeit erlebt haben, können viele in diesem Alter nachvollziehen. Man hat sowohl Berufs- wie Lebenserfahrung gesammelt und fragt sich, wie sich das entweder im Erfüllen eines langgehegten Traumes realisieren lässt oder wie man aus dem gesammelten Know-how ein Geschäftskonzept entwickelt. So lassen sich auch die Zunahme der »Silverpreneure« und der gleichzeitige Anstieg der Chancengründer*innen ab dieser Altersklasse erklären.[25] Die Gruppe Gleichgesinnter wird zudem durch den demografischen Wandel immer größer, werden doch im Jahr 2035 knapp die Hälfte der Menschen allein in Deutschland älter als 50 Jahre alt sein (siehe auch Kapitel 3, Megatrend Demografischer Wandel). Wenn du 45plus bist, dann sind auch deine Erfolgschancen größer als bei jüngeren Startupper*innen, so eine US-amerikanische Studie des MIT (Sloan School of Management) von 2018[26], denn der Erfahrungsschatz lässt einen souveräner auftreten. Oftmals sind auch finanzielle Eigenmittel vorhanden, und das persönliche und berufliche Netzwerk ist größer. Wenn du dich in einem Bereich selbstständig machst, indem du zuvor 20 Jahre gearbeitet hast, ist das natürlich vorteilhaft. Dann kannst du viele vorhandene Kontakte in deine Selbstständigkeit mitnehmen und musst diese nicht erst aufbauen. So hat es auch Barbara Schärz erfahren, die Gründerin von Funeral Planning. Wir haben sie anlässlich einer Seminarveranstaltung in Zürich kennengelernt. Obwohl es bei ihrem Geschäftskonzept um das Thema Tod respektive um die vorgängige Planung geht, war es spannend zu erleben, wie sie selbst, vor Energie sprühend, von ihrem Business erzählte. Ganz klar wollten wir sie für unser Buch interviewen, weil wir die strukturierte und gleichzeitig empathische Vorgehensweise von Barbara in diesem noch immer tabuisierten Thema vorstellen möchten. Wir haben dann noch einmal nachgedoppelt, weil Corona dazwischenkam. Wir wollten von ihr wissen, wie sie mit der Pandemie umgeht, da sie doch mit der Risikogruppe der Älteren viel zu tun hat.

Barbara Schärz, Funeral Planning

Du hast ein neuartiges Business aufgezogen. Was umfasst dein Dienstleistungspaket zum »Funeral Planning«?

»Funeral Planning bietet alle Elemente der selbstbestimmenden Vorausplanung an. Konkret heißt das, ich halte Bestattungswünsche fest und organisiere Beerdigungen, helfe bei der Erstellung von Testamenten, fertige Vorsorgeaufträge, Generalvollmachten und Patientenverfügungen an, löse den Nachlass auf und vieles mehr. Funeral Planning umfasst Services vor, bei und nach einem Todesfall. Diese erbringe ich bei den Kunden zu Hause. Das Erarbeiten der notwendigen Dokumente mache ich mit ihnen zusammen. Als neutrale Person nehme ich die Informationen der Kunden entgegen und werte niemals. Bei einem Todesfall kontaktieren mich die Hinterbliebenen. In diesem Moment ist es sehr wichtig, dass man flexibel ist und sie so schnell wie möglich treffen kann. Dies ist zentral, denn es gibt den Menschen Vertrauen, sie fühlen sich in dieser Situation nicht allein. Jede Frau, jeder Mann trauert anders, es gibt kein Richtig oder Falsch. Manchmal bin ich der ruhende Pol in angespannten Familienverhältnissen; es kam auch schon vor, dass ich auf Wunsch der Kunden schlichtend eingreifen musste. Nach einem Todesfall werde ich ab und zu gebeten, bei der Auflösung des Nachlasses zu helfen. So wird man mit den unterschiedlichsten Aufträgen konfrontiert. Dabei unterstützt mich ein Netzwerk aus Juristen, Treuhändern, Blumenläden, Zügelunternehmen et cetera, auf welches ich bei Bedarf zurückgreifen kann.«

Barbara Schärz, Gründerin von Funeral Planning © Funeral Planning

Warum hast Du Dein Tiny Start-up gegründet?

»Ich habe in meiner Familie erlebt, dass vorgängig beantwortete Fragen es viel einfacher machen, sich auf die Trauer zu konzentrieren. Am Tag, als ich meine Webseite aufgeschaltet hatte, starb mein Vater. Es hat sich fast angefühlt, als ob er mir noch seine Zustimmung geben wollte …«

Was war der Auslöser für deine Geschäftsidee?

»Während mehr als 20 Jahren habe ich im Bereich Finanzen und Controlling gearbeitet. Manchmal führen Zufälle und das Schicksal zu einem Jobwechsel, und das war auch bei mir der Fall: eine Neugierde, etwas völlig anderes in Angriff zu nehmen.«

Wie erlebst du dein Kleinst-/Kleinunternehmertum?

»Das Thema Tod ist für viele ein Tabuthema. Aber vor allem Singles und ältere Alleinstehende möchten ihre Angelegenheiten regeln, bevor es zu spät ist. Die meisten Aufträge erhalte ich über Empfehlungen, deshalb ist Networking extrem wichtig. Fehlentscheidung kosten immer Geld. Niederlagen gehören dazu, aber sie bringen einen weiter und geben Impulse für Neues. Als Unternehmerin bin ich heute viel zufriedener.«

Unterstützung von Trauernden als Kerngeschäft © Funeral Planning

Welche Auswirkungen hat die Corona-Krise auf dein Tiny Start-up?

»Die Pandemie hatte einen direkten Einfluss auf mein Geschäft, von heute auf morgen brach alles zusammen. Denn fast alle meine Kunden gehören zur Risikogruppe, welche ich nicht mehr treffen konnte. Hinzu kam, dass Beerdigungen nur noch im engsten Familienkreis durchgeführt werden durften. Natürlich durchlebt man dadurch Existenzängste. Aber mein Lebenspartner ist mir eine sehr wichtige Stütze, emotional, moralisch und finanziell. Optional kann ich auch mit Webkonferenzen arbeiten. Aber meine Kundinnen und Kunden wünschen dies in der Regel nicht. Grundsätzlich sind meine Services sehr persönlich. Ich bin mit Masken und Handschuhen ausgerüstet und kann nach den Lockerungen jederzeit bei Kunden vorbeigehen.«

Wie überbrückst du die »Corona-Zeit«, die wahrscheinlich noch lange dauert?

»In den letzten Monaten habe ich einige Pendenzen aufgearbeitet. Parallel dazu fallen Arbeiten rund um meine Webseiten an, und ich erledige größere wie kleinere Optimierungen: Ich bin aktiver in den sozialen Medien tätig, investiere in die Suchoptimierung und führe Gespräche mit Finanzdienstleistern. Vielleicht bahnt sich dort eine konkrete Zusammenarbeit an: vor kurzem habe ich eine Anfrage einer Schweizer Bank erhalten. Eine Kooperation mit ihr wäre natürlich willkommen. Grundsätzlich stehen Gemeinschaftsarbeiten mit Banken, Treuhändern und Versicherungen auf meiner Wunschliste ganz oben.«

Was ist ein typischer Glücksmoment, den Du immer wieder in Deinem Tiny Start-up erlebst?

»Grundsätzlich die Zufriedenheit und das Gefühl, das Richtige zu tun. Und das Wissen, den Menschen im vielleicht traurigsten Moment ihres Lebens Hilfe bieten zu können. Ein Kunde, den ich bei einer Beerdigung unterstützt hatte, hat es auf den Punkt gebracht: ›Sie waren für uns wie ein temporäres Familienmitglied.‹«

https://funeralplanning.ch/de/

1.3 MIT 60PLUS FÄNGT DIE SELBSTSTÄNDIGKEIT ERST RICHTIG AN!

1.3.1 VON DER ERLEUCHTUNG BIS ZUR INSTANTNUDEL

Der heute 93-jährige Dr. Richard Hansler startete sein Business im Alter von 79 Jahren. Als Mitbegründer von LowBlueLights.com wollte er sich auf die Entwicklung von Beleuchtungsprodukten konzentrieren, die die natürlichen Schlafzyklen der Menschen nicht beeinträchtigen. Zuvor war er über vier Jahrzehnte als Wissenschaftler bei General Electrics angestellt. In einem Interview auf CNN Business erläuterte er die Motivation für seine Entwicklungstätigkeit und Firmengründung: »Ich habe viele Jahre lang helle Lichtquellen entwickelt. Aber als ich in den Ruhestand ging, stellte ich fest, dass helles Licht schädlich sein kann. Ich fühlte mich verpflichtet, etwas dagegen zu unternehmen.«[27] Seine Erkenntnisse publizierte er in mehreren Büchern zum Thema Schlaf. Sein erstes erschien 2008, als er 83 Jahre alt war.

Ebenfalls der Gesundheit verschrieben hatte sich auch Henri Nestlé. Nach mehreren unternehmerischen Anläufen, die mal mehr und mal weniger für ein paar Jahre erfolgreich waren, gelang ihm 1867 mit der Entwicklung des sogenannten »Kindermehls« der große Durchbruch. Zu dieser Zeit lag die Kindersterblichkeit in Europa zwischen 15 bis 25 Prozent im ersten Lebensjahr. Diesem Problem wollte der gebürtige Frankfurter und mittlerweile in der Schweiz lebende Unternehmer auf den Grund gehen. Dafür nutzte er seine Kenntnisse als Apothekengehilfe, den Austausch mit branchenaffinen Bekannten sowie die Erfahrungen seiner Frau, einer Arzttochter. Sein Unternehmen, das zuvor Flüssiggas produzierte, stellte jetzt Kindermehl her und vermarktete es so erfolgreich, dass innerhalb von sieben Jahren 1,6 Millionen Dosen Kindermehl aus Vevey, der französischen Schweiz, in 18 Länder vertrieben wurden. Auf der

Website von Nestlé gibt sich der damals (im Jahre 1868) 54-Jährige Kreativunternehmer mit folgender Aussage sehr bescheiden: »Meine Erfindung ist keine neue Entdeckung, sondern eine richtige und rationelle Anwendung von Substanzen, welche schon längst als die besten für die Ernährung von Kindern bekannt sind.«[28]

90 Jahre später war es der Japaner Momofuku Andō, der die weltweit ersten Instant-Ramen mit seiner Firma Nissin Foods auf den Markt brachte.[29] Ramen sind japanische Nudeln, aus denen Nudelsuppe hergestellt wird. Das Produkt namens Chikin Ramen ist in Japan bis heute der Klassiker im Angebot des Lebensmittelherstellers. In den 1970er-Jahren wurde das Sortiment um die Cup-Noodle-Reihe im praktischen Styroporbecher, der bereits alle Zutaten enthielt, erweitert. Mit heißem Wasser aufgefüllt war es eine kulinarische Revolution, die bis heute viele Nachahmer fand. Uns sind die Cup-Noodle-Produkte vor allem durch die schrägen Werbespots in den 1990er-Jahren bekannt, als sie regelmäßig prämiert in den Werbe-Cannes-Rollen auftauchten. An deren Stelle sind heute episch aufbereitete Spots getreten. Momofuku Andō, der seine Instant-Ramen-Erfolg als 53-Jähriger startete, wurde übrigens 96 Jahre alt, was er nach eigenen Angaben dem Golfspielen und dem täglichen Essen der besagten Nudelsuppen zuschrieb.[30]

Tipp:

Cup Noodles Spots

https://www.youtube.com/watch?v=zQ8B774CYZ4

https://www.youtube.com/watch?v=nukgy-Bmuy8

»Sudelnuppe« - Ästhetik und Geschmack © Falk Daubner

Wer sich für Ramen als täglich frisch gekochte Vollwertkost interessiert, der kommt in Zürich nicht an »Sudelnuppe« vorbei. Das Tiny Start-up wurde von Falk Daubner gegründet, der allerdings bei der Gründung erst in seinen Enddreißigern war, aber die fast 400-jährige Tradition der Ramenrezepte durch einen Kochaufenthalt in Tokyo kennen- und umsetzen gelernt hat. Sein Lebensweg ist »von Wendungen gespickt«, um in seiner Sprache zu bleiben. In seiner ersten beruflichen Episode wuchs er im familieneigenen Restaurant auf, absolvierte eine Kochlehre und kochte in bekannten Häusern. Mit dem Umzug in die Schweiz folgte eine zweite Episode. Nach dem Studium der Wirtschaftspsychologie folgten Berufsjahre in der Organisationsentwicklung und dem Corporate Recruiting. 2017 kehrte er zu seiner Kochleidenschaft zurück und machte sich mit Sudelnuppe selbstständig. Wir haben ein Interview mit ihm zu den Besonderheiten seines Konzeptes und zu den Glücksfaktoren seiner Selbstständigkeit auf tinystartup.ch geführt: https://www.tinystartup.ch/interviews/sudelnuppe/.

1.3.2 FAMILY BUSINESS DER ANDEREN ART

Für Gründer*innen im fortgeschrittenen Alter gibt es mittlerweile viele Bezeichnungen, von »Senior Entrepreneurs«, über »Second Life Entrepreneurs«, bis hin zu »Old Entrepreneurs«. In England hat sich die Zahl der Selbstständigen ab 65 Jahre in den letzten fünf Jahren verdoppelt. »Seniorpreneure« (vor und nach dem Ruhestand) führen mittlerweile rund ein Drittel aller neuen Unternehmen in Australien an und sind laut Untersuchungen der Swinburne University of Technology und der Queensland University of Technology das am schnellsten wachsende Segment von Unternehmern.[31] Darunter sind solche mit Kleinstunternehmen zu finden wie solche, für die das der erste Schritt in die Selbstständigkeit ist und immer weitere Ideen folgen, wie zum Beispiel beim Australier Mark Glazebrook. Der ehemalige Corporate Social Responsibility Manager gründete zuerst eine Firma für didaktisch wertvolles Haustierspielzeug, danach die Unternehmensberatung On Purpose und dann 2016 Girls Invent, und alle drei Unternehmen haben mit ganz persönlichen Geschichten zu tun. Das intelligente Haustierspielzeug entwickelte er, weil sein Hund daheim während seiner Abwesenheit die Nachbarn durch lautes Heulen terrorisierte. Die Lösung lag in einem interessanten Spielzeug, das für Abwechslung und Beschäftigung sorgte.[32] Mit On Purpose[33] unterstützt er Organisationen und Einzelpersonen dabei, ihre soziale Verantwortung wahrzunehmen und bietet das, was er als Angestellter über viele Jahre ausgeübt hat.

Ausgehend von der Frage seiner Tochter, warum sind die meisten Erfinder Männer seien, machte Glazebook sich mit ihr zusammen an die Recherche, Erfinderinnen auszumachen. Sie entdeckten, dass viele bekannte Produkte tatsächlich von Frauen erfunden wurden, dass sie aber selten unterstützt wurden, wenn es um den Berufsweg zur Erfinderin und Unternehmerin ging. So kam er 2016 auf die Geschäftsidee, unter Girls Invent[34] ein Programm für Schülerinnen aufzubauen, das sie in die Welt des STEM, Science, Technology,

Engineering und Mathematik einführt. Mittlerweile wird das Programm an über 150 Schulen in ganz Australien angeboten und über eine Non-Profit-Organisation auch in Ghana.

Ideen und Unterstützung kommen nicht selten aus der Familie. So war es auch bei der Amerikanerin Megan Wilson, die den Tidy Table Tray, ein aufsteckbares Tablett erfand, das kleinen Kindern das Essen am Esstisch erleichtert. Um ein Business daraus zu realisieren, gründete sie gemeinsam mit ihren pensionierten Eltern ein Unternehmen, das letztendlich drei Kompetenzen verband. Megans Vater war vormals Finanzexperte bei Merrill Lynch und übernahm den betriebswirtschaftlichen Teil, die Mutter war Kindergärtnerin und verstand sich auf die Argumentationen für die Vermarktung[35] und Megan konnte als vielbeschäftigte Mutter und Erfinderin den Schritt in die Selbstständigkeit gehen.

Manchmal ist es den Eltern nicht vergönnt, den Wunsch nach beruflicher Selbstständigkeit auszuleben, dafür werden sie Mentoren bei der Existenzgründung der Kinder. Diese Unterstützung hat Nico Vogt erfahren, ein umtriebiger Unternehmer, der bereits mit 21 Jahren Teilhaber eines Fitnessstudios wurde und seinen Vater als wesentlichen Motivator für seine unternehmerische Tätigkeit neben dem Studium sah. Als humoriger und immer engagierter Student fiel er auch an der Hochschule auf, und deswegen macht es Spaß, auch ihn hier vorzustellen. In den bisher sieben Jahren seiner unternehmerischen Laufbahn hat er als junger Gründer schon einiges erlebt, unter anderem den Umgang mit der Krisenzeit. Und er hat auch bereits eine neue Idee, die schon Gestalt annimmt.

Nico Vogt, Teilhaber der Sportcenter Leuggern AG, Fitproquo GmbH und Podcast-Gründer von mach-dis-ding.ch

Nico Vogt © Privatbesitz

Du warst 21 Jahre jung und Student, als du 2013 den Weg ins Unternehmertum eingeschlagen hast. Was war der Auslöser für diesen Schritt?

»Ich hatte damals meine Ausbildung in dem Fitnesscenter abgeschlossen, deren Besitzer mir dann die Möglichkeit der Beteiligung boten. Den Ausschlag, dass es überhaupt zu diesem Angebot kam, war die Suche nach einer geeigneten Nachfolgelösung. Die Lösung wurde mir zunächst in einer Beteiligung von 25 Prozent am Center angeboten. Das Center lief bereits sehr gut, entsprechend war auch die Beteiligungssumme recht hoch. Für mich als Student war das nur über ein Darlehen machbar. Das war natürlich eine große Sache, anders als das, was ich vorher schon versucht hatte. Denn den Drang, etwas Eigenes zu machen, hatte ich schon mit der Entwicklung verschiedener Online-Geschäftsideen realisiert. Aber da habe ich wohl jeweils zu früh aufgehört, bevor wirklich etwas daraus werden konnte. Mit dem Fitnesscenter war es anders. Das war etwas, das ich bereits sehr gut kannte und das auch kalkulierbar war. Ich musste die Chance packen!«

Nico Vogt, Teilhaber eines Fitnesscenters © Privatbesitz

Mit welchen Vorurteilen wurdest du als Selbstständiger konfrontiert, seitens deines sozialen Umfeldes und darüber hinaus als Betriebsökonom, der normalerweise eine andere Laufbahn einschlägt?

»Meine Eltern haben mich bei meiner Entscheidungsfindung unterstützt und motiviert. Insbesondere mein Vater, der sich selbst immer gewünscht hatte, in die berufliche Selbstständigkeit zu gehen. Aber dann wurde die Familie größer, ich habe sechs Brüder, und die Sicherheit über ein geregeltes Einkommen stand im Vordergrund. Meine Studienkollegen haben zwar Fragen gestellt, wie: ›Ist das nicht eine Megaverpflichtung, die du eingehst?‹ Und immer schwang da so eine Sorge mit, dass man dann ja nicht mehr für längere Zeit verreisen kann und überhaupt so gebunden ist. Aber das waren eher deren Vorstellungen von der Selbstständigkeit. Mich persönlich haben sie unterstützt und fanden den Schritt ins Unternehmertum auch spannend – insbesondere, weil ich Betriebsökonomie studiert habe und vieles gleich ganz real umsetzen oder vergleichen konnte.«

Wie erlebst du dein Kleinst-/Kleinunternehmertum? Worin liegen die größten Chancen, worin die größten Herausforderungen – auch bezogen auf die Corona-Krise?

»Die größten Chancen liegen für mich persönlich darin, dass ich das leben kann, was mir wirklich Spaß macht. Seit 2018 habe ich 50 Prozent der Anteile am Center und bin derzeit noch am Abzahlen des Darlehens. Ich kann das aber gut händeln, denn was mich begeistert, ist das Eintauchen in die Finanzen, danach zu fahnden, wo kleine Änderungen Größeres bewirken können. Zum Beispiel die Umstellung auf LED-Beleuchtung ist zwar erst einmal eine größere Investition, zahlt sich aber mit der Zeit aus. Auch hier und da Automatisierungsprozesse einzuführen, die meinen Mitarbeitenden und mir Zeit schenken, sind für mich positive Herausforderungen.

Weitere Chancen liegen im Business selbst. Mit dem Fitnessangebot sind wir in einem Wachstumsmarkt. Allein der demografische Wandel birgt ein enormes Potenzial. Denn langsam erkennt man, dass gezielte Bewegung zur Gesunderhaltung oder Wiederherstellung der Gesundheit beiträgt. Zu den Herausforderungen gehört die Personalführung. Einige Mitarbeitende kennen mich noch aus meiner Lehrzeit im Fitnesscenter und hatten zu Beginn manchmal Mühe, mich in meiner Rolle als Chef zu erleben. Aber neben dem langjährig vorhandenen Kernteam an Mitarbeitenden plus Temporär-Angestellten sind es zwischen 25-30 Leute, die geführt werden müssen, und das kostet Energie. Der Shutdown in der Corona-Krise war dann natürlich eine große Herausforderung. Neben der ökonomischen Problematik der Umsatzeinbuße, war es für mich persönlich der Umgang mit der Entscheidungsunfreiheit. Beim Unternehmertum reizt mich ja gerade die Möglichkeit, Neues zu verwirklichen, Perspektiven zu haben und daraus Ziele zu entwickeln. Aber auf einmal war genau das nicht mehr möglich. Man war abhängig von den Entscheiden, die sich täglich ändern konnten. Deswegen musste ich immer abwägen, wann was den Kunden und Mitarbeitenden kommuniziert werden kann. Es war eine enorme Gratwanderung. Und die Auswirkungen der Krise sind auch noch nicht bis ins Detail für unser Center prognostizierbar. Aber damit sind wir wohl nicht allein.«

Nico Vogt mit seinem Podcast »Mach dis Ding« © Privatbesitz

Du hast in diesem Jahr eine Podcast-Plattform namens »Mach dis Ding« (Mach dein Ding) aufgebaut? Was möchtest du damit erreichen?

»Ich kenne ganz viele Leute, die einen Horror vor dem Montag haben, weil sie im Job einfach nicht glücklich sind. Sie würden eigentlich gerne etwas verändern, wissen aber nicht wie. Deswegen habe ich ›Mach dis Ding‹ aufgesetzt. Und das auch ganz schweizerisch, um in der Schweiz zu zeigen, dass Unternehmertum eine Alternative für jeden sein kann. Das zeige ich durch viele Beispiele von Schweizern und Schweizerinnen, die hier durchgestartet sind. Manche führen einfach ihren erlernten Beruf auf selbstständiger Basis aus, andere haben sich in ein vollkommen anderes Business begeben. Die Plattform soll in erster Linie ein Motivationsbringer sein, um anderen zu mehr Spaß an der Arbeit zu verhelfen!«

https://scl.li/

https://www.mach-dis-ding.ch/

1.4 PERSÖNLICHE LEBENSSITUATIONEN UND PERSÖNLICHE KRISEN

Carol Gardner war 52 Jahre alt, frisch geschieden, hoch verschuldet und depressiv.[36] Nicht zwingend die beste Ausgangslage für eine berufliche Selbstständigkeit, aber eine typische Geschichte, wie sie gerne mit »vom Tellerwäscher zum Millionär« betitelt wird. Denn heute, 22 Jahre später, ist sie Multimillionärin mit einem Business, das in ihrem Wohnzimmer im US-amerikanischen Portland begann. Vor die Wahl gestellt, zum Therapeuten zu gehen oder sich einen Hund anzuschaffen, entschied sie sich nach der Scheidung für Letzteres. Um etwas kostenloses Hundefutter für ihre vier Monate alte Bulldogge zu gewinnen, nahm die Ex-Werbetexterin an einem Weihnachtskartenwettbewerb ihrer örtlichen Tierhandlung teil. Dafür schoss sie ein Foto von ihrem faltigen Hund in einem Schaumbad mit einer Weihnachtsmütze und schrieb dazu sehr markig: »Zu Weihnachten habe ich einen Hund für meinen Mann eingetauscht. Gutes Geschäft, oder?«[37] Sie trug nicht nur den Sieg in diesem Wettbewerb davon, sondern erhielt eine so große Nachfrage nach der witzigen Karte, dass sie dermaßen beflügelt 1997 eine Grußkartenfirma gründete. Und das vom besagten Wohnzimmer aus, von dem aus sie die ersten Bestellungen ihrer Karten sowie den Versand organisierte. Ihr Hund Zelda wurde nicht nur zum Leitmotiv für die Grußkarten; auch ihre Firma nannte sie nach ihm Zelda Wisdom.[38] 2018 gründete sie eine weitere Firma namens MaxDaddy, über die gesundheitsfördernde CBD-Produkte (Hanfprodukte) für Hunde vertrieben werden.[39] Und dass Carol Gardner Humor hat, beweist sie in einem Interview mit Luminity Life, in dem sie äußerte, dass sie sich über folgende Schlagzeile freuen würde: »Carol Gardner is 73 … and still promoting CBD!«[40] Nach dem Geheimrezept ihres Erfolges während ihrer einschneidenden Krise befragt, bringt sie es damit auf den Punkt, dass sie sich entschloss, nicht die Opferrolle einzunehmen. Sie zog damals Bilanz und fahndete nach den Dingen und Umständen im Leben, die ihr Freude bereiteten. Dazu gehörten Hunde. Sie brachten ihr nicht nur unvoreingenommen Liebe entgegen, sie brachten sie auch zum Lachen. Dieser positive Einfluss gab einen wichtigen Impuls für die Veränderung in ihrem Leben.

Das sprichwörtliche Ruder wieder selbst in die Hand zu nehmen war auch die Begründung von Michael Kiel, der nach Kündigung und Scheidung sein Leben mit Anfang 50 vollkommen neu sortierte, sich mit einem Fitnessstudio in Düsseldorf selbstständig machte und zudem noch ein Studium begann. Das Interview mit ihm haben wir in unserem Vorgängerbuch *Glücklich mit Tiny Start-ups* vorgestellt.

Dem Leben eine andere Wendung geben, das war auch der Ausgangspunkt von Beate Sander. Die Kinder waren aus dem Haus, ihr Mann war verstorben, sie selbst stand kurz vor der Rente, da gestaltete sie ihr Leben vollkommen neu. Heute, über 20 Jahre später, ist sie nicht nur leidenschaftliche Börsianerin und Selfmade-Millionärin, sondern auch erfolgreiche Bestseller-Autorin, VHS- und Universitäts-Dozentin, Keynote-Speakerin, Webinar-Partnerin, Kolumnenschreiberin, Börsenberichterstatterin, Expertin bei zahlreichen TV-Sendungen, Interviewpartnerin bei den führenden Zeitungen und Zeitschriften, in TV und Rundfunk. Wir konnten das nunmehr 82-jährige Multitalent über Watchbooks kennenlernen. Watchbooks ist selbst noch ein Start-up mit der Idee, Bücher und Autor*innen in einem von ihnen gedrehten Video, vorzustellen. Die komprimierten Buchvorstellungen werden über einen Streamingdienst im Abonnement angeboten. Im Rahmen unseres Videodrehs haben wir die spannenden Aufnahmen mit Beate Sander erlebt und sie für das folgende Interview angesprochen:

Beate Sander, Finanzexpertin und Erfolgsautorin

Beate Sander, Finanzexpertin und Erfolgsautorin © Portrait by Nina Wellstein

Wie und wann kam es zur beruflichen Neuausrichtung in deinem Leben?

»Als meine Eltern starben, ich sie nicht mehr finanziell unterstützen musste, meine Kinder ihre Universitätsausbildung erfolgreich abgeschlossen hatten und selbst Geld verdienten, begann ich mein Leben anders zu planen mit dem Schwerpunkt, Sach- und Schulbücher zum Thema Wirtschaft und Börse zu schreiben, Vorträge und Seminare zu halten, Börsenberichterstattungen zu erfassen, Moderationen auf Investormessen zu übernehmen und meine Rhetorik auf Hauptversammlungen zu üben und zu erproben. Und mit dem Alleinleben - die Kinder gründeten eigene Familien, mein Mann war gestorben - konnte ich mein Leben grundlegend anders gestalten.«

Was war der Auslöser für deine Karriere als Börsenexpertin?

»Theoretisch hatte ich mir als Schulbuchautorin für Wirtschaft und Recht längst ein fundiertes Börsenwissen angeeignet. Und die Mitarbeit in Lehrplankommissionen war eine willkommene Herausforderung, sich hier noch mehr zu engagieren. Das Schlüsselerlebnis war der Neue Markt, als die Aktienkurse binnen kurzer Zeit nach oben sprangen und Schulleiter, Eltern und Realschüler der 9./10. Jahrgangsstufe Börsenseminare wünschten, allwöchentlich zwei Stunden Nachmittagsunterricht. Die erfolgreiche Beteiligung an großen Börsenspielen und erste Fernsehauftritte verstärkten meine Motivation, hier etwas Neues zu erproben, zu verändern, zu verbessern mit dem Ziel einer eigenen Hoch/Tief-Mut-Strategie, breit gestreut mit langem Anlagehorizont.«

Wie erlebst du deine vielfältigen Aufgaben? Worin liegen die größten Chancen, worin die größten Herausforderungen?

»Ohne Disziplin, das eiserne Einhalten von Vorsätzen, Zusagen und Versprechen geht gar nichts. Dazu gehört, aus eigenen Fehlern zu lernen, damit sie sich nie wiederholen, sich für sein Handeln verantwortlich zu fühlen statt nach Sündenböcken zu suchen, nicht dem Herdentrieb zu erliegen oder Unangenehmes zu verdrängen. Schon früh habe ich danach gestrebt, einen großen Kompetenzkreis aufzubauen, also auf einem Gebiet eine führende Expertin zu sein. Ich forderte mir selbst den höchsten Einsatz ab, um den bestmöglichen Erfolg zu erzielen. Das gilt auch heute noch für mich mit 82 Jahren im willkommenen Unruhestand.«

Welche Auswirkungen hat die Corona-Krise auf deine gesamte Tätigkeit?

»Jeder Kursabsturz - sei es der ›Salamicrash‹ 2000 bis 2003, die Weltwirtschaftskrise 2008/2009, der Technologiecrash im vierten Quartal 2018 oder der aktuelle Corona-Covid-19-Crash seit März 2020 - dient dazu, die von mir erfundene Hoch/Tief-Mut-Strategie zu erproben, zu verfeinern, weiter zu entwickeln und auszubauen. Im Crash vergleiche ich mich gern mit einem Gärtner, der genau zur richtigen Zeit säen und pflanzen, düngen, hacken, bewässern muss, um eine gute Ernte einzufahren. Hätte es keinen Crash gegeben, wäre ich nicht Millionärin geworden: Denn ein Crash ist gut für Leute mit Mut. Durch Zukauf erstklassiger Aktien zu niedrigen Kursen und Teilverkäufen auf Jahres- oder sogar Allzeitniveau gewinnt mein Depot immer mehr an Substanz, sodass es sich mittlerweile selbst finanzieren kann, Dividenden mit eingerechnet. Komplettverkauf: Nein! Zögerliches Abwarten: Nein! Die gesamte Bodenbildungsphase nutzen zum preisgünstigen Zukauf und teurem Teilverkauf: Ja! Niemand hat eine Glaskugel. Niemand weiß, wie lange dieser Crash tatsächlich dauert und ob wir überhaupt schon die Tiefstände gesehen haben, die bei einer zweiten Infektionswelle drohen.«

Was ist ein typischer Glücksmoment, den du immer wieder in deinem Business erlebst?

»Gerade bekomme ich die Nachricht, dass ich im gesamten Bereich Wirtschaft mit meinem Langzeitbestseller *Der Aktien- und Börsenführerschein* den Ranglistenplatz I beim *Manager Magazin* einnehme. Da wird ein Traum für mich wahr.«

Zwei der neuen Bücher von Beate Sander 2020 © FBV FinanzBuch Verlag

Weitere Bücher von Beate Sander findest du über den Verlagslink:

https://www.m-vg.de/search/?q=beate+sander

1.4.1 EIN GELUNGENER NEUSTART

Ihre Fanliste liest sich spektakulär. Prominente wie Naomi Watts, Sarah Jessica Parker, Beyoncé, Rihanna, Rita Ora, Uma Thurman und viele andere tragen Schmuck von Jennifer Fisher. Die heute mehrfach ausgezeichnete Designerin und Unternehmerin arbeitete als Stylistin für US-amerikanische Werbekampagnen wie American Express und Budweiser, als bei ihr Krebs diagnostiziert wurde. Sie war 30 Jahre alt, als sie feststellen musste, dass das Leben unvorhersehbar und fragil ist. Um mit der Chemotherapie und der Ungewissheit umzugehen und sich abzulenken, war für sie die Arbeit, zu der Zeit noch angestellt, die beste Methode. Es folgten weitere problematische Erfahrungen und Auseinandersetzungen mit dem Krankheitsbild und den möglichen negativen Auswirkungen in Bezug auf eine Schwangerschaft. Letztendlich bekam Jennifer Fisher nicht nur zwei Kinder, sondern startete nach der Geburt ihres ersten Kindes ihr selbstständiges Schmuckbusiness. Mit der Kreation einer speziellen Halskette, die den Namen ihres Sohnes Shane trug, repräsentierte sie ihre eigenen Designvorstellungen für das freudige Ereignis. Ihr Geschmack traf den Nerv vieler anderer, und so wundert es nicht, dass ihre Empfehlung für Startupper*innen auf der Plattform www.wearedore.com ist, etwas zu entwickeln, das einem selbst fehlt. Oftmals ist es etwas, das sich andere ebenso herbeisehnen.[41]

Die Wahlwuppertalerin und Zauberfrau Ilona Peters haben wir über ein Interview des RKW Rationalisierungs- und Innovationszentrum der Deutschen Wirtschaft kennengelernt. Ihre Offenheit und sympathische Art durften wir in unserem Interview mit ihr erfahren, als sie uns ihren Weg und Neuanfang nach einer gesundheitsbedingten Krise schilderte.

Ilona Peters, Zauberfrau

ZAUBERFRAU
Gut fürs Leben

Ilona Peters, Zauberfrau, Wuppertal © Privatbesitz

Warum hast du dein Tiny Start-up gegründet?

»Ich bin 1957 geboren, 1977 habe ich mein Studium als Maschinenbauingenieurin erfolgreich abgeschlossen und war bis 2013 in verschiedenen metallverarbeitenden Firmen als Diplom-Ingenieurin im Maschinenbau tätig. Seit 1990 bin ich übrigens Wahlwuppertalerin. Nach einer gesundheitlichen Krise wollte ich eine Veränderung in meinem Leben. Daraufhin habe ich nach Möglichkeiten gesucht, meine bisherigen Erfahrungen einzusetzen und meine persönlichen Ziele zu erreichen. Bei meiner Suche stieß ich auf einem Internetportal für Franchise-Konzepte auf das Unternehmen Zauberfrau ›Hilfe im Haushalt für Familien, Singles und Senioren‹, das seit 25 Jahren erfolgreich und an mehreren etablierten Standorte vertreten ist. Eine hervorragende Idee, fand ich. Mir gefiel der Gedanke, Menschen zu helfen. Das heißt, auf der einen Seite sozialversicherungspflichtige Arbeitsplätze zu schaffen, die auch flexibel auf Möglichkeiten und Bedürfnisse der Mitarbeitenden eingehen. Auf der anderen Seite würde ich Lösungen schaffen für beruflich stark eingebundene Menschen und für ältere Personen, die somit länger in den eigenen vier Wänden leben können. Also entschied ich mich 2013 für die Franchisepartnerschaft mit Zauberfrau. Als Ingenieurin hatte ich viele Projekte erfolgreich abzuschließen. Nun hatte ich mein eigenes Projekt: Zauberfrau Wuppertal!«

Was war der Auslöser für deine Geschäftsidee?

»Im Nachhinein habe ich festgestellt, dass ich mit der Gründung meines Unternehmens Zauberfrau meine Berufung gefunden habe. Die Dankbarkeit und Wertschätzung der Kunden für unsere individuelle, dem

Kundenbedarf entsprechende Hilfe, sei es die Hilfe im Haushalt, die Kinderbetreuung, Einkaufsfahrten und die persönliche Betreuung wie Spazierengehen, Malen und Spielen mit dementen Menschen, bestärkt mich jeden Tag aufs Neue, die richtige Entscheidung getroffen zu haben.«

Ilona Peters in der Kundenbetreuung © Privatbesitz

Wie erlebst du dein Kleinst-/Kleinunternehmertum? Worin liegen die größten Chancen, worin die größten Herausforderungen?

»Die bei mir angestellten Mitarbeiterinnen haben familienfreundliche Wunscharbeitszeiten und ihren Kenntnissen und Fähigkeiten entsprechende ausgewählte Kundeneinsätze. Ich lege sehr großen Wert darauf, dass die Chemie zwischen den Kund*innen und Mitarbeiterinnen stimmt. Seit meinem Start 2013 mit drei Mitarbeiterinnen konnte ich bis heute stetig die Mitarbeitendenzahl und die Umsätze steigern. Aktuell habe ich 22 Mitarbeiterinnen, überwiegend in Voll- und Teilzeit. Meine Mitarbeiterinnen sind im Alter zwischen 34 und 62 Jahren – davon sind elf unter 50, sieben über 50 und vier Mitarbeiterinnen über 60 Jahre. Die Nachfrage nach Haushaltshilfen für Privat- und Krankenkassenkunden und auch nach Unterstützungsangeboten im Alltag für Pflegekassenkunden ist enorm. Leider fehlt es an mutigen Bewerberinnen, die eine Expansion meines Standortes unterstützen wollen. Ich lege sehr großen Wert auf Kundenservice und nehme mir auch Zeit für ein persönliches Gespräch mit den Kunden über Ihre Sorgen und Nöte. Zum Service gehört die wöchentliche Einsatzplanung für die Mitarbeiterinnen. Die Kundenwünsche zur Einsatzzeit sind sehr individuell. Da ist es manchmal eine Herausforderung, einen zufriedenstellenden Kompromiss zu finden, aber wir bekommen es hin. Ähnlich sieht es dann bei der Vertretungsplanung für Krankheit und Urlaub aus. Meine Mitarbeiterinnen haben nicht alle ein Auto, da ist es immer wieder eine Herausforderung, kurze Wege von einem Kunden zum nächsten sinnvoll zu planen. Eine wirkliche Herausforderung sind die behördlichen Forderungen, die nicht nur mit steigender Mitarbeiterzahl zunehmen und belasten. Manchmal frage ich mich da schon, warum zum Beispiel eine Kommasetzung in einem Angebotskonzept viel wichtiger ist als das, was ich eigentlich tun will: nämlich den Menschen helfen. Haushaltsnahe Dienstleistungen sind auch ein politisches Thema. Ich bin in verschiedenen Netzwerken wie INCENTO, ein bergisches Unternehmernetzwerk, und bei Wuppertal Aktiv engagiert, auch um die Probleme, die es zum Thema der haushaltsnahen Dienstleistungen gibt, zu thematisieren.«

Welche Auswirkungen hat die Corona-Krise auf dein Tiny Start-up?

»Rund 20 Prozent der Kunden haben zeitweise eine ›Angstpause‹ gemacht, ein Ausgleich erfolgte teilweise durch Neukunden. Durch Umplanung konnte ich meine Mitarbeiterinnen wie gewohnt und nur bei wenigen mit geringem Stundenausfall weiterbeschäftigen. Durch eine Kontaktaufnahme zur Stadtverwaltung konnte ich auch meinen Mitarbeiterinnen mit kleinen Kindern bei der Notbetreuung ihrer Kinder helfen. Wir arbeiten in systemrelevanten Bereichen. Natürlich gab es auch einen Umsatzrückgang, dieser war und ist nicht existenzgefährdend. Ich habe keinen Zuschuss und kein Kurzarbeitsgeld beantragt.«

Ilona Peters bei der Verleihung des Unternehmerinnenbriefes © Privatbesitz

Was ist ein typischer Glücksmoment, den du immer wieder in deinem Tiny Start-up erlebst?

»Glücksmomente gab es einige. Zum Beispiel die Übergabe des Qualitätssiegels der Stadt Wuppertal oder die Verleihung des Unternehmerinnenbriefes, eines Zertifikates der Region. Sonst machen mich die positiven Rückmeldungen meiner Kunden glücklich, wenn sie mit der Auswahl Ihrer Zauberfrau mehr als zufrieden sind und natürlich auch mit unserer geleisteten Arbeit.«

https://www.zauberfrau.de/standorte/wuppertal/

»Es ist kein No-Go, neu anzufangen, solange man den Weg wirklich gehen möchte und konsequent verfolgt.« Dieses Zitat von Ben Unterkofler entstammt dem Magazin *Business Punk.*[42] Unterkofler ist Co-Gründer des Sozialunternehmens share[43], das mit der gleichnamigen Konsumgütermarke für Produkte in den Bereichen Lebensmittel, Getränke und Körperpflege steht. Das Besondere an den Share-Produkten ist, dass sie auf der Basis des 1+1-Prinzips (auch bekannt als »Buy-One-Give-One-Prinzip«) vertrieben werden. So wird beispielsweise beim Kauf eines Share-Mineralwassers, übrigens in einer 100-prozentig recycelten Plastikflasche, ein nachverfolgbares Wasserprojekt in einem Entwicklungsland unterstützt. So hatte das Unternehmen 2018 bereits nach einem Jahr seit Gründung 51 Brunnen gebaut, 2 Millionen Mahlzeiten und 550.000 Seifen verteilt.[44] Ben Unterkofler hat in dem sozialen Ansatz des Unternehmens den Weg gefunden, den er anstrebte, obwohl es zunächst ganz anders für ihn aussah. Bis Anfang 20 war er Schauspieler und wurde bereits als »Bester Nachwuchsschauspieler« nominiert.[45] Dann kam seine persönliche Wende, die er mit der Aufnahme eines Wirtschaftsstudiums einleitete, womit er auch seinen neuen Karriereweg einschlug.

Wie Wendungen im Leben aussehen können, möchten wir dir jetzt anhand der Geschichte von Freya Hoffmeister vorstellen. Den ersten Kontakt zu Freya hatten wir auf einer Jahrestagung der

Franchisepartner*innen von Janny's Eis, auf der Veronika ein Marketing-Keynote-Referat hielt. Am dazugehörigen Galaabend fiel Freya Hoffmeister in der Menge der Gäste durch ihre sehr starke Präsenz auf.

Janny's Eis Jahresevent mit Veronika Bellone, Freya Hoffmeister und Markus Elberg, Geschäftsführer Janny's Eis (v.l.n.r.) © Matthias Richter

Es stellte sich heraus, dass Freya sowohl Franchisenehmerin von Janny's Eis war als auch eine Extremsportlerin erster Güte. So hatte sie unter anderem als erster Mensch den südamerikanischen Kontinent mit einem Kajak umrundet. Das erfuhren wir aber erst, als am nächsten Tag zwei signierte Bücher ihrer abenteuerlichen Kajakreisen zur Ansicht verfügbar waren.

Alles, was Freya Hoffmeister in ihrem Leben angeht, macht sie mit Bravour. Da lag es nahe, sie für ein Interview in unserem Buch zu gewinnen. Doch selbst das Telefoninterview war herausfordernd, baute sie doch beim Antworten immer irgendwelche sportlichen Übungen ein, die nebst dem Inhalt auch das Zuhören zu einer spannenden Erfahrung machten.

Freya Hoffmeister, Franchisenehmerin Janny's Eis

Freya Hoffmeister mit ihrem Lieblingsequipment © Privatbesitz

Warum hast du dein Tiny Start-up damals gegründet? Was war der Auslöser?

»Seit frühester Jugend verspüre ich den Drang, immer etwas zu organisieren, etwas durchzuführen. Das hat auch dazu geführt, dass ich 1988 mit 22 Jahren das Studium abbrach, weil ich mir ein durchgetaktetes Leben mit Beamtenlaufbahn nicht vorstellen konnte. Dank einer kleinen Erbschaft war es mir möglich, meinem Drang zu folgen, ›selbstständig‹ zu werden. Ich wollte etwas Praktisches machen, etwas, das man erschaffen kann und bei dem man auch die Ergebnisse sieht. Das Angebot dafür gab es in Husum, in einem Janny's Eiscafé, das ich erst führte und nach einem Jahr für einen stattlichen Preis übernahm. Wenn ich heute zurückdenke, dann konnte ich damit den Grundstein für meine zwei Leben legen. Für das unternehmerische, das mir letztendlich auch mein sportlich-abenteuerliches ermöglicht.«

Wie erlebst du dein Unternehmertum? Worin liegen die größten Chancen, worin die größten Herausforderungen?

»Am Anfang meiner Selbstständigkeit habe ich nur geackert. Sieben Tage die Woche à 15 Stunden. Es war viel Aufbauarbeit. Auch wenn es sich um ein Franchise handelte, das ich übernahm, so war es doch damit verbunden, den Laden nach vorne zu bringen. Ich bin zudem Perfektionistin, und da gibt es immer etwas zu tun. Und wenn ihr nach Chancen fragt, ja, die haben sich geboten. Ich habe mit Janny's Eis weitere Standorte eröffnet beziehungsweise übernommen, sodass ich 1992 bereits sieben Eiscafés hatte. Ich war und bin überzeugt vom Konzept. Und dennoch wollte ich auch etwas vollkommen Eigenes auf die Beine stellen. So kam zwischendrin noch ein Salat-Bistro hinzu, und in meinem ersten Janny's Eiscafé eröffnete ich sehr bald nach der Übernahme im Winter meinen Weihnachtsladen. Das war alles sehr spannend und lief auch gut. Aber es gefiel mir bald nicht mehr, im Auto von einem Standort zum anderen zu fahren und nach dem Rechten zu schauen und hier und da Feuerwehr zu spielen. Das, was ich am Unternehmerischen so schätze, das Schöpferische, Kreative kam zu kurz, wurde aber vom Markt verlangt. Denn alles wurde viel aufwändiger. Der Markt hatte sich verändert, mehr Konkurrenz, mehr Convenience, das erforderte sehr viel mehr Einsatz, Überlegung und Planung. Also musste ich handeln. Ich reduzierte meine ›Kette‹ auf zwei Eisdielen, für die anderen konnte ich gute Übernahmelösungen finden. Im letzten Jahr verkaufte ich dann auch noch meinen Weihnachtsladen, und ich werde mein Janny's Eiscafé in Husum am Markt nun ganzjährig geöffnet lassen. Ergänzungsangebote von Waffeln oder Crêpes helfen über die Winterzeit. Wer weiß, wie sich sonst der Weihnachtsladen nach Corona entwickeln würde … das Janny's Franchise-Konzept steht da auf festeren Füßen!«

Freya Hoffmeisters Janny's Eiscafé in Husum am Markt © Privatbesitz

Was ist ein typischer Glücksmoment, den du immer wieder in deiner Geschäftstätigkeit erlebst?

»Auf der einen Seite ist ein echter Glücksmoment, wenn ich zum Beispiel morgens in den Laden gehe und wieder etwas am Ambiente verändern kann, erneuere, umstelle oder dekoriere, am besten bevor die Angestellten und Kunden kommen. Auf der anderen Seite liebe ich auch das, was den Arbeitserfolg bestätigt: das Auf- und Nachfüllen von Ware, das Abräumen der Tabletts oder an sehr umtriebigen Tagen sogar das Abwaschen. Das zeigt mir, dass gegessen wird, dass es den Leuten bei uns gefallen hat, es ihnen geschmeckt hat. Ich bin gerne hinter den Kulissen und muss nicht zwingend unter den Gästen sein. Das machen meine Angestellten. Alles ist so gut eingespielt, dass es mich eigentlich nicht braucht. Das ist ein großer Vorteil des Franchisings, es gibt feste Regeln. Früher habe ich diese als Mitglied des Janny's Marketingkreises auch selbst mit entwickelt. Jetzt genieße ich auch die Freiheiten als Franchisenehmerin mit einem selbstständig arbeitenden Team. Ich kann meine Kajak-Touren verfolgen und habe meine Janny's Eiscafés mit Bildern meiner Kajaktouren ausgestattet und biete dort auch meine Bücher an.«

Freya Hoffmeister beim Solokajakfahren © Privatbesitz

Es gibt aber auch die andere Seite von dir. Du bist die »Goddess of Love to the Seas«, Seekajakfahrerin, Abenteurerin, Extremsportlerin, erfolgreiche Geschäftsfrau und vielfach ausgezeichnete Paddlerin. Wie vereinst du das alles?

»Persönliche Freiheit und Entwicklung sind mir wichtig. Damit ich das auch leben kann, muss ich die Bedingungen schaffen. Als ich 1995 mit meinem Sohn Helge schwanger war, sollte ich mit dem Fallschirmspringen aufhören. Ich hatte damals über 1500 Sprünge hinter mir. Zehn Jahre lang hatte ich diesen Sport betrieben und liebte das Gefühl des freien Schwebens und ganz auf mich selbst angewiesen zu sein. Also schaffte ich mir eine andere Möglichkeit, um das Freiheitsgefühl zu erfahren und gleichzeitig mit meinem kleinen Sohn etwas zu unternehmen. So kam ich zum Kajakfahren. Das hat sich dann allerdings mit der Zeit zu einem ernsthaften Sport für mich entwickelt, den ich allein ausübe. Parallel gab es immer meine Rolle als Unternehmerin, die ich auch gerne ausübe. Ich bekomme das unter einen Hut, weil alles durchstrukturiert ist, die Abläufe in den Geschäften stimmen. Ich bin Managerin im Hintergrund und bereite alles so auf, dass es delegierbar ist. Außerdem habe ich ein gut ausgebildetes Mitarbeiterinnen-Team, hervorragende Filialleiterinnen, mit denen ich regelmäßig in Kontakt stehe, wenn ich dann mit dem Kajak mal mehrere Monate unterwegs bin. Meinen 50. Geburtstag habe ich 2014 auf meiner Südamerika-Umrundung gefeiert – mein Geschenk an mich selbst war, dass ich die erste Person war, die das geschafft hat. Momentan hält mich nur die Corona-Zeit davon ab, weitere Etappen meiner Nordamerika-Tour fortzuführen. Insgesamt ist es ein Projekt von zehn bis zwölf Jahren, mit jeweils zweimal drei Monaten Reisezeit, das heißt, ich werde meinen 60. Geburtstag wohl irgendwo zwischen dem Panamakanal und der Nord-West-Passage feiern.«

http://freyahoffmeister.com/

https://www.jannys-eis.com/

1.5 GESELLSCHAFTLICHE KRISEN

Sharingplattformen boomen, seit es die Initialzündung durch Airbnb gab. Zwar gab es auch schon vorher verschiedenste Formate für das Teilen respektive Verleihen von Maschinen, Services und Produkten wie zum Beispiel den Maschinenring (gemeinsame Nutzung von Land- und Forstmaschinen seit 1958) oder Mitfahrzentralen (Fahrgemeinschaftsvermittlungen seit ca. 1942), aber mit der Digitalisierung wurde nicht nur die Bandbreite an Möglichkeiten größer, auch die bequeme Buchung und Bezahlung trug zur Dynamisierung bei. Und wie ihr schon an vorangegangenen Beispielen gesehen habt, entstehen die meisten Ideen unmittelbar aus einer eigenen Situation heraus, die nach einer Lösung verlangt. Brian Chesky und Joe Gebbia konnten sich die Miete für ihr Apartment in San Francisco nicht mehr leisten. Es war die Zeit der Finanzkrise 2007, beide hatten keinen festen Job und ihr dritter Mitbewohner Nathan Blecharczyk war gerade ausgezogen. Da kam ihnen die Idee, das leere Zimmer zur Untervermietung anzubieten. Sie statteten es mit drei Luftmatratzen aus und boten es zu einer parallellaufenden und gut besuchten Design-Konferenz an, inklusive Frühstück. Da alle Hotels zu dieser Zeit ausgebucht waren, hatten sie sofort Erfolg mit der Vermietung. Und die Idee für AirBed & Breakfast war in der ersten Form geboren. Zusammen mit dem Ex-Mitbewohner Blecharczyk gründeten sie das Start-up und tüftelten weiter am Konzept, benötigten aber Kapital dafür. Und das war schwierig, denn es war die Krisenzeit, San Francisco war teuer, und ein Einkommen hatten sie auch nicht, da sie voll auf ihr Unternehmen setzten. Aber sie ließen nicht locker, konnten an einem Start-up-Programm teilnehmen, lernten ihre Community persönlich kennen, das heißt diejenigen, die ihre Wohnungen vermieteten, und halfen ihnen, sich optimal zu präsentieren und Preise aufzusetzen.[46] Übrigens hat sich zu diesem Thema der Verschönerung der mietbaren Objekte 2018 ein spannendes Kölner Start-up namens Roamlike[47] formiert. Letztere kooperieren mit Händlern und Produzenten wie Emma (Matratzen),

Tchibo, Vodaphone, Canon, Rolf Benz und vielen anderen und stellen deren Angebote Airbnb-Vermietern als Gastgeschenke respektive Ausstattung kostenfrei oder stark vergünstigt zur Verfügung.[48]

Aber kommen wir zur »gefühlten« Mutter aller Sharingplattformen zurück. Gemäß Statista ist Airbnb heute (2020) in über 220 Ländern und rund 100.000 Städten auf der Welt vertreten, hat rund 7500 Mitarbeitende und 2019 einen Umsatz in Höhe von 4,8 Milliarden US-Dollar erwirtschaftet. Coronabedingt wird allerdings ein massiver Umsatzrückgang erwartet, der mit 2,4 Milliarden US-Dollar prognostiziert und mit Entlassungen von rund einem Viertel der Beschäftigten einhergehen wird.[49]

Start-ups, die in der Finanzkrise gegründet wurden

Groupon, Web-Rabatt-Angebote, Gründung 2008 in Chicago, Illinois, https://www.groupon.com/

UBER, Taxidienst, Gründung 2009 in San Francisco, Kalifornien, https://www.uber.com/ch/en/

WhatsApp, Instant-Messaging-Dienst, Gründung 2009 in Santa Clara, Kalifornien, seit 2014 zu Facebook Inc. gehörend, https://www.whatsapp.com/

Zalando, Online-Händler für Mode et cetera., Gründung 2008 in Berlin, https://corporate.zalando.com/de

Doodle, Online-Terminplaner, Gründung 2007 in Zürich, https://www.doodle.com/de/

1.5.1 CORONA UND SEINE FOLGEN

Max Hensler haben wir schon in unserem Buch *Glücklich mit Tiny Start-ups* vorgestellt. Er hat nach einem Burn-out sein Leben vollkommen umgekrempelt und mit seiner Frau Yasmine 2017 in Schwedens Norden die NORRSKEN LODGE gegründet. Mit der Ferienanlage bieten die beiden aus dem TV bekannten Schweizer Auswanderer ihren Gästen eine »fantastic time«. Dass das viele zu schätzen wissen, konnten wir am letztjährigen Weihnachtsmarkt im schweizerischen Einsiedeln erleben, denn an seinem Heimatort stellt Max jeweils seinen markanten Hotspot zusammen mit leckeren samischen Spezialitäten vor und pflegt gleichzeitig sein Netzwerk. Mit der Corona-Krise gab es für ihn, der so erfolgreich gestartet war, natürlich einen großen Einschnitt. Aber das Paar Hensler denkt immer in Lösungen, und so wollten wir auch deren Umgang mit der Krise in unserem Buch aufnehmen.

Yasmine und Max Hensler, NORRSKEN LODGE

Yasmine und Max Hensler, NORRSKEN LODGE © YaMax Travel AB

Welche Auswirkungen hat die Corona-Krise auf euer Tiny Unternehmen?

»Der Norden von Schweden ist so groß wie die Schweiz, Süd-Deutschland und Österreich zusammen. Hier leben 2,4 Menschen pro Quadratkilometer, und es gibt mehr Rentiere als Einwohner.

Rentier © YaMax Travel AB, NORRSKEN LODGE

Das Land ist zu 99 Prozent mit Wald oder Wasser bedeckt, und die Mitternachtssonne kennt keine Pandemie. Trotzdem wurden wir von den schrecklichen Nachrichten arg getroffen. Alle Buchungen wurden storniert. Die Umsätze März, April und Mai 2020 blieben aus. Wir wurden urplötzlich vor große Herausforderungen gestellt, da die Fixkosten bezahlt werden müssen. Nun, Schweden ging ja einen anderen Weg. Die Grenzen blieben offen, und es wurde kein Lockdown verhängt. Dies führte auch dazu, dass Reisen nach Schweden grundsätzlich immer möglich waren. Fluggesellschaften haben die Flüge massiv reduziert, trotzdem konnte man reisen. Die Versicherungen in Schweden sahen keinen Grund, ausgefallene Umsätze beziehungsweise stornierte Buchungen aufzufangen. Es gab ja auch keine, da die Grenzen offen blieben. Wie soll man dies nun den Gästen erklären? Außerdem haben wir ein sehr erfolgreiches Produkt über Flash-Sales-Portale verkauft. Das erste Mal haben wir auch die Flüge für die Gäste gebucht. Nach der Misere wurden die Rückzahlungen der ausgefallenen Flüge von den Fluggesellschaften blockiert. Als Tiny Start-up auf mehrere Tausend Schweizer Franken zu warten, obwohl man das Geld für die Deckung der Fix-Kosten bräuchte, ist schwierig. Kontakte zu Callcentern und Servicecentern wurden nicht beantwortet. Wir waren sehr überrascht und sind von dem Verhalten der Fluggesellschaften enttäuscht. Schlussendlich bleiben die Letzten in der Kette auf dem Trockenen. Unsere Fixkosten haben wir so stark wie möglich gesenkt, temporäre Mitarbeiter haben keine Möglichkeit mehr zu arbeiten.«

Wie stellt ihr euch der Corona-Zeit?

Kattilakoski © YaMax Travel AB, NORRSKEN LODGE

»Unsere Gäste haben nun die Möglichkeit, ihre Reise innerhalb von zwölf Monaten nachzuholen. Wir gewähren kürzere Stornierungsregeln und sind kulant, wenn es um Sonderwünsche geht. Im Restaurant und im Hotel gelten die Regeln des Social Distancing, jeden zweiten Stuhl haben wir entfernt. Die Fixkosten wurden massiv reduziert. Yasmine und ich führen die Lodge aktuell allein. Ebenfalls haben wir die Buchhaltung wieder ›ingesourct‹, um Kosten zu sparen. Wir verhalten uns zum Thema Corona sehr neutral und streuen viele positive Nachrichten, erzählen Geschichten über Facebook und Instagram und machen die potenziellen Gäste darauf aufmerksam, dass es hier eben sehr sicher ist. Dies führt zu langen Arbeitstagen, obwohl man keine Gäste hat und der Umsatz ausbleibt. Das braucht Energie, Durchhaltevermögen und Geld. Die Renovationen der Hütten wurden gestoppt und zurückgestellt, was in den nächsten Monaten den finanziellen Druck etwas senkt. Vereinbarungen mit Lieferanten und der Bank waren schwierig, da eben kein Lockdown gemacht wurde. Die internationale Abhängigkeit der Gäste ist in unserem Fall ein Nachteil. Gleichzeitig haben wir über die Startzeit davon profitiert, bessere Margen zu generieren. Damit muss man gut umgehen. Wir fragen uns oft, warum große globale Player innerhalb von wenigen Wochen Konkurs gehen. Wie wurde da gemanagt, Risiken eingeschätzt und geplant? Als Start-up ist es doppelt schwierig, da das ganze verdiente Geld wieder in die Firma fließt. Dieser Spagat ist eine sehr, sehr große Herausforderung während der Corona-Zeit. Gleichzeitig stellen wir fest, dass die Medien mehr für die negative Stimmung und Auswirkungen gemacht haben als für die positive. Ehrlich gesagt, wenn wir keine Medien konsumiert hätten, wüssten wir nicht mal, dass es Corona gibt. Die Zahlen im Norden sind marginal zu anderen Teilen der Welt und trotzdem wurden wir in voller Härte getroffen. Gleichzeitig haben wir uns sehr früh damit befasst, wie sich die Reisebranche verändern wird. Die Digitalisierung unserer Produkte und Dienstleistungen steht im Vordergrund. Wir arbeiten stark an einem neuen Buchungssystem, welches uns deutlich mehr Flexibilität und Möglichkeiten an einer Anbindung an OTA's (Online Travel Agencies) ermöglicht. Ebenfalls werden die Aktivitäten digitalisiert und über Social-Media-Kanäle buchbar. Ein Web-Shop wird unseren Gästen die Möglichkeit geben, Produkte aus Lappland nach Hause zu bestellen. Hier setzten wir vor allem auf samische Produkte, welche entweder Erinnerungen wecken oder das Fernweh fördern.

Samische Produkte sinnlich erleben (Panna) © YaMax Travel AB, NORRSKEN LODGE

Wir versuchen unsere Aktivitäten so anzupassen, dass diese einzigartig werden und nicht vergleichbar sind. Das Erlebnis steht im Vordergrund, zum Beispiel eine Kanu-Tour unter der Mitternachtssonne über den Polarkreis. Alleinstellungsmerkmale sollen hier helfen. Gleichzeitig wird die

Nachhaltigkeit weiter ausgebaut, und wir wollen dieses Jahr noch ein Nachhaltigkeitszertifikat erlangen. Ausbildung und Informationen stehen ebenfalls im Fokus. Ich belege momentan ein achtwöchiges Webinar über Tourismus, mit den Themen Märkte, Marketing, Nachhaltigkeit, Digitalisierung und Umsetzung. Wir versuchen in unseren Diskussionen die Perspektive zu wechseln, anders zu denken und die Sichtweise der potenziellen Gäste einzunehmen. Die Frage ›why‹ ist fundamental, um einzugrenzen, zu differenzieren und zu priorisieren. So hoffen wir, uns einen Vorteil zu verschaffen und neue Angebote zu entdecken, zu entwickeln und anbieten zu können. Gleichzeitig dreht sich eine Frage in unseren Köpfen, welche uns immer wieder einholt: Was, wenn in den nächsten Jahren weitere Pandemien auftreten? Was wäre, wenn Covid-20, oder Covid-21 eine ähnliche Situation hervorrufen? Wie könnte eine Feriendestination wie unsere, am Polarkreis, ›pandemiegerecht‹ oder sicher entwickelt werden? Wie sehen Ferien mit einer weltweiten Pandemie aus? Wenn wir neu bauen könnten, auf grüner Wiese, mit allen Möglichkeiten, wie würde die Infrastruktur aussehen, anders sein, sicher und angenehm für die Gäste? Was wäre, wenn dies zum neuen Normal wird? Diese Gedanken passen irgendwie nicht zu Tourismus, ›happy guests‹ und fröhlichen Stunden an einem einzigartigen Ort der Welt. Es blockiert die Kreativität, da das Thema zu negativ behaftet ist. Man muss versuchen, auszubrechen, eine gesunde Distanz zu finden und eine Sichtweise einzunehmen, in der man Chancen sehen kann und die Gefahren realistisch und objektiv erfasst. Es fällt uns schwer, unsere Emotionen zu sortieren und sachlich zu bleiben, den Blick für das Wichtige und Dringende nicht zu verlieren. Der Gast und sein Erlebnis stehen im Vordergrund. Wir bleiben unserer Misson ›fantastic time‹ treu und versuchen, unter erschwerten Bedingungen das Erlebnis noch intensiver zu machen.«

www.norrskenlodge.com

Die vorgestellten Promotionsmaßnahmen haben denn auch in den Monaten Mai und Juni 2020 eine gute Wirkung gezeigt. Bis der 1. Juli 2020 kam und Schweden für Schweizer*innen als Risikoland eingestuft wurde und für Rückkehrer aus Schweden eine zehntägige Quarantäne verhängt wurde. Damit wurden alle Buchungen aus der Schweiz wieder umgehend gecancelt, wie uns Max in einer Mail mitgeteilt hat. Jetzt geht es wieder über die Bücher, und Lösungen müssen gefunden werden.

Das 2018 gegründete Start-up Connfair[50] bietet normalerweise mobile Drehkreuze für Messe- und Konzertbetreiber an. Das Besondere daran: Die Besucher können sich darüber per QR-Code mit ihrem Smartphone einchecken. In der Corona-Krise sind genau die Geschäftsbereiche Messen und Konzerte weggebrochen und damit auch sämtliche Aufträge.[51] Das Darmstädter Jungunternehmen reagierte sofort und passte das Ampelsystem der Drehkreuze an den Bedarf von Supermärkten und Restaurants an und konnte so eine Lösung zur Kunden- respektive Gästefrequenzzählung anbieten. Als Add-on werden alle eingesetzten Geräte in den Supermärkten über ein cloudbasiertes System synchronisiert, sodass der jeweilige Auslastungsgrad von potenziellen Kunden über einen Livestream angezeigt werden kann.[52]

2010 gründete die 40-jährige Mandy Geddert in Berlin-Schöneweide ihr Tiny Start-up namens CHARLE – sustainable kids fashion[53] und hat sich auf die Verarbeitung von ausschließlich ökologisch und fair produzierten Naturfasern konzentriert. Als Mutter zweier Kinder hat sie selbst erfahren, wie schnell Kinder aus der Kleidung herauswachsen und wie schwer es ist, verträgliche Kleidung im Sinne nachhaltiger Produktion zu erhalten. Sie fertigt heute im Team mit weiteren vier Frauen »mitwachsende« Baby- und Kindermode an, die über zwei bis drei Regelgrößen hinaus tragbar ist.[54] Als sie vom Lieferengpass des Mund-Nasen-Schutzes erfuhr und zudem noch eine direkte Anfrage zur Lösung des Problems bekam, ging sie an die Umsetzung, wie man solche vom Robert-Koch-Institut empfohlenen Mullstoffmasken nähen kann. Nach vier Wochen und einigen Testversuchen, damit die Masken auch waschbar und lange verwendbar sind, wurde daraus eine neue und sehr aktuelle und vor allem nachhaltig durchdachte Linie für Kinder, Jugendliche und Erwachsene.[55]

Mandy Geddert ist damit nicht die Einzige, die flexibel in kurzer Zeit auf die Nachfrage reagieren konnte. Ob für die Herstellung von

Masken oder Desinfektionsmitteln, wie es das Schweizer Kosmetik-Start-up Sekken[56] kurzerhand vom Naturkosmetiklabel zum schwer gefragten Anbieter von Handdesinfektionsmitteln geschafft hatte.[57]

Wieder andere Start-ups konnten einen Booster erleben, weil sie bereits etwas anboten, was in der ärgsten Krisenzeit als Notstand erlebt wurde. So erging es HappyPo[58] und den beiden Startuppern Oliver Elsoud und Frank Schmischke, die ihr Produkt der mobilen Podusche 2017 in *Die Höhle der Löwen* vorstellten und zum Aufbau ihrer Firma Kapital in Höhe von 120.000 Euro bekamen. Die handliche Dusche wird mit Wasser befüllt und entfaltet beim Zusammendrücken einen kräftigen Wasserstrahl. Mit dieser Reinigungsmethode bietet HappyPo eine kostengünstige Alternative zum klassischen Bidet und ein einfaches Upgrade zum Gebrauch von Toilettenpapier.[59] Für Letzteres – so die beiden Gründer - werden jedes Jahr weltweit 270.000 Bäume gefällt. Allein in Deutschland werden 2,5 Milliarden Rollen Toilettenpapier jährlich verbraucht, wenn welches da ist. Und dieser Um- beziehungsweise Notstand verhalf dem jungen Berliner Unternehmen nochmals zu einem ordentlichen Schub.[60]

Bleibtreustraße in Berlin © Silvia Göttel

Die Bleibtreustraße in Berlin-Charlottenburg ist für uns so etwas wie eine zweite Heimat. In der Studienzeit gab es dort die Dauerverpflegung für wenig Geld: Pizza vom Blech, im Filmkunst 66 die »Nicht-Mainstream-Filme« und im Café Bleibtreu lange Diskussionen und Nächte.

Takoyakis im momiji, © Bellone Franchise Consulting GmbH

Über die Jahre wechselte hier und da ein Laden, oft kam ein spannender dazu, wie das 2017 eröffnete japanische Takoyaki-Restaurant namens momiji[61], von Soshi Wenk gegründet. Mittlerweile ist es kein Geheimtipp mehr, denn in diesem kleinen Gastrotempel stimmt einfach alles, das Essen, zum Beispiel die kleinen gebratenen Bällchen aus Mehlteig mit einem Happen Oktopus (Takoyakis), und der freundliche Service. Und wenn wir schon bei Freundlichkeit und gutem Angebot sind, dann ist da seit über 20 Jahren meyer & nehls, eine Boutique oder besser gesagt eine Institution, die zudem mit dem italienischsten Espresso aufwartet. Aber natürlich hat auch hier die Corona-Krise eine Zeitenwende gebracht. Wie die beiden Inhaber damit umgegangen sind, liest du im folgenden Interview:

Lars Meyer und Frank Nehls, meyer & nehls

meyer & nehls Boutique in der Berliner City West © meyer & nehls

Was sind eure Erfolgsfaktoren?

»Das Entscheidende unseres heutigen Erfolges in einem doch eher schwieriger werdenden Markt des Mode-Einzelhandels ist der konsequente Aufbau nachhaltiger, sehr persönlicher Kundenbeziehungen während der vergangenen 22 Jahre. Dies ist durch eine sehr individuelle Beratung und Betreuung und entsprechenden Service gelungen. Ein wichtiger Punkt ist natürlich auch die Sortimentsgestaltung. Hier versuchen wir ständig anzupassen, immer als Gratwanderung zwischen den sich ändernden Kundenbedürfnissen und einer klaren modischen Aussage, einem Gesamtbild, das nach außen deutlich sichtbar wird.

Inhaber-Team Lars Meyer & Frank Nehls © meyer & nehls

Als weiteren Erfolgsfaktor würden wir auch unsere personelle Kontinuität nennen. Wir arbeiten seit unserer Eröffnung 1998 mit unserer sehr kompetenten Mitarbeiterin als Dreierteam zusammen. Der Standort unserer Boutique in der von kleinteiligem Einzelhandel und Restaurants geprägten Bleibtreustraße mit überregionaler Bekanntheit, aber sehr individuellem Flair ist die passende Destination für unsere Kunden. Die vier großen und sehr repräsentativen Schaufenster unseres Eckgeschäftes mit ständig wechselnder Deko sind ebenfalls ein nicht unwesentlicher Faktor. Ein letzter Punkt ist unser klarer Umgang mit Reduzierungen. Wir beginnen die Reduzierungsphasen möglichst spät, betreiben dann aber einen konsequenten Abverkauf zur Vermeidung von Lagerbeständen.«

meyer & nehls Boutique – Innenansicht © meyer & nehls

Welche Auswirkungen hat die Corona-Krise auf euer Kleinunternehmen?

»Im Rahmen der Corona-Krise war unser Geschäft fünf Wochen geschlossen, was natürlich zu erheblichen Umsatzausfällen geführt hat. Ein Auffangen durch Online-Aktivitäten war nicht möglich, da wir nicht dementsprechend aufgestellt sind. Wir haben uns jedoch vorgenommen, dieses Thema in nächster Zeit stärker voranzutreiben, um für unsere Kunden als zusätzlichen Service einen kleinen Internet-Shop bereitzustellen. Während des Lockdowns haben wir trotzdem versucht, mit unseren Kunden über unsere Internetseite in Kontakt zu bleiben. So haben wir verstärkt ausgewählte Looks unseres Sortimentes präsentiert und angeboten, diese zu versenden. Außerdem haben wir in Zusammenarbeit mit einem Berliner Start-up-Unternehmen Gutscheine angeboten, die unkompliziert über unsere Homepage erworben werden konnten, was sehr erfolgreich gelungen ist. Trotz Lockdown haben wir auch weiterhin wöchentlich die Schaufenster unseres Geschäftes umdekoriert, um nach außen Dynamik zu bewahren. Schlussendlich konnten wir durch Gespräche mit Vermieter und Lieferanten Stundungen, Valutierungen und Nachlässe verhandeln und wurden zusätzlich von Land und Bund durch Zuschüsse und ein zinsloses Liquiditätsdarlehen unterstützt. Mit dem Geschäftsstart nach Wiedereröffnung sind wir durchaus sehr zufrieden, da wir durch Mail-/SMS-Kontakt sehr viele unserer Stammkunden kurzfristig aktivieren konnten. Der weitere Verlauf der Saison beziehungsweise dieses Jahres bleibt allerdings abzuwarten, da die Auswirkungen der Krise und deren weiterer Verlauf noch nicht abzuschätzen sind.«

www.meyerundnehls.de

Start-ups, die in der Corona-Krise gegründet wurden oder eine Finanzierung erfolgreich abgeschlossen haben

Penta, Fintech-Unternehmen, digitale Geschäftskonten ausschließlich für Start-ups und kleine Unternehmen, Gründung 2017 in Berlin hat am 17. März 2020 seine größte Finanzierungsrunde in Höhe von 18,5 Millionen Euro abgeschlossen[62] und erhielt im Juli 2020 nochmals 4 Millionen Euro[63], https://getpenta.com/de/.

DataGuard, Datenschutz-as-a-Service, Gründung 2017 in München, erhielt am 27. März 2020 eine Finanzierung in Höhe von 20 Millionen US-Dollar[64], https://www.dataguard.de/.

YFood, Flüssignahrungsfirma, Gründung 2017 in München, erhielt über und in *Die Höhle der Löwen* 2018 einen Anschub von 200.000 Euro und in einer aktuellen Finanzierungsrunde im April 2020 15 Millionen Euro[65], https://www.yfood.eu/.

local.melagence.com, Gemeinschaftliche E-Commerce-Plattform für Boutiquen und internationale Designer, gegründet und kuratiert im März 2020 von der Fashionagentur Melagence in Berlin, um den oftmals nur offline geführten Anbietern einen Vertriebsweg zu ermöglichen.[66]

1.6 RISIKOBEWERTUNG

Wir möchten dir hier ein paar Tipps geben, wie du dich auf den Schritt in die Selbstständigkeit vorbereiten kannst. Danach geben wir dir eine Möglichkeit, wie du dein persönliches »Worst-Case-Szenario« durchgehst. Oftmals sind Risiken oder Probleme, die wir mit neuen Schritten in Verbindung setzen, nicht greifbar, aber blockierend. Deswegen gilt es, genau auseinanderzunehmen, was denn das Schlimmste wäre, das passieren könnte. Dafür haben wir die kurze Selbsteinschätzung gedacht, die du zum Ausfüllen hier siehst und auch auf www.tinystartup.ch herunterladen kannst.

Aber hier erst einmal ein paar Check-up-Tipps:

1. **Persönlicher Rucksack:** Welche Fähigkeiten kannst du in eine berufliche Selbstständigkeit einbringen? Welche Talente, Fähigkeiten, Erfahrungen und Verbindungen hast du? Liste einmal alles auf, was du an Stärken bei dir erlebst, und vervollständige dann die Auflistung um deine Schwächen. Oftmals ist das Eigenbild nicht zwingend mit dem Fremdbild, also dem, wie andere uns sehen, kompatibel. Deswegen reflektiere mit anderen deine Stärken und Schwächen. Du kannst dazu auch eine Checkliste aus unserem Tiny-Start-up-Vorgängerbuch nutzen. Im Ergebnis zeigt dir diese Auswertung, wo du jemanden mit ins Boot holen musst, der den Part übernimmt, der dir weniger liegt. Es zeigt dir aber auch, in welche Richtung deine berufliche Selbstständigkeit gehen kann. Ob du in deiner angestammten Branche bleibst, in der du angestellt warst, oder ob deine Fähigkeiten und Erfahrungen in einem neuen Umfeld gewinnbringend genutzt werden können.

2. **Wertebewusstsein:** Was ist dir besonders wichtig? Wofür stehst du ein? Dein Wertebewusstsein ist wichtig für dein Business, um es authentisch aufzubauen. Willst du einen verantwortlichen, sozialen, ökologischen Beitrag für die Gesellschaft und Umwelt leisten? Stehst du für Innovation, Kreativität, Reformgeist? Je

nachdem, welche Werte dir wichtig sind, ziehst du auch die entsprechende Kundschaft, die Geschäftspartnerschaften und Lieferanten an. Fertige auch hier eine Liste der Gos und No-Gos an. Sich auf lange Zeit »verbiegen«, das heißt gegen sich und seine Werte zu schaffen, erleben viele schon im Angestelltendasein. Ein Neustart in die Selbstständigkeit sollte im Einklang mit den eigenen Vorstellungen sein.

3. **Demut:** Wir haben nicht selten erlebt, dass potenzielle Neugründer*innen einem Traum folgen, in den sie aber viel zu wenig eingetaucht sind. Da gibt es den ehemaligen Bankangestellten mit entsprechender Expertise, dessen Passion der Radsport ist, ein eigenes Fachgeschäft für Fahrräder aufmacht und dann feststellen muss, dass er nicht nur ohne den Background eines großen Unternehmens kläglich scheitert, sondern sich auch mit den Eigenheiten der Branche viel zu wenig auseinandergesetzt hat. Oder die Produktmanagerin im Kosmetikunternehmen, die eine eigene Galerie aufmacht und erkennen muss, dass sie die akquisitorischen Seiten und die Beziehungspflege vollkommen unterschätzt hat. Eine demütige Haltung hilft, indem du dich in das Fachgebiet, in das du einsteigen willst, vertiefst. Bei näherer Betrachtung erkennst du zwingende Voraussetzungen für den Geschäftsbereich, du siehst den Verlauf der Branche in den letzten Jahren, erkennst, welche Rituale wichtig sind, wo es Innovationsbedarf geben könnte und kannst dann einen Abgleich mit deinen Fähigkeiten und finanziellen Möglichkeiten vornehmen. Und da sind wir beim nächsten Punkt.

4. **Finanzbedarf:** Hier gibt es zwei Seiten der Medaille, die du betrachten musst. Was hast du an Eigenmitteln für eine Unternehmensgründung zur Verfügung? Wie viel bräuchtest du zusätzlich, um zu starten? Das steht in Abhängigkeit zu dem, was mit deinem Business, das du anstrebst, möglich ist. Investiere Zeit, um einerseits die finanziellen Treiber deines avisierten Start-ups herauszufinden und andererseits, um sicherzustellen, dass du sie auch vollständig verstehst. Wenn du einen Dienstleistungsbetrieb eröffnest, dann kann der Zusatzverkauf von Produkten ein

sehr wichtiger Umsatztreiber sein, weil er unabhängiger von deiner Person übers Internet oder als Mehrwert nach einem Service verkauft werden kann. Verstehst du, wie du die Marge berechnen musst, deinen Service bewertest, wann du die Gewinnschwelle erreichst oder wie du deine Liquidität bewertest?

5. **Businessplan:** Die vorgenannten Punkte ergeben Auswertungen, die dir beim Erstellen deines Businessplans helfen. Dieser sollte zunächst kurz und prägnant sein, um sich selbst und das Konzept zu strukturieren. Natürlich ist es wichtig, dass du die fachlichen Inhalte deines Konzeptes, die Positionierung und wesentliche Mitbewerber*innen kennst und beschreibst. Aber zu den wichtigsten Fakten gehört: Was willst du mit deinem Konzept erreichen? Beschreibe deine Ziele und wie du sie erreichen willst, kurz und pragmatisch. Die detaillierte Version für ein mögliches Crowdfunding, für Investoren oder Kreditanträge kannst du danach mit den vorgängigen Details ausformulieren. Hier ist die mögliche Umsetzung deiner Geschäftsidee im Fokus:

- Wie lautet dein übergeordnetes, qualitatives Ziel? Möchtest du zum Beispiel mit deinem Start-up die regionalen Spezialitätenmanufakturen auf einer Plattform vereinen und zum Qualitätshändler werden?

- Wie lautet dein quantitatives Ziel innerhalb von drei Jahren? Liegt dein Ziel bei 2 Millionen Euro?

- Wie ist deine Strategie, um diese Ziele zu erreichen? Aufbau eines qualitativen und vertrauenswürdigen Netzwerkes an Manufakturen zur regionalen Marktdurchdringung.

- Welche Maßnahmen zur Überprüfung deiner Ziele setzt du ein? Überprüfen des Netzwerk-, Kunden- respektive Abonnementwachstums, des Abverkaufs der Produkte über die Plattform nach »Rennern und Pennern« (der gut verkäuflichen Produkte und der »Ladenhüter«). Die Maßnahmen sollen zeigen, ob sich dein Geschäftskonzept in die richtige Richtung bewegt.

Wenn du diese Grobversion deines Businessplans hast, mach noch einmal einen Abgleich mit deinen persönlichen Möglichkeiten und Zielsetzungen.

- Agilität: Bist du willens und bereit, fortwährend in deine persönliche und geschäftliche Entwicklung zu investieren? Beides hängt unmittelbar zusammen. Auch die spannendste Innovation oder der größte Erfahrungsschatz veraltet, wenn man ihn nicht stetig auf Aktualität und Wirksamkeit hinterfragt. Wir stellen die Fragen nach Alternativlösungen, Diversifikationen, Klumpenrisiken und Weiterentwicklung nicht nur Startupper*innen, sondern ebenso langjährig tätigen Unternehmer*innen, die ihr Geschäftskonzept per Lizenzierung oder Franchising multiplizieren wollen. Denn es stellt sich allen die Herausforderung, dass sich immer wieder neue Situationen und/oder Krisen abzeichnen, die sich zwar nicht alle prognostizieren lassen, aber der Umgang damit hat sehr viel mit Agilität zu tun.

Dazu möchten wir dir hier auch das Statement von fit4school vorstellen. Die Stiftung fit4school unterstützt Schülerinnen und Schüler mit persönlichen Lerncoachings, punktuellem Nachhilfeunterricht, Intensivkursen und Prüfungstrainings in den eigens dafür konzipierten fit4school-Lern- und Coachingcentern. Zur Verbreitung des Konzeptes haben wir den Aufbau des Franchisesystems unterstützt. Mittlerweile zählen 25 Standorte zum System. Um ein Netzwerk dieser Größenordnung zu managen und auch durch Krisenzeiten zu führen, hat fit4school einen Krisenstab eingerichtet, dessen Zusammensetzung und Aufgabenbereich impulsgebend ist.

Lukas Alt, fit4School

Lukas Alt, Geschäftsleiter © fit4School

Welches Frühwarnsystem habt ihr im Unternehmen?

»Wir haben bei fit4school längst ein Issues Management etabliert. Jedoch beobachten wir das Organisationsumfeld dabei nicht nur auf mögliche Bedrohungen, sondern ganz gezielt auch auf Chancen. Diese frühzeitige, systematische Auseinandersetzung ermöglicht uns, jeweils einen Schritt voraus zu sein. Damit gewinnen wir die nötige Zeit, um günstige Gelegenheiten und drohende Herausforderungen einzuordnen, Handlungsoptionen zu prüfen und Strategien zu entwickeln. Ziel ist, auf Chancen und Bedrohungen einzugehen, bevor das andere für uns tun.

Um mögliche Issues frühzeitig zu erkennen und zu identifizieren, braucht es ein geschicktes Scanning und Monitoring, bei uns durch die Geschäftsleitung und den Leiter für Kommunikation. Chancen und Bedrohungen tauschen wir dabei über einen fortlaufenden Chat aus. Unsere Quellen: die Medien, Foren, Fachpublikationen, Social Media, Kontakte zu Schlüsselpersonen aus Wirtschaft, Politik, Behörden und Gesellschaft und nicht zuletzt interne Quellen. Unsere Franchise-Partner betreiben ihrerseits ein Scanning und Monitoring und können deshalb eine ganz wichtige Informationsquelle sein. Gleiches gilt für unsere Mitarbeitenden, da sie in unserem Fall ganz nahe an den Eltern und Schülerinnen und Schülern arbeiten.

Mit dem Coronavirus haben wir bereits im Januar 2020 einen gefährlichen Issue mit Krisenpotenzial identifiziert. Wir kamen zum Schluss, dass dieser, in Szenarien gedacht, einen gewaltigen Impact auf uns haben könnte. Eines unserer Szenarien sah einen Lockdown vor, mit Schulschließungen und der sofortigen Schließung unserer Lern- und Coachingcenter – und damit einen immensen wirtschaftlichen Schaden. Wie bei jeder Risikobeurteilung galt es auch hier, a) die Wahrscheinlichkeit eines Schadeneintritts und b) die Folgen aus dem möglichen Schadeneintritt in die Überlegungen einzubeziehen. Gleichzeitig erkannten wir die Chance, durch eine solche Krise weiter positive Reputation aufzubauen. Reputation charakterisiert sich durch Glaubwürdigkeit, Zuverlässigkeit, Vertrauenswürdigkeit und Verantwortung. Wir haben uns Ende Januar entschieden, mit dem Krisenmanagement zu starten und sofort einen Krisenstab zu bilden. Viele dachten zu diesem Zeitpunkt, wir seien verrückt.

Das Krisenmanagement darf nicht mit einem Krisenstab verwechselt werden. Der Krisenstab ist Teil des Krisenmanagements, wobei letzteres bei unserer Organisationsgröße Sache des obersten Geschäftsleiters ist. Dieser muss sich weiter um sämtliche andere Belange und Aufgaben im Unternehmen kümmern können. Es wäre ein fataler Fehler, den obersten Geschäftsleiter vollständig durch die Krise zu blockieren. Damit das nicht passiert, wird genau deshalb ein Krisenstab mit einem eigenen Leiter gebildet. Seine Aufgaben sind, Informationen zu besorgen, einzuordnen und aufzubereiten, den obersten Geschäftsleiter mit den relevanten Informationen zu versorgen, ihn bei der Beurteilung der Lage zu beraten, Entscheidungen vorzubereiten und die Ausführung zu koordinieren und zu überwachen. In unserem Fall gehört zu den Aufgaben des Krisenstabsleiters auch die gesamte strategische Krisenkommunikation nach innen und außen nach dem One-Voice-Prinzip, das Identifizieren krisenbedingter neuer Issues und zum Beispiel auch die Entwicklung der Schutzkonzepte, die bekanntlich notwendig wurden.

Schulungsraum fit4school © fit4school

Als Corona-Krisenstabsleiter haben wir unseren Kommunikationschef eingesetzt, der auch in gewöhnlichen Zeiten als Stab direkt an die Geschäftsleitung angehängt ist. Er ist in Ereignis- und Krisenkommunikation ausgebildet und schaut auf 20 Jahre praktische Erfahrung auf diesem Gebiet zurück. Mit im Krisenstab waren mein Co-Geschäftsleiter und die Leiterin der Tagesbetreuung, ich selbst aber nicht. Zusammen mit dem Co-Geschäftsleiter konnten wir gerade deshalb mit dem Online-Tutoring schnell ein alternatives Produkt zu unserer Präsenzlernunterstützung in den fit4school-Lern- und Coachingcentern entwickeln und auf den Markt bringen, gleichzeitig konnten wir uns um alle betriebswirtschaftlichen Belange kümmern. Durch die klare Zu- und Aufteilung der Aufgaben war es also möglich, die zeitlichen Ressourcen für all diese Aufgaben freizubekommen und parallel dazu die gesamte Organisation regulär weiterführen.

Rückblickend können wir die Corona-Pandemie für fit4school als kritische Situation einordnen. Eine Zuspitzung zur Krise konnten wir dank unseres Issues Managements als Frühwarnsystem und des deshalb frühzeitig ausgelösten Krisenmanagements verhindern, weshalb sich schließlich der wirtschaftliche Schaden in Grenzen halten ließ. Unsere Reputation bekam keine Kratzer ab – im Gegenteil. In manchen Bereichen konnten wir unsere Reputation markant stärken. Der operative Betrieb war schnell in den regulären Modus zurückgeführt, sogar mit neu entwickelten Produkten, ausgerichtet auf den coronabedingten Lernrückstand der Schülerinnen und Schüler in Folge der Schulschließungen.

Wir können festhalten: Unser Issues Management hat auch in diesem Fall gegriffen und uns fast sechs Wochen Zeit verschafft. Es war die entscheidende Zeit, um die Handlungsoptionen zu prüfen, Strategien zu entwickeln und überlegte Entscheidungen zu treffen – weit vor dem Lockdown.«

https://fit4school.ch/

»Worst-Case-Szenario«

Ermittle dein persönliches »Worst-Case-Szenario«, in dem du deine Einschätzungen für verschiedene Bereiche in die Tabelle einträgst.

Was passiert, wenn dein Geschäftskonzept scheitert?	**Auswirkung auf die finanzielle Situation/finanzieller Schaden**
Eintrittswahrscheinlichkeit (gering, mittel, hoch)	
Stichworte zur Einschätzung der vorgenannten Eintrittswahrscheinlichkeit	
Welche Auswirkungen werden von dir am negativsten erlebt? (gering, mittel, hoch)	
Welche Ideen zum Umgang mit Risiken hast du?	
Welche Ideen zur Risikominimierung deiner Geschäftsidee hast du?	

Auswirkungen auf die Persönlichkeit (z.B. Reputationsschaden, Zeitverlust, Existenzangst, Gesichtsverlust)	Auswirkungen auf die persönliche Lebenssituation (z.B. Altersabsicherung, Wohnsituation, Lebensstil)	Auswirkungen auf das soziale Umfeld (Familie, Freunde, Lebens-/Ehepartner*in)

Und am Schluss dieses Kapitels lassen wir gerne Titus Dittmann, die deutsche Skateboard-Legende, zu Wort kommen. Wir hatten ihn 2011 anlässlich einer Veranstaltung in Berlin kennengelernt und später in unserer Greenfranchise Lounge interviewt. Seine Lebenseinstellung, von der wir einiges erfuhren, fanden wir nicht nur spannend, sondern sie ist auch für uns lebensbegleitend. Und so brachte es ein Statement von ihm auf den Punkt: »„Suche dir einen Job, der dir Spaß macht, und du wirst nie wieder arbeiten.«[67]

Titus Dittmann

Titus Dittmann, skate-aid © Rieke Penninger

Meinst du, dass es irgendwann zu spät ist, sich selbstständig zu machen?

»Klares Nein! Warum sollte das so sein? Oder will jemand unterstellen, dass wir alten Säcke – ich bin immerhin 71 und hab mich auch erst mit Mitte 30 selbstständig gemacht und die meisten meiner gut 100 Unternehmen auch erst danach gegründet – nichts mehr draufhaben? Im Ernst: Meiner Meinung nach ist es für die Selbstständigkeit oder für das Gründen eines Unternehmens das Allerwichtigste, ein brennendes Herz zu haben. Damit meine ich absolute Begeisterung für die eigene Idee, die man hochziehen will, und den klaren und mit ordentlich Biss bewehrten Willen, es umzusetzen und durchzuziehen.

Titus für skate-aid in Afghanistan © Maurice Ressel

Das ist das wichtigste Fundament des Ganzen, sozusagen die Energiequelle und in meinen Augen auch viel entscheidender als ein Businessplan. Und in Sachen Begeisterung muss ein, sagen wir mal, 50-Jähriger einem 25-Jährigen auch in nichts nachstehen. Im Gegenteil: Das etwas gesetztere Alter ist auch von Vorteil, um die ›Ups and Downs‹ im Business, die es nun mal gibt, mit etwas mehr Standfestigkeit und Lebenserfahrung zu durchleben. Allen, die wegen des Alters Bedenken haben, sage ich auch: ›Mut ist, wenn man es trotzdem macht.‹ «

Was würdest du »Neuorientierern«, die sich selbstständig machen möchten, raten?

»Ich habe drei Tipps:

Nr. 1: Glaub an dich, mach dein Ding, aber trag auch die Verantwortung, wenn's schiefgeht.

Nr. 2: Stärke deine Stärken, und steh zu deinen Schwächen!

Nr. 3: Steh immer einmal öfter auf, als du hingefallen bist! Das kannst du fürs Business und auch fürs Leben von einem Skateboarder lernen.«

https://titus-dittmann.de/

https://www.skate-aid.org/

2 DIE WIRTSCHAFTLICHEN RAHMENBEDINGUNGEN

Das vorliegende Buch haben wir 2019 konzipiert. Es folgt unserem Sachbuch-Erstlingswerk *Glücklich mit Tiny Start-ups.* Wir haben so viele energetische Gründer*innen kennengelernt und so viele ehrliche Gespräche geführt, da können wir guten Gewissens sagen, dass es niemals zu spät ist, sich selbstständig zu machen. Oft fehlt nur die richtige Inspiration, um die tiefen Wünsche zu realisieren. Manchmal braucht es aber auch die richtigen Vorbilder, die einem Mut machen.

Von SARS-CoV-2 wurden auch wir überrascht und geschockt. Wir waren in intensive berufliche Projekte eingebettet, hatten sowohl Termine in der Schweiz wie in Berlin, schrieben an diesem Buch und bereiteten zusätzlich unseren Umzug innerhalb der Schweiz vor. Wir nahmen die Nachrichten zwar wahr, realisierten die Folgen jedoch nicht vollumfänglich. Erst als die Auswirkungen der nahenden Krise direkt und umfassend spürbar wurden, kam das Wort »Pandemie« mit seiner ganzen Bedeutungskraft und Härte auch bei uns an. Unser Umzugstermin rutschte immer weiter nach hinten. Das Erscheinen von Handwerkern wurde fraglich. Die Grenzen der Schweiz nach Italien, Frankreich, Österreich und Deutschland wurde geschlossen.

Zwischen den Umzugskartons sitzend fragten wir uns: »Kann man zu diesem Zeitpunkt – am Anfang einer Pandemie, deren Ende und Folgen nicht absehbar sind, überhaupt an einem Buch schreiben, das Menschen empfiehlt, sich selbstständig zu machen? Klingt da der Titel nicht ein wenig sarkastisch?« Wir diskutierten viel über die Pandemie und deren Folgen. Uns interessierte, wie man mit Krisen am besten umgeht, als Mensch und als Unternehmer*in, wie man Krisen das Destruktive nimmt. Einige der Ergebnisse lauten: während einer Krise engagiert im Kommandostand zu bleiben, sich nicht in die Passivität zu flüchten, sondern aktiv, bewusst und gestaltend Verantwortung zu übernehmen sowie »auf Sicht zu fliegen«, ständig nach neuen Wegen und Lösungen Ausschau zu halten sowie diese sofort und konsequent zu gehen, wenn sie Positives verheißen. Optimismus und Zuversicht beizubehalten und seiner inneren Vision zu folgen schien uns ebenfalls wichtig. Wie sich Existenzgründer*innen sowie Kleinst- und Kleinunternehmen in der bedrohlichen Zeit verhielten, um zu überleben, konnten wir den Medien nicht entnehmen. Wir begannen selbst zu recherchieren, zu telefonieren und zu kontakten. Einige Stimmen, die wir einfingen, veröffentlichten wir auf unserer Website www.tinystartup.ch, um auch andere zu motivieren, konstruktiv am Ball zu bleiben. Wir bekamen enorm viel positives Feedback. So haben wir unsere Arbeit am Buchkonzept an die neuen Herausforderungen für Existenzgründer*innen im »Pandemischen Zeitalter« angepasst und versuchen noch mehr positive Beispiele zu bringen und noch stärker zu inspirieren. Die Bedrohung durch SARS-CoV-2 wird uns noch lange begleiten. Eine echte »Normalität«, so wie wir sie bisher kannten, wird es auf absehbare Zeit wohl nicht geben. Für Start-ups und Kleinunternehmen kommt es deshalb besonders darauf an, die neuen Rahmenbedingungen zu kennen und sie als gegeben zu akzeptieren sowie neue Chancen innerhalb dieser neuen Welt wahrzunehmen. Deshalb gehen wir nachfolgend zum einen auf die offiziellen Einschätzungen der wirtschaftlichen Situation ein, zum anderen wenden wir uns ausgewählten Branchen zu, um zu zeigen, welche Möglichkeiten sich jetzt neuen Start-ups bieten.

2.1 Wirtschaftliche Situation und Prognosen

Welch eine wirtschaftliche Situation finden Unternehmer*innen 2020 vor? Wie sehen Umfeld und Prognosen aus? Wir haben die aktuell verfügbaren wirtschaftlichen Schlüsselzahlen recherchiert, die wir dir nachfolgend vorstellen wollen.

Das Coronavirus und seine pandemische Verbreitung im Jahr 2020 haben weltweit zu dem schnellsten und tiefsten Einbruch der Weltwirtschaft geführt, der jemals erfasst wurde. Nahezu alle Weltregionen sind davon betroffen. Schweizer Experten (SECCO) erwarten für das Jahr 2020 einen Rückgang der exportgewichteten Weltnachfrage von -6,6 Prozent, bei einem Wiederanstieg im Jahr 2021 in Höhe von +5,3 Prozent. Diese negative internationale Wirtschaftsentwicklung belastet auch die deutschsprachigen Länder und Märkte, wobei besonders der personenbezogene Dienstleistungssektor (Gastronomie, Friseure, Kosmetikstudios et cetera) betroffen ist. In Summe wird für die Dienstleistungsexporte im Jahr 2020 ein Rückgang von -12,3 Prozent, ein Rückgang in historischem Ausmaß, erwartet.[68]

Wir konzentrieren uns nachfolgend auf Deutschland, den deutschsprachigen Kernmarkt, und gehen soweit möglich auch auf Österreich und die Schweiz ein. Das Bruttoinlandsprodukt (BIP) fiel in Deutschland im ersten Quartal 2020 (Januar bis März) um 2,2 Prozent[69], erstmals so stark wie seit der Finanzkrise 2008/2009 nicht mehr. Schuld war die Corona-Pandemie, die durch Lockdown-Maßnahmen und Kurzarbeit in den Betrieben sinkende Investitionen und private Konsumausgaben verursachte. In ihrer »Frühjahrsprojektion«, veröffentlicht Ende April 2020, hat die deutsche Bundesregierung, unter Federführung des Bundesministeriums für Wirtschaft und Energie, die rezessive Wirtschaftsentwicklung in Deutschland bestätigt und für 2020 einen preisbereinigten Rückgang des BIP um 6,3 Prozent prognostiziert. Für 2021 sieht sie im

Rahmen eines Aufholprozesses einen positiven Zuwachs in Höhe von 5,2 Prozent.

Eckdaten der »Frühjahrsprojektion 2020«:

Veränderung BIP (preisbereinigt)	2019	2020	2021
Bruttoinlandsprodukt	0,6 Prozent	-6,3 Prozent	5,2 Prozent
Konsumausgaben private Haushalte	1,6 Prozent	-7,4 Prozent	6,5 Prozent
Bruttoanlageinvestitionen	2,6 Prozent	-5,0 Prozent	3,5 Prozent

Quelle: Bundesministerium für Wirtschaft und Energie[70] (April 2020)

Die pandemiebedingten Einschränkungen sowie der Shutdown trafen auch den Arbeitsmarkt hart. Stand April 2020 gab es in Deutschland 370.000 weniger Erwerbstätige als im Vorjahr. Die Arbeitslosigkeit stieg den zweiten Monat in Folge deutlich. Durch Kurzarbeit konnten viele Entlassungen vermieden werden. Aufgrund des epidemiologischen Fortbestands der Risiken und des weiterhin bestehenden Fehlens eines wirksamen Impfstoffes weist das Bundesministerium auf die Schwierigkeiten einer genauen wirtschaftlichen Prognose für 2020 und 2021 hin. Bei der schrittweise eingeleiteten Lockerung würde es aber sicher zu einer wirtschaftlichen Erholung kommen, wobei: »Der weitere Erholungsprozess im zweiten Halbjahr und auch danach wird schleppend erfolgen und sich länger hinziehen.« Zur durchschrittenen Talsohle stellt das Ministerium fest, »dass der konjunkturelle Tiefpunkt hinter uns liegt.«[71]

Der Sachverständigenrat zur Begutachtung der gesamtwirtschaftlichen Entwicklung in Deutschland, auch »die Wirtschaftsweisen« genannt, hat dazu im Juni 2020 seine Konjunkturprognose für die Jahre 2020 und 2021 publiziert. Er schreibt darin, dass die Weltwirtschaft durch das Coronavirus in eine tiefe Rezession gestürzt wird und Deutschland voraussichtlich den stärksten Rückgang der wirtschaftlichen Aktivitäten seit Bestehen der Bundesrepublik erleben wird. Er erwartet für das Jahr 2020 einen Rückgang des realen Bruttoinlandsprodukts (BIP) um 6,5 Prozent (kalenderbereinigt 6,9 Prozent). Für das Jahr 2021 rechnet er mit einem positiven Wachstum von 4,9 Prozent (kalenderbereinigt ebenfalls 4,9 Prozent). Damit dürfte das BIP frühestens im Jahr 2022 wieder auf dem Niveau von vor der Pandemie liegen. Die Arbeitslosenquote wird in den kommenden Monaten weiter ansteigen und erst im Jahresverlauf 2021 wohl langsam wieder zurückgehen. Auch die deutschen Ausfuhren wären von dem schlechten außenwirtschaftlichen Umfeld betroffen. »Für den Euro-Raum rechnet der Sachverständigenrat mit einem Rückgang des realen BIP im Jahr 2020 um 8,5 Prozent und einem positiven Wachstum von 6,2 Prozent im Jahr 2021.«[72]

Prognose der BIP-Entwicklung:

BIP-Wachstum	2018	2019	2020	2021
Deutschland	1,5 Prozent	0,6 Prozent	6,5 Prozent	4,9 Prozent
Euro-Raum			-8,5 Prozent	6,2 Prozent

Quelle: Sachverständigenrat 2020-2021[73]

Bruttoinlandsprodukt (BIP) im Vergleich Deutschland–Österreich–Schweiz 2018

Das Bruttoinlandsprodukt ist der Gesamtwert aller Waren und Dienstleistungen, der innerhalb eines Landes und Jahres, nach Abzug aller Vorleistungen, hergestellt beziehungsweise erbracht wird. Es ist sozusagen die Summe der Wertschöpfung eines Landes.

Deutschland:

BIP = 3.948 Billionen USD

BIP pro Kopf = 47.603,03 USD

BIP-Wachstumsrate = 1,53 Prozent

Schweiz:

BIP = 705,1404 Milliarden USD

BIP pro Kopf = 82.796,55 USD

BIP-Wachstumsrate = 2,75 Prozent

Österreich:

BIP = 455,2858 Milliarden USD

BIP pro Kopf = 51.461,95 USD

BIP-Wachstumsrate = 2,42 Prozent

(Quelle: Weltbank[74])

Die Expertengruppe des Bundes für Konjunkturprognosen publiziert jedes Quartal eine Prognose der konjunkturellen Entwicklung in der Schweiz basierend auf Annahmen zur Auslandkonjunktur sowie zur monetären Entwicklung.[75]

Die Konjunkturprognose der Expertengruppe des Bundes zur Schweizer Wirtschaft in der Corona-Krise lautet im Juni 2020: Die Expertengruppe erwartet für 2020 den stärksten Rückgang des BIP seit Jahrzehnten. Der Tiefpunkt dürfte im zweiten Quartal erreicht sein. Grund dafür waren die umfangreichen gesundheitspolitischen Maßnahmen zur Bekämpfung und Eindämmung der Virusverbreitung. So mussten Betriebe ihre Geschäftstätigkeit einschränken oder aussetzen (und ihre Mitarbeitenden in Kurzarbeit schicken), insbesondere das Gastgewerbe, der Detailhandel sowie der Kultur- und Freizeitbereich. Ein schlagartiger und gleichzeitiger Rückgang der Produktion sowie der privaten Konsumausgaben war die Folge. Ab dem dritten Quartal, in der zweiten Jahreshälfte 2020, dürfte sich die Wirtschaft aufgrund der Lockerungen wieder erholen. Indikatoren, wie Kreditkartenzahlungen im Mai, scheinen diese Prognose zu bestätigen. Doch Einkommenseinbußen dürften sich in den privaten Haushalten aufgrund höherer Arbeitslosigkeit, kurzarbeitsbedingten Ausfällen und Zusatzausgaben für Hygienemaßnahmen bemerkbar machen. Dadurch werden die privaten Konsumausgaben

2020 gedämpft, auf einen prognostizierten Gesamtjahreswert von -7,2 Prozent. Für das Jahr 2020 insgesamt prognostiziert die Expertengruppe einen BIP-Rückgang in historischem Ausmaß von -6,2 Prozent.

Ausgewählte Prognoseergebnisse der schweizerischen Wirtschaft 2020/21:

Prognose	2020	2021
BIP (saisonbereinigt)	-6,2 Prozent	5,3 Prozent
Konsum Private Haushalte und PooE	-7,2 Prozent	6,5 Prozent
Ausrüstungsinvestitionen	-14,0 Prozent	3,0 Prozent

Quelle: Expertengruppe Konjunkturprognosen des Bundes (Juni 2020)[76]

In absoluten Zahlen ausgedrückt betrug das Bruttoinlandsprodukt in der Schweiz im ersten Quartal 2020 geschätzt circa 169,64 Milliarden Schweizer Franken (niedriger als im Vorquartal und Vorjahresquartal).[77] Vertiefende Zahlen zur Entwicklung der Schweizer Wirtschaft finden Interessierte auch in den Studien des Unternehmens Statista GmbH in Hamburg.[78]

Soweit ein paar prognostizierte Zahlen und Einschätzungen zur Entwicklung der Volkswirtschaften. Doch was sagen die Wirtschaftslenker*innen und Manager*innen selbst dazu? Wie ist die Stimmung im größten deutschsprachigen Markt, in deutschen Unternehmen? Zahlen dazu publiziert das angesehene ifo Institut mit seinem »Geschäftsklimaindex«. Zusätzliche Informationen bietet der »Markit Einkaufsmanagerindex«.

Der ifo-Geschäftsklimaindex dient in Deutschland als Indikator für die konjunkturelle Entwicklung. Er wird monatlich erhoben und veröffentlicht.[79] Im Juni 2020 stieg er deutlich auf einen Wert von 86,2 Punkten (Mai 79,7 Punkte). Das war der stärkste jemals vom Institut gemessene Anstieg. Damit legt er Zeugnis von einer weiter aufgehellten Stimmung in deutschen Chefetagen ab. Deutsche Manager*innen und Unternehmenslenker*innen beurteilen die aktuelle Lage besser und haben wachsende Erwartungen an eine positive Entwicklung.

Die Aussagen des »ifo Geschäftsklimaindex« decken sich auch mit den Rückmeldungen des »Markit Einkaufsmanager-Index«. Der »Markit/BME-Einkaufsmanager-Index« (EMI) wird seit 1996 monatlich erhoben und publiziert. Er ist ein weiterer Indikator zur Wirtschaftsentwicklung in Deutschland. Als Konjunktur-Barometer wird er von Markit Economics und dem Bundesverband Materialwirtschaft, Einkauf und Logistik (BME) erstellt.

Der IHS Markit Eurozone Einkaufsmanager Index (PMI) vom 01.07.2020[80] spiegelt eine Verlangsamung der Talfahrt der Eurozonen-Industrie im Juni wider. Er ist binnen Monatsfrist um 8 Punkte auf ein Vier-Monats-Hoch von 47,4 gestiegen und hat damit die Vorabschätzung um 0,5 Punkte übertroffen. Gegenüber dem Allzeittief im April notiert der Index jedoch den 17. Monat in Folge unter der Wachstumsmarke von 50 Punkten und verweist damit auf die weiterhin großen Herausforderungen, vor denen der Industriesektor steht.

PMI-Indexwerte im Juni 2020:

Deutschland	45,2 (Flash 44,6)	3-Monats-Hoch
Österreich	46,5	4-Monats-Hoch

Quelle: IHS Markit Ltd[81]

Laut Chris Williamson, Chef-Ökonom bei IHS Markit verstärken sich die Hinweise, dass sich ein starker Aufschwung für die Eurozonen-Industrieunternehmen ankündigt und ein starker Turnaround im Bereich der Produktionszahlen realisiert werden kann.[82]

Der IHS Markit Dienstleistungsindex Deutschland vom 03.07.2020 sagt eine Erholung in einigen Bereichen voraus. So sei die

Geschäftstätigkeit im Dienstleistungssektor im Juni 2020 »annähernd stabil«. Und weiter:

»Erste Anzeichen eines Aufschwungs – vor allem in den Teilsektoren, die anfangs besonders hart vom [...] Lockdown getroffen worden waren – verheißen ein solideres Ende des zweiten Quartals für Deutschlands Serviceanbieter.« Der IHS Markit Service-Index Geschäftstätigkeit stieg im Juni 2020 sprunghaft den zweiten aufeinanderfolgenden Monat an (nach Rekordtief im April). Besonders vom Lockdown betroffene Bereiche wie Hotels und Gaststätten kehrten schrittweise auf Wachstumsterrain zurück.[83]

Die Unicredit Bank Austria und der »Österreichische Einkaufsmanagerindex« titeln am 26.06.2020: »Industrie Österreichs kämpft sich im Juni weiter erfolgreich aus der Krise.«[84] Der OMI kletterte auf den höchsten Wert seit Februar 2020. Bremsend wirkten jedoch die anhaltende Nachfrageflaute, mangelnde Exportneuaufträge und eine niedrige Investitionsbereitschaft, was zusammengenommen zu einem weiteren Stellenabbau führte.

Konklusion Wirtschaftsaussichten für Tiny Start-ups:

Wie könnte man die aktuelle Lage und die wirtschaftlichen Aussichten, wie sie sich im Sommer 2020 darstellen, kurz zusammenfassen? Wir würden sagen, dass die Weltwirtschaft eine bisher einzigartige Erschütterung erfahren hat. Unternehmen aller Größenordnungen müssen ihre Geschäftskonzepte, ihre Ziele und die Art, wie sie am Markt bisher agierten, hinterfragen und sich neu aufstellen. Dieser Neustart stellt für Existenzgründer*innen auch eine große Chance dar. Denn in gewisser Weise besteht zwischen alten und neuen Unternehmen Chancenparität. Alte, eingesessene Unternehmen verfügen über große Erfahrungen und eingeschliffene Prozesse. Oft müssen sie genau diese neu überdenken und ändern, um überleben zu können. Neue Unternehmen hingegen können mit völlig neuem Blick und offen für die aktuelle Situation sowie zukünftige Entwicklungen an den Markt gehen und Chancen konzentriert, zielgerichtet und ohne übermäßiges Gepäck wahrnehmen.

Mit anderen Worten:

- Dinosaurier, internationale Großunternehmen, bekommen mit ihren länderübergreifenden Bezugs-, Herstellungs- und Dienstleistungsketten sowie Massen-Absatzzielgruppen existenzgefährdende Probleme und sind vom Aussterben bedroht (Dinosaurieralarm!)
- Kleine, flexible und länderbezogene Start-ups können schnell neu entstehende Chancen proaktiv angehen und nutzen

»Dinosaurier« sind vom Aussterben bedroht © Bellone Franchise Consulting GmbH

2.2 EIN KLEINER BLICK IN AUSGEWÄHLTE BRANCHEN

Wir möchten jetzt mit dir in einige ausgewählte Branchen schauen, in denen sich in den letzten Jahren und Jahrzehnten »Dinosaurier« entwickelt und ausgebreitet haben, die Millionenumsätze generierten. Auch wenn es auf den ersten Blick so aussehen mag, als ob dadurch Tiny Start-ups und Existenzgründer*innen keine Chancen mehr hätten, ist dem ganz und gar nicht so. Vielmehr scheint die Corona-Pandemie für diese Großunternehmen eine ähnlich zerstörerische Bedeutung zu bekommen wie Vulkanausbrüche und Kometeneinschläge für das Aussterben der Dinosaurier. Beim berühmtesten, dem Kreide-Paläogen-Massenaussterben vor 66 Millionen Jahren, verschwanden circa 50 Prozent der Gattungen und 25 Prozent der Familien, darunter alle Nicht-Vogel-Dinosaurier.[85] Wir werden nachfolgend das Wirkungsfeld, die Erfolge und Faszination dieser internationalen Großunternehmen in verschiedenen Branchen vorstellen und sodann ihre Anfälligkeit gegenüber Pandemien beschreiben, die für Tiny Start-ups große Chancen eröffnen.

2.2.1 TOURISMUS

Der Tourismus zählt zu den Zukunftsbranchen. Kennzeichnend ist seine hohe Arbeitsintensität sowie relativ geringere Wertschöpfung im Vergleich zu anderen Branchen. Touristische Angebote fokussieren unterschiedliche bedürfnisgetriebene und finanzstarke Zielgruppen.

Massentourismus auf Sizilien (vor Corona) © Bellone Franchise Consulting GmbH

Seit Jahren wird der Tourismus von einem zunehmenden Wettbewerb des »Größer«, »Höher«, »Weiter« und »Mehr« geprägt. Er erinnert dabei an das Quartettspiel »Supertrumpf«, einer Variante des Kinderspiels »Leben und Tod«, bei der Karten mit dem höchsten Wert gewinnen. Was beim »Supertrumpf« gilt, scheint auch im Wirtschaftsleben gespielt zu werden.

2.2.1.1 »Groß, größer, am größten«

2018 war »Symphony of the Seas« der Royal Caribbean International das größte Kreuzfahrtschiff der Welt mit 5518 Passagieren und einer Bruttoraumzahl (BRZ) von 228.081. Es hatte die Führung von seinem Schwesterschiff »Harmony of the Seas« übernommen. Dieses selbst überrundete 2016 seine Schwesterschiffe »Allure of the Seas« und »Oasis of the Seas«. Das konkurrierende Unternehmen Dream Cruises möchte nun mit »Global Dream« das größte Kreuzfahrtschiff der Welt realisieren. Und auch hier geht es wie im »Supertrumpf« um die besten Zahlen, die die Konkurrenten schlagen. Bei »Global Dream« lauten sie: 340 Meter Länge, 46 Meter Breite, 2400 Kabinen und eine Bruttoraumzahl von 204.000. Der globale Traum soll Ende 2020 fertig sein, Platz für mehr als 5000 Passagiere bieten und eine Maximalbelegung von 9500 Passagieren (bei Doppelbelegung) haben. Er verfügt über Vergnügungspark, Badelandschaft, Theater & Musical, Sonnendeck, Restaurants, Bars, Diskotheken, Kinos, Shopping Mall und Sportbereiche. Ein Schwesterschiff soll Ende 2021 auf den Markt kommen.[86] Gebaut werden die »Global-Class Cruise Ships« für den asiatischen Markt von den MV-Werften Rostock und Wismar. Die Werften-Muttergesellschaft, der Genting-Konzern, betreibt das Unternehmen Dream Cruises.[87]

Neustadt vor der Altstadt – Kreuzfahrtschiff MSC DIVINA vor Lissabon © Bellone Franchise Consulting GmbH

Auf den Weltmeeren herrscht nicht nur Sonnenschein. Es ziehen dunkle Wolken und Unwetter am Horizont der Kreuzfahrtschiffe auf. Immer dann, wenn sie an den schönsten Plätzen der Welt anlegen. Im August 2019 gab es aufgrund von Unfällen in der Lagune von Venedig die Schlagzeilen »Italien verbannt Kreuzfahrtschiffe nun endgültig aus Venedig«[88] und »Zoff um Venedig«[89]. Vorausgegangen waren Ankündigungen der italienischen Regierung im Jahre 2013. Jährlich steuerten (laut Spiegel/Branchenverband) über 400 Kreuzfahrtschiffe, mit 1,4 Millionen Passagieren, Venedig an. Global gab es vor zehn Jahren ca. 18 Millionen Passagiere. 2018 waren es mehr als 28 Millionen.[90] Royal Caribbean ersetzt Venedig im Jahr 2021 durch Ravenna[91], wie das Unternehmen seinen Kunden laut Branchendienst »cruise4news.at« mitteilte. Der Ein- und Ausschiffungshafen würde in das drei Autostunden entfernte Ravenna aufgrund zunehmender Bedenken hinsichtlich der Zukunft der Kreuzfahrt in Venedig verlegt.

Durch die Corona-Pandemie mussten alle Kreuzfahrtschiffe festmachen. Mit umfangreichen Hygienekonzepten konnten die ersten von ihnen ab Juli 2020 wieder in See stechen (TUI Cruises ab 24.07.2020[92], Hapag-Lloyd Cruises ab 31.07.2020[93]). Die Wiederaufnahme wurde, laut Cruise Lines International Association (CLIA), in drei Phasen aufgeteilt, wobei es zuerst nur um Seetage, ohne das Anlaufen von Häfen, ging.[94] Doch die Probleme bleiben: »Corona auf Kreuzfahrtschiff in Norwegen: Mehr Infizierte – auch ein Deutscher erkrankt.«[95]

Lese-Tipp:

»Global Dream – The Future of Cruising is coming«[96]

»Die 25 größten Kreuzfahrtschiffe der Welt«[97]

Womit Tiny Start-ups jetzt punkten können: Sicher, sozial, luxuriös und abenteuerlich

Wenn internationale Kreuzfahrten kaum oder nur mit großen Risiken möglich sind, lassen sich die schiffsaffinen Zielgruppen auch für kleinere Angebote innerhalb des eigenen Landes, auf Flüssen, Seen oder den angrenzenden Meeren gewinnen. Dabei muss auf die Bedürfnisstruktur der Zielgruppen geachtet werden (siehe Bedürfniszielscheibe). Manche Menschen suchen nämlich nur eine normale Schiffsfahrt, die auch einen Fluss entlanggehen kann. Einige brauchen Status, was das Schiff, die Kojen und das Essen angeht, auch auf heimischen Gewässern. Andere suchen das Erlebnis, möchten selber ans Steuer, wie es Thomas Laux von Hausboote Lahn erfolgreich beweist (siehe Interview). Oder sie erwerben bei einem großen deutschen Kaffeeröster ein luxuriöses Hausboot respektive Caravanboat zu einem stattlichen Preis von rund 100.000 Euro, das sowohl Boot wie an Land ein Wohnwagen ist.[98] Günstiger gelang es 2012 dem Kieler Industriedesigner Daniel Straub, damals 30 Jahre alt, der für seine Erfindung des Sealanders, eines schwimmfähigen Wohnwagenanhängers, gleich einen Innovationspreis für Existenzgründer gewann.[99] Der Sealander wird unter anderem in der Schweiz mit Erfolg in Naherholungsgebieten am See vermietet.[100] Urlaub auf dem Hausboot oder mit dem Camper war schon vor Corona im Trend und erfährt jetzt nochmal einen Schub. So verzeichnet die Branche der Wohnmobile seit Jahren zweistellige Zuwachsraten.[101] Für Start-ups wie die schon erwähnte My-Camper-Sharing-Plattform ist das ein Erfolgsbooster, aber auch für viele Gründer*innen, die mögliche Zusätze, Neuerungen oder Dienstleistungen entwickeln. So hatte 2005 das Start-up-Unternehmen Torqeedo mit einem Elektroantrieb für Bootsmotoren den Markt revolutioniert und es zehn Jahre später sogar zum Weltmarktführer geschafft.[102] Andere wie das Kai Lab bieten auf dem Kai Boat spezielle Sushi-Events gekoppelt mit einer Fahrt auf dem Zürichsee.[103]

2.2.1.2 »Hoch, höher, am höchsten«

Staus von Seilschaften auf den höchsten Bergen der Welt: Das Reisemagazin *GEO online* berichtete am 23. Mai 2001 über »Mount Everest: Stau in der Todeszone«.[104] An klaren Frühlingstagen standen sich demnach bis zu 88 Bergsteiger*innen auf dem Mount Everest buchstäblich auf den Füssen und balancierten am Rande einer Katastrophe. Die Gefahren kämen dabei nicht von den berüchtigten Wetterumschwüngen, sondern von der Unberechenbarkeit der Seilschaften. Zitiert wird der Bergführer Chris Warner, der mit zwei weiteren Bergführern, vier Sherpas und einem tibetischen Yakhirten eine Gruppe von acht zahlungskräftigen Kunden zum Gipfel des Mount Everest führte. Im Laufe des Vormittags drängten sich auf der Strecke bereits mehr als drei Dutzend Bergsteiger aus zehn Gruppen. Nach 15 Minuten, die jeder auf dem Gipfel in 8848 Meter Höhe verbringen darf, ging es an den schwierigen Abstieg, der zu einem chaotischen Gedränge der erschöpften und durch Sauerstoffmangel benebelten Kletterer führte und den der Bergführer Chris Warner mit den Worten kommentiert haben soll: »Ich kam mir vor wie der Direktor einer Irrenanstalt«. So ganz falsch mag Chris Warner nicht gelegen haben, treffen doch auf diesem Berg fantastisches Wunschdenken auf tatsächlich oft vorhandenes Wissen und Können sowie auf große Finanzkraft, aber auch auf grobe Selbstüberschätzung und Egozentrik. Insgesamt wird dieses Bedürfnisgemisch mit einem konsequenten Rentabilitätsdenken gepaart. Eine nepalesische Bergsteigergenehmigung kostet 11.000 US-Dollar.[105] Das gesamte Expeditionsbudget, also Flüge, Ausrüstung, Nahrung et cetera kommen nochmals in Form eines sechsstelligen Betrages obendrauf. Aber natürlich, es gibt sie wirklich, die erfolgreichen Mount-Everest-Besteiger*innen, die dann pro Vortrag hohe Gagen realisieren wie Helga Hengge, Key-Note-Rednerin, Autorin und Extrembergsteigerin, die als erste Deutsche erfolgreich den Gipfel des Mount Everest erreichte und als erste Frau auf den »Seven Summits« stand.[106] Sieben Gipfel werden die jeweils höchsten Berge der sieben Kontinente genannt. Wir haben Helga Hengge auf einer Veranstaltung kennengelernt und in einem nachfolgenden Interview den Aufbau einer Franchise-Organisation mit dem Erklimmen eines Berggipfels verglichen. Die Parallelen sind verblüffend: »Man braucht eine solide Vorbereitung, ein gutes Team, auf das hundertprozentig Verlass ist,

Flexibilität und Disziplin, um auf veränderte Situationen zu reagieren und proaktiv neue Wege einzuschlagen – und man braucht unendlich viel Begeisterung auf dem Weg nach oben und den festen Glauben, dass man es schaffen kann.«[107]

Lese-Tipp:

Ein weiterer aktueller und lesenswerter Artikel zu den chaotischen Situationen auf den höchsten Bergen der Welt findet sich im *National Geographic* vom 18.06.2020, mit dem Titel »Zum Mount Everest bitte hinten anstellen.«[108]

Darin steht auch die Zahl der in der Frühjahrssaison 2019 auf allen 8000-Meter-Gipfeln des Himalaya verstorbenen Menschen, es waren 21.

Womit Tiny Start-ups jetzt punkten können: Kulturelle Werte nutzen

Natürlich sind Extrembergsteiger*innen nicht einfach mit heimischen Angeboten zu erreichen. Aber Berge und Klettertouren können auch in Deutschland, Österreich und in der Schweiz angeboten und länderübergreifend vermarktet werden. In Verbindung mit der Landeskultur, mit speziellen kulinarischen Angeboten und wissensvermittelnden Workshops und Bergführer*innen-Touren eröffnen sich viele interessante Möglichkeiten des einheimischen Tourismusmarktes für deutschsprachige Tiny Start-ups. Vielleicht auch in Verbindung mit Schnitzeljagden, wie es zum Beispiel unter Foxtrail.ch angeboten wird und per Franchising in mittlerweile acht Ländern Existenzgründer*innen eine spannende Selbstständigkeit bietet. Natürlich gibt es auch Kletter- und Boulderhallen, die dem »Ruf der Berge« in einer Inhouse-Variante folgen. Und in diesem Bereich gibt es einige Start-ups, die sich auf die Bedürfnisse nach Sicherheit und Nachhaltigkeit konzentriert haben. Zum Beispiel das Münchner Auroco, das mit EPIC ein Gerät der Kletter- und Seilsicherung entwickelt hat, das sowohl für den Sport wie für verschiedene Berufsgruppen geeignet ist.[109] Oder das ganz junge Konstanzer Unternehmen Polytalon.com, das Klettergriffe herstellt, die kostengünstig, haltbar, schnell und umweltfreundlich sind.[110] Und wer weiß, welche Indoor-Kletter-Pakete noch von Start-ups entwickelt werden, für Quarantäne-Zeiten oder »just for fun«.

2.2.1.3 »Weit, weiter, am weitesten«

Das US-amerikanische Raumfahrtunternehmen Virgin Galactic, LLC, ein Teil der Virgin-Gruppe, wurde im Jahre 2004 von dem bekannten britischen Unternehmer Sir Richard Branson und dem amerikanischen Ingenieur Burt Rutan gegründete, um suborbitale Raumflüge für Weltraumtouristen anzubieten. Ticketpreise sollten sich im Rahmen von 200.000 US-Dollar, mit einer Anzahlung von 20.000 US-Dollar bewegen. Auch orbitale Weltraumflüge und wissenschaftliche Missionen waren geplant. Der dafür benötigte Weltraumbahnhof wurde ab 2005 im US-Bundesstaat New Mexiko geplant und gebaut und im Oktober 2011 als »Spaceport America« eröffnet.[111] Am 20.02.2020 titelte die *Neue Züricher Zeitung:* »Virgin Galactic beginnt mit den letzten Tests für das Touristen-Programm«[112] Und weiter: »Die touristische Erschließung des Weltalls ist einen Schritt näher am Ziel. Die Raumkapsel VSS Unity ist am Heimathafen in New Mexico angekommen.« Am 26.06.2020 war auf finanzen.net schließlich zu lesen »Weltraumtourismus bald möglich? Virgin Galactic und NASA schließen sich zusammen«.[113] In dem Artikel wurde über die Unterzeichnung des SpaceX-Abkommens zwischen Virgin Galactic und dem Johnson Space Center (NASA) zur Entwicklung des Weltraumtourismus berichtet. Die NASA erhofft sich dadurch eine kommerzialisierte Nutzung der Internationalen Raumstation »ISS«. Am 03.08.2020 schließlich sind die beiden Astronauten Robert Behnken und Douglas Hurley, nach zwei Monaten an Bord der Internationalen Raumstation ISS[114], wieder mit der SpaceX-Kapsel »Endeavour« auf die Erde zurückgekehrt. Erstmals seit fast neun Monaten sind damit Astronauten wieder von den USA aus zur ISS geflogen und erstmals auch mit einem privaten Unternehmen.[115]

Historie:

Dennis Anthony Tito, ein US-amerikanischer Unternehmer, gilt als erster Weltraumtourist in der Raumfahrtgeschichte. Er trat seinen außergewöhnlichen Urlaub 2001 an, jedoch unter extrem anderen Bedingungen. Er konnte vom 28. April bis zum 6. Mai 2001 eine Reise in den Weltraum, an Bord einer Sojus TM-32 zur Mir-Station, antreten.[116] Er hatte dafür frühzeitig ein Sperrkonto über 20 Millionen US-Dollar eingerichtet. Vorreiter für Tito war der japanische Fernsehjournalist Toyohiro Akiyama, der Ende 1990 einige Tage an Bord der sowjetischen Raumstation »Mir« verbrachte, die damals für zahlende Ausländer geöffnet wurde. Diese Exklusivberichterstattung wurde von seinem Arbeitgeber mit 28 Millionen US-Dollar erkauft.

Womit Tiny Start-ups jetzt punkten können: Kundenbedürfnisse erkennen und ansprechen

Es muss nicht in den Weltraum gehen, wenn der normale Himmel auch einiges bereithält: vom Segelfliegen, über das Fallschirmspringen, bis hin zum Gleitschirmfliegen. Tiny Start-ups können auch hier mit regionalen und nationalen Angeboten attraktiv punkten. Weltraumgefühle können auch virtuell hervorgerufen werden oder aber mit empfundener Schwerelosigkeit, wie es das japanische Start-up Lunavity[117] mit einem rotorenbestückten »Rucksack« erzeugt. Den größten Windkanal Deutschlands bietet die Hurricane Factory Berlin.[118] Hier zu fliegen ist vergleichbar mit einem Freifall eines Fallschirmsprungs aus 4000 Metern Höhe.

2.2.1.4 »Viel, mehr und noch viel mehr«

Städte-Kurzreisen sind aufgrund niedriger Flug- und Übernachtungskosten absolut angesagt. Jedenfalls waren sie es bis zur Corona-Krise 2020. Die Städte konkurrieren weltweit mit ausgeklügelten Stadtmarketing-Konzepten um die Gunst der Touristen, denn ihre Ausgaben sind begehrt. Die Zahl der internationalen Übernachtungsgäste wuchs seit dem Jahr 2009 um insgesamt 76 Prozent. Dabei sticht die zunehmende Attraktivität des asiatisch-pazifischen Raums besonders hervor. Hier gibt es ein jährliches Wachstum im Durchschnitt von 9,4 Prozent. Nach dem »Global Destination Cities Index« von Mastercard 2019[119] ist Bangkok in Thailand die beliebteste Stadt der Welt. Das schon zum vierten Mal in

Folge. Paris und London folgen Kopf an Kopf. Deutsche Städte findet man erst ab Platz 34 mit Berlin. Die fünf bestplatzierten deutschen Städte verzeichnen zusammengenommen weniger internationale Übernachtungen als jede Stadt auf den ersten fünf Plätzen der weltweit beliebtesten Städte. Sowohl die Gesamtzahl der internationalen Übernachtungen weltweit nimmt zu, seit 2009 im Jahresdurchschnitt um 6,5 Prozent, als auch die Besucherausgaben, durchschnittlich um 7,4 Prozent.

Die beliebtesten Städte der Welt

Platz 1: Bangkok, Thailand (22,78 Millionen internationale Übernachtungsgäste)

Platz 2: Paris, Frankreich (19,10 Millionen*/ 12,81 Milliarden Euro Ausgaben)

Platz 3: London, Vereinigtes Königreich (19,09 Millionen*/15,01 Milliarden Euro Ausgaben)

(*Anzahl internationaler Übernachtungsgäste)

Franchisemesse in Paris © Bellone Franchise Consulting GmbH

Die weltweit beliebtesten Top-10-Städte sind weder kurzzeitige Modetrendziele noch Eintagsfliegen. Sie sind hoch attraktive Großstädte mit im letzten Jahrzehnt sehr stabiler internationaler Anziehungskraft. Besonders London, Paris und Bangkok teilen sich seit 2010 die ersten drei Plätze, wobei Bangkok in den letzten sieben Jahren sechs Mal Platz Eins belegte. Kleinere Städte müssen mitunter größere touristische Schwankungen verkraften. Den größten Anstieg an internationalen Reisenden können Städte im asiatisch-pazifischen Raum verzeichnen. Er beträgt 9,4 Prozent. Europäische Städte schaffen es nur auf einen Anstieg von 5,5 Prozent. Gleichzeitig wächst die Zahl der internationalen chinesischen Reisenden. China ist damit Nummer 2 im Ranking der Länder mit den meisten internationalen Reisenden, hinter den USA.

Massentourismus, ein Definitionsversuch

Massentourismus, das ist ein im großen Stil betriebener Tourismus für breite Bevölkerungsschichten, mit dem Ergebnis, dass eine große Anzahl von Touristen zur gleichen Zeit am selben Ort sein kann. Seine negative Konnotation hat verschiedene Ursachen. Einerseits sind massentouristische Angebote für die einzelnen Reisenden sehr erschwinglich. Internationale Reiseangebote, vom Flug über Hotels bis zur Verpflegung, sind außerordentlich günstig, mit einem stark wettbewerbsorientierten Preis-Leistungs-Verhältnis. Andererseits werden die negativen Auswirkungen massentouristischer Angebote und die dabei real entstehenden Kosten für die Umwelt (Luftverschmutzung, CO_2-Ausstoß, Schädigung von Berg- und Wasserwelten, von Flora und Fauna), den sozialen Bereich (Mitarbeitende in den Unternehmen, Partner*innen in den Touristendestinationen) sowie die Kultur (in den jeweiligen Destinationen) an die Gesellschaften der bereisten Länder und die globale Welt überhaupt weitergegeben und nicht von den Veranstaltern getragen.

2.2.1.5 Wie sich der internationale Tourismus seit Corona verändert

Der weltweite Massentourismus wurde schon immer von Naturereignissen und Katastrophen berührt sowie in Mitleidenschaft gezogen. Meist jedoch nur in begrenzten, einzelnen Regionen und für eine relativ kurze Zeit. Unternehmen sind deshalb dazu übergegangen, entsprechende Szenarien vorauszudenken und sich darauf proaktiv einzustellen, indem sie auf andere Regionen ausweichen konnten. Mit dem Auftauchen des Coronavirus ist jedoch eine neue Zeitrechnung eingeläutet worden. Niemand in der Tourismus-Branche hatte ein weltweites Pandemierisiko derart stark vorhergesehen und in seinem Geschäftskonzept berücksichtigt. So erwirtschaftete bisher der Tourismus auf den Balearen etwa 45 Prozent des Bruttosozialproduktes und schaffte dabei drei von vier Arbeitsplätzen. Wenn aber aus den saisonal normalen 1,3 Millionen Urlauber*innen in den ersten zwei Juni-Wochen 2019 in der gleichen Zeit im Jahr 2020 nur 216.000 Test-Urlauber*innen werden, wenn statt 2.855 Flugzeugen an Rekordwochenenden jetzt nur noch 200 Flugzeuge am Tag landen, wenn Hotels mit einem Umsatzrückgang von 80 Prozent rechnen müssen und Lokale, die als »Schlachtschiff des Billigtourismus«[120] gelten, statt von 15.000 Menschen frequentiert zu werden jetzt 0 Euro Umsatz realisieren, dann sind die Prognosen von einem elfprozentigen Rückgang des Sozialproduktes auf den Balearen im Gesamtjahr 2020, das entspricht einem Wert von circa 3 Milliarden Euro, leicht vorstellbar. Und es ist auch klar, was das für die einzelnen Inselbewohner*innen bedeutet.

2.2.1.6 »Fragiler Massentourismus«

Wie fragil und unberechenbar zudem das Wiederankurbeln von touristischen Angeboten in Zeiten von Corona sein kann, zeigt ein Ereignis, von dem am 12.07.2020 die *Luzerner Zeitung* berichtet:

»Corona-Chaos am Ballermann: Partys ohne Schutz machen Mallorca Angst«.[121]. Hunderte Touristen aus Deutschland und Großbritannien beachteten die in Spanien geltenden Hygieneschutzvorkehrungen nicht und feierten auf der Partymeile. Die Zeitung *Diario de Mallorca* fasste zusammen: »Das Coronavirus hat den Sauftourismus nicht getötet.«[122] Tourismus sorgt auf Mallorca für 35 Prozent des Einkommens der Region der Balearen. Dabei geht es Mallorca noch gut, denn Touristen aus Deutschland, Österreich und der Schweiz können problemlos an- und abreisen. Für Länder wie die Türkei oder Schweden bestanden jedoch lange Reisewarnungen. Das sind keine Reiseverbote, doch nach der Rückkehr besteht die Notwendigkeit, sich zwei Wochen in Quarantäne zu begeben, für Selbstständige und Angestellte als auch für deren schulpflichtige Kinder nicht leistbar. Touristen aus Deutschland und der Schweiz stornieren deshalb Buchungen für diese Länder. (Im Interview mit Yasmine und Max Hensler von der NORRSKEN LODGE haben wir bereits gelesen, was diese Problemstellung für Anbieter von touristischen Angeboten in Schweden bedeutet.)

Womit Tiny Start-ups jetzt punkten können:
Sanfter und nachhaltiger Tourismus

Den Gegenpol zum Massentourismus bildet der »Sanfte Tourismus«, beziehungsweise der »Nachhaltige Tourismus«. Sein Anspruch ist es, im Einklang mit den besuchten Ländern und Regionen, mit den Menschen und Kulturen sowie der Umwelt, den Pflanzen und Lebewesen langfristig zu funktionieren, ohne Schäden zu verursachen. Sanfter Tourismus funktioniert sowohl in den Städten als auch auf dem Land. Wichtig dabei ist es, die Kern-Zielgruppe für selbst entwickelte Tourismusangebote in der Landesbevölkerung zu finden. Wir hatten dazu in unserem Vorgängerbuch zu den Tiny Start-ups ein Interview mit Anna Hermann, Gründerin von »Lady's First – Mallorca erleben«[123] geführt. Sie organisiert Reisen, die das einzigartige Mallorca, abseits vom Massen- und Pauschaltourismus kennenlernen und erleben wollen.

Wir haben im Rahmen unseres Buches *Green Franchising* 2012 eine Nachhaltigkeitsdefinition entwickelt, die in das »Vier-Säulen-Prinzip« mündet und im Tourismus ebenso angewendet werden kann.

Touristische Nachhaltigkeit (nach Bellone/Matla)

Nachhaltig ist ein touristisches Angebot, wenn es die »Vier Säulen der Nachhaltigkeit« berücksichtigt:

- Kultur: Das touristische Angebot spiegelt eine eigene Unternehmenskultur wider, die auf Werten basiert, langfristig angelegt ist und die mit der Gesellschaftskultur der touristischen Zielregionen positiv und wertschätzend in Resonanz tritt.
- Soziales: Das touristische Angebot ist für alle Anspruchsgruppen, von den Mitarbeitenden, über die Partner*innen, bis zu den Menschen der Zielregionen sozialverträglich realisierbar.
- Ökologie: Das touristische Angebot wird umweltkompatibel und ressourcenschonend, im Einklang mit den vier Elementen Luft, Wasser, Erde und Feuer sowie Flora und Fauna erbracht und kann ebenso konsumiert werden.
- Ökonomie: Das touristische Angebot ist wirtschaftlich, für das Unternehmen selbst sowie für die Wirtschaft vor Ort, sinnvoll und langfristig aus sich heraus tragfähig.

Laut der Welttourismusorganisation (UNWTO) ist Tourismus nachhaltig, wenn seine gegenwärtigen und zukünftigen ökonomischen, sozialen und ökologischen Auswirkungen vollumfänglich berücksichtigt und die Bedürfnisse der Besucher, der Industrie, der Umwelt und der Einheimischen integriert werden.[124]

So konzentriert sich der nachhaltige Tourismus, in Form eines 360-Grad-Rundumblicks sowie Cradle-to-Cradle-Ansatzes, auf alle Berührungspunkte der Leistungserbringung und des Leistungskonsums zwischen den Menschen und deren Umwelt. Die Anreise zum und Abreise vom Urlaubsort, oder besser Erfahrungsort, mit Bahn, Bus oder öffentlichen Verkehrsmitteln wird unter Gesichtspunkten der Nachhaltigkeit betrachtet und optimiert wie auch die Unterbringung (nachhaltiges Hotelwesen, Energie- und Wasserverbrauch, Abfälle/Wertstoffe), die Ernährung (saisonal, regional, bio, vegan, unverpackt) und Beweglichkeit am Urlaubsort, die primär zu Fuß, per Pferd, Fahrrad oder mit dem Boot erfolgen sollte. Der gesamte sanfte Urlaub wird derart durchstrukturiert und oft mit Bildungsangeboten ergänzt.

Reiseanalyse

Nach einer Reiseanalysestudie zum nachhaltigen Verhalten bei Urlaubsreisen 2019 (Forschungsgemeinschaft Urlaub und Reisen) gaben die Befragten an, im Urlaub nachhaltiges Verhalten umgesetzt zu haben. Hier ein Auszug[125]:

36 Prozent vor Ort zu Fuß gehen und Rad fahren

25 Prozent auf Müllvermeidung achten

24 Prozent regionale Produkte und Souvenirs kaufen

Allerdings gebe es eine Lücke zwischen den Ansprüchen (oder Auskünften) und dem tatsächlichen Verhalten. So achteten nur 6 Prozent tatsächlich auf eine Nachhaltigkeitskennzeichnung der Unterkunft. In Ländern wie Norwegen, Schweden und Finnland zeige sich das Verhalten aber schon viel nachhaltiger. Hier würden bereits 19 Prozent der Befragten eine nachhaltige Unterkunft wählen.

2.2.2 KULTUR- UND KREATIVWIRTSCHAFT

»Culture & Creative Industries« setzt sich aus verschiedenen Kernbranchen zusammen und konzentriert sich auf die Entwicklung, das Schaffen und Produzieren sowie auf die Verbreitung kreativer und kultureller Güter und Dienstleistungen. Entsprechend vielfältig aufgestellt und verschiedenartig organisiert sowie unterschiedlich groß sind die darunter subsummierten Unternehmen und freiberuflich Tätigen.

Die elf Kernbranchen der Kultur- und Kreativwirtschaft:[126]

Musikwirtschaft: Komponist*innen, Musiker*innen, Tonstudios, Tonträgerindustrie, Kritiker*innen, Medien, Einzelhandel mit Musikalien

Buchwirtschaft: Autor*innen, Verlage, Lektor*innen, Redakteur*innen, Online-Medien, Kritiker*innen, Buchvertrieb, Einzelhandel mit Büchern

Bildende Kunstwirtschaft: Bildende Künstler*innen, Galerien, Kunstausstellungen, Kunstkongresse und Kunstmärkte, Kunstkritiker*innen, Kunstsachverständige und Kunsthandel, Archive, Bibliotheken, Museen, Einzelhandel mit Kunstgegenständen

Filmwirtschaft: Drehbuch-Autor*innen, Regisseur*innen, Visagist*innen, Set-Designer*innen, Beleuchter*innen, Techniker*innen und Produzent*innen, Kritiker*innen und Medien, Filmvermarktungsindustrie, Einzelhandel mit Büchern und Musikalien (CDs, DVDs).

Rundfunkwirtschaft: Rundfunk- und TV-Unternehmen, Podcast-Unternehmen und Moderator*innen

Darstellende Kunstwirtschaft: Künstler*innen für Musicals, Theater, Tanzperformances und Oper

Designwirtschaft: Designer*innen für Industriedesign und Modedesgin

Architekturwirtschaft: Architekt*innen und Architekturbüros, Kritiker*-innen, Sachverständige, Medien

Pressewirtschaft: Journalist*innen, Redakteur*innen, Nachrichtenbüros, Verlage, Vertrieb

Werbewirtschaft: Werbeagenturen, Grafiker*innen, Texter*innen, Konzeptioner*innen

Software & Gaming-Wirtschaft: Games- und Software-Entwicklung

Jede Kernbranche hat dabei ihre einzigartigen Rahmenbedingungen, die sie von anderen Kernbranchen fundamental unterscheidet. Verbindendes Element ist die kreative oder kulturelle Wertschöpfung durch die Entwicklung, Produktion oder den Vertrieb. Die Kultur- und Kreativwirtschaft (KKW) hat sich in Deutschland in der

Vor-Corona-Zeit positiv entwickelt. Der Branchenumsatz, die Zahl der Kernerwerbstätigen und die Bruttowertschöpfung haben zugelegt und neue Spitzenwerte erreicht. Der Unternehmensbestand betrug 2018 circa 256.600 Unternehmen, das sind etwa 7,8 Prozent aller Unternehmen in Deutschland. Der Branchenumsatz KKW betrug 168,3 Milliarden Euro (+1,9 Prozent gegenüber dem Vorjahr). Seit 2009 ist der Umsatz um 34 Milliarden Euro gestiegen (+25 Prozent zum Ausgangsjahr). Damit kamen 2,6 Prozent des Gesamtumsatzes deutscher Unternehmen aus der Kultur- und Kreativwirtschaft. Die Bruttowertschöpfung der Branche lag 2018 bei 100,5 Milliarden Euro (Anstieg gegenüber dem Vorjahr um 2,9 Prozent). 2009 betrug sie 71,8 Milliarden Euro (Zunahme +40 Prozent). Die Zahl der Kernerwerbstätigen stieg auf 1,195 Millionen (+35.000 gegenüber 2017). Während die Zahl der Selbstständigen konstant blieb, stieg die Zahl der sozialpflichtig Beschäftigten auf 938.400. Damit steigt die Anzahl der sozialversicherungspflichtig Beschäftigten in der Kultur- und Kreativwirtschaft seit Jahren weiterhin stärker als in der Gesamtwirtschaft. In der Kultur- und Kreativwirtschaft herrschen Kleinst- und Kleinunternehmen vor. Im Durchschnitt sind nur 4,7 Menschen pro Unternehmen tätig. In der Gesamtwirtschaft sind es, zum Vergleich, 11 Kernerwerbstätige pro Unternehmen.[127]

Struktur der Erwerbstätigen in der Kultur- und Kreativwirtschaft:[128]

Gesamterwerbstätige: 1.695.923 (100 Prozent)

Kernerwerbstätige: 1.195.035 (70,5 Prozent)

- davon Freiberufler & Selbstständige ab 17.500 Euro Jahresumsatz: 256.624 (15,1 Prozent)
- sozialversicherungspflichtig Beschäftigte (Voll-/Teilzeit) 938.411 (55,3 Prozent)
  Geringfügig Erwerbstätige: 500.888 (29,5 Prozent)
- davon Selbstständige und geringfügig Tätige (unter 17.500 Euro Jahresumsatz): 198.994 (11,7 Prozent)
- Geringfügig Beschäftigte: 301.894 (17,8 Prozent)

In der Kultur- und Kreativwirtschaft liegt der Anteil der Selbstständigen an allen Kernerwerbstätigen bei 21,5 Prozent. Der Durchschnittsumsatz pro Kernerwerbstätigem beträgt 140.800 Euro (Gesamtwirtschaft 179.500 Euro), mit einer Bruttowertschöpfung von 84.000 Euro. Der Kunstmarkt ist, über alle Marktindikatoren hinweg, der kleinste Teilmarkt der Kultur- und Kreativwirtschaft. Die Software- und Games-Industrie weist hingegen bei fast allen Indikatoren die höchsten Werte auf.[129]

Umsatzstärkste Kernbranchen KKW nach Indikatoren 2018:

KKW-Teil-Branche	Anzahl Unternehmen	Umsatz in Millionen Euro
Werbewirtschaft	27.727	30.337
Software & Gaming	40.363	45.025
Gesamt KKW130	308.994	188.195

Quelle: Monitoringbericht Kultur- und Kreativwirtschaft 2019[131]

Auch in der Kunst- und Kulturwirtschaft geht es um Größe und Superlative. Und auch hier droht Dinosauriern eine Welle des Aussterbens. Bekanntheit sorgt für möglichst viele Besucher*innen und hohe Umsätze, was den Aufstieg zu einer bedeutenden Kulturmarke garantiert. Die zunehmende Markenkraft zieht dabei immer mehr Kulturkonsumierende an, die auch als Kulturtouristen weltweit Kulturangebote besuchen und konsumieren. Ein großer Bereich des Tourismus wird aus der Kunst- und Kulturwirtschaft gespeist. Für viele Menschen bietet sich ein kurzer Städte-Trip an, um wetterunabhängig zeitlich begrenzte Sonderausstellungen und attraktive Sammlungen von Museen zu besuchen. Ebenso gern werden weltweit bekannte Themenparks frequentiert.

2.2.2.1 Museen

Die 20 Top-Museen weltweit ziehen pro Jahr mehr als 100 Millionen Besucher*innen an.[132] Genau sind es 108.080.000.[133] Dabei hat jeder der Top-Performer zwischen drei und mehr als 8 Millionen Besucher*innen, mit bisher steigender Tendenz. Die zehn Top-Museen der Welt konnten im Jahr 2018 zusammengenommen 60.586.000 Besucher*innen gewinnen.

Meistbesuchten Museen der Welt 2018 (Auswahl):

Platz	Museum	Besucher in Millionen
1	Musée du Louvre, Paris, Frankreich, www.louvre.fr/en	10,20
2	National Museum of China, Beijin, China, http://en.chnmuseum.cn/	8,61
7	Tate Modern, London, U.K., www.tate.org.uk	5,82

Quelle: Global Attraction Attendance Report 2018[134]

Bleibt anzumerken, dass das Chinesische Nationalmuseum Peking in China, in der Tabelle auf Platz 2, mit knapp 200.000 Quadratmetern über die größte Ausstellungsfläche weltweit verfügt.

2.2.2.2 Ausstellungen

Nicht nur Museumsmarken stehen weltweit miteinander im Wettbewerb um die Gunst der zahlenden Besucher*innen, auch die einzelnen Ausstellungen stehen sich konkurrierend gegenüber.

Beliebteste Ausstellungen weltweit nach Anzahl der täglichen Besucher 2019:[135]

Rang	Ausstellung	Besucher*innen
1	DreamWorks: Rio de Janeiro	11.380
2	DreamWorks: Belo Horizonte	9.277
3	Ai WeiWei: Root, Rio de Janeiro	9.172

Quelle: statista

Aber wird das so weitergehen? Die Corona-Pandemie hat dazu geführt, dass weltweit Museen, Ausstellungen, Galerien und Kunstmessen schließen mussten. In weiten Teilen Europas wurde im Sommer 2020, während wir noch an diesem Buch schreiben, bereits eine Wiedereröffnung der Museen und Galerien unter strengen Hygienemaßnahmen ermöglicht. Das führte zu einem starken Aufatmen, auch wenn der Ansturm von Besucher*innen bisher ausblieb. In anderen stark betroffenen Weltregionen stehen die kulturellen Uhren noch immer still. So in den USA. Hier eröffnet das »Metropolitan Museum of Arts« erst am 29.08.2020. Bei vielen Museen in Kalifornien gibt es noch keinen festen Eröffnungstermin. Während der Pandemie wurde das kulturtouristische Reisen sinnvollerweise unterbunden. Das verursachte in der Kulturwirtschaft erhebliche wirtschaftliche Schäden. Nun wird darüber gerätselt, wie stark sich die großen Kulturanbieter*innen wieder erholen können und ob die Wiederherstellung des »Vor-Corona-Normal« überhaupt sinnvoll ist. Frances Morris, Direktorin der Londoner »Tate Modern« äußerte sich dazu in einem Zeitungsartikel der *Süddeutschen Zeitung*[136] vom 05.07.2020 kritisch. Im Artikel von Catrin Lorch, unter dem Titel »Kunst hat eine schlechte Klimabilanz«, sprach sich Morris vor allem für die Konzentration auf das lokale Publikum, nicht auf den internationalen Kunsttourismus aus. Nach Catrin Lorch würden sich zukünftig Blockbuster-Ausstellungen und Mega-Retrospektiven nicht mehr rechnen, weder im Tate noch im Louvre. Auch hier herrscht also Dinosaurier-Alarm. Die Ära des Kunsttourismus würde in der neuen post-globalen Epoche zu Ende gehen. Was laut Morris auch sinnvoll sei, produzierte Tate doch mit ihren Gebäuden 26.000 Tonnen CO_2 im Jahr, während die anreisenden Besucher*innen 260.000 Tonnen CO_2 produzieren würden. Wenn zukünftig nur die Werke reisen, folgert Lorch, könnten die ehemaligen Kunsttouristen den öffentlichen Nahverkehr zur An- und Abreise nutzen. Das würde die kultur-ökologische Gesamtbilanz verbessern.

Das Tate Modern Museum in London © Bellone Franchise Consulting GmbH

Dinosaurier-Alarm herrscht auch bei der Stiftung Preußischer Kulturbesitz. »Das Monstrum«,[137] gegründet 1957 und bestehend aus verschiedenen Museen (der Staatsbibliothek zu Berlin, dem Geheimen Staatsarchiv, dem Ibero-Amerikanischen Institut und dem Institut für Musikforschung) sei nach einem Gutachten des Wissenschaftsrats vom Juli 2020 aufgrund der ausufernden Strukturen und undurchsichtigen Zuständigkeiten dysfunktional und aufzulösen. Eine überbordende Bürokratie stünde Veränderungen im Wege.

Womit Tiny Start-ups jetzt punkten können: Partnerschaften zählen

Die Kulturwirtschaft war schon immer ein anspruchsvoller Wirtschaftsbereich, und er wird es bleiben. Wir sehen jedoch Möglichkeiten für innovative und kreative Tiny Start-ups, die es schaffen, sich regional und national gut zu vernetzen und den Wert ihrer Arbeit für die nationale Kulturszene online und offline zu verdeutlichen. Langfristig ausgerichtete horizontale und vertikale Partnerschaften sind dafür notwendig. Für mehr Sichtbarkeit gibt es auch die Initiative »Kultur- und Kreativpiloten Deutschland«

der deutschen Bundesregierung. Jährlich werden Unternehmen aus der Kultur- und Kreativwirtschaft ausgezeichnet und erhalten zum Beispiel Workshops zu marktrelevanten Themen, die Aufnahme in ein bundesweites Netzwerk aus kreativen Unternehmern, ein Mentoring-Programm und die bundesweite Aufmerksamkeit in den Medien.[138] Eine ganz starke Initiative hat die Münchner Geigerin Anne Solveig Weber mit ihrer Schwester, der Bratschistin Alice Marie Weber, und Cellist Fabien Genthialon mit der Vermittlungsplattform www.couponconcerts.com ins Leben gerufen. Ähnlich den Aktionen, die man aus der Gastronomie und Reisebranche kennt, in dem Gutscheine coronabedingt entfallene Einnahmen vieler Unternehmen kompensieren halfen, lassen sich über couponconcerts eingetragene Musiker*innen für private Solokonzerte buchen. Das Geld kommt direkt den freischaffenden Musiker*innen zugute und schafft zudem Perspektiven.[139]

2.2.2.3 Themenparks

Auch in Themenparks, die auf weltweiten Tourismus abzielen, gilt: Der Größte gewinnt. Damit sind sie ebenfalls dinosauriergefährdet. In der Rangliste der weltweit erfolgreichsten Themenparks liegt »Magic Kingdom« im Walt Disney World Resort in Lake Buena Vista, Florida/USA an erster Stelle. Im Jahr 2018 konnte der Park 20,859 Millionen Besucher*innen empfangen. Ein Plus von 2 Prozent gegenüber dem Vorjahr. Auf den nächsten besucherstarken Plätzen liegen »Disney Park at Disney Land Resort« in Anaheim, California/USA, mit 18,666 Millionen und »Tokyo Disneyland at Tokyo Disney Resort«, Tokyo/Japan, mit 17,907 Millionen. Insgesamt konnten die Top 25 Themenparks im Jahr 2018 weltweit 251.490.000 Besucher*innen begrüßen, ein Plus gegenüber 2017 von 3,3 Prozent.[140]

Im europäischen Raum (EMEA) erreichten die 20 größten Themenparks 2018 insgesamt 65,371 Millionen Besucher*innen. Ein Plus gegenüber 2017 von 4,4 Prozent. Der meistbesuchte Themenpark ist »Disneyland Park in Disneyland Paris«, Paris/Frankreich mit 9,84 Millionen Besucher*innen, gefolgt vom »Europa Park«, Rust/Deutschland mit 5,72 Millionen und »De Efteling«, Kaatsheuvel, Holland mit 5,4 Millionen.[141]

Die Zahl der Besucher*innen der Top-10-Themenpark-Gruppen im Jahr 2018 insgesamt beträgt 501,2 Millionen, das Gruppenwachstum gegenüber 2017 betrug 5,4 Prozent.[142]

Die Top-Themenpark-Unternehmen weltweit 2018:

Rang	Unternehmensgruppe	Besucher*innen in Millionen
1	Walt Disney Attractions	157,31
2	Merlin Entertainment Group	67,00
3	Universal Parks and Resorts	50,06

Quelle: TEA/AECOM[143]

Womit Tiny Start-ups jetzt punkten können:
Neue Geschäftskonzepte

Wenn Großveranstaltungen in den Themenparks, wie wir sie bisher kennen, in den nächsten Jahren ständig von Corona-Ausbrüchen bedroht sind, lohnt es sich, ernsthaft über andere Vergnügungskonzepte nachzudenken, die sich mit geringeren Besucherzahlen und ausgeklügelten Hygienekonzepten rechnen. Denn der Wunsch nach Unterhaltung und Zerstreuung bleibt bestehen. Die Frage ist, mit welchem Geschäftskonzept das zukünftig besser und kostendeckender zu realisieren ist. Vielleicht sind es Spezialthemen kleineren Ausmaßes, die mobil sind und roadshowartig an verschiedenen Standorten geboten werden können.

2.2.2.4 Filmwirtschaft

In Hollywood zählen Filme, die in kürzester Zeit, innerhalb von einer Woche, übermäßig viele Menschen auf der ganzen Welt in die Kinos locken und den Produzenten einen hohen Return on

Investment bieten. Das ist schon früher so gewesen. So spielte der Zeichentrickfilm *Cinderella* der Walt-Disney-Studios von 1950 bei Produktionskosten von 2,2 Millionen US-Dollar insgesamt 88 Millionen US-Dollar ein. Der elf Jahre später erschienene Zeichentrickfilm *101 Dalmatiner* (1961), ebenfalls von den Walt-Disney Studios, hatte fast doppelt so hohe Produktionskosten von 4 Millionen US-Dollar, erbrachte aber auch ein Einspielergebnis von über 215 Millionen US-Dollar. *Der Exorzist* von 1973 wurde für 12 Millionen US-Dollar produziert und erwirtschaftete über 413 Millionen US-Dollar[144], *Der weiße Hai* von Steven Spielberg von 1975 kostete in der Produktion ebenfalls 12 Millionen US-Dollar, generierte aber über 470 Millionen US-Dollar. *Avengers: Endgame* ist der größte Blockbuster des Jahres 2019 und der bisher erfolgreichste Film Hollywoods. Für die Marketingkosten kann man nochmals von einem dreistelligen Millionenbetrag ausgehen. Allein in den USA startete der Film auf 4500 Leinwänden gleichzeitig und erzielte bereits in der ersten Woche mehr als ein Drittel seiner Gesamteinnahmen.[145]

Um derartig voluminöse Umsätze pro Film zu generieren, setzt die Filmindustrie auf eine weltweite Vermarktungsmaschinerie sowie auf eine hocheffiziente und effektive Vermarktungskette, über alle Kontinente und Länder hinweg, in der jegliche Unberechenbarkeit ausgeräumt wird. Es ist ein perfektioniertes globales Geschäft der Filmgiganten, das speziell in Zeiten einer unberechenbaren weltweiten Pandemie schwieriger, unübersichtlicher und unvorhersehbarer wird. Entwicklungen einzelner Kontinente und Länder müssen ständig beobachtet und neu bewertet werden. Zeitweise hilft sogar nur ein »Fliegen auf Sicht«. Das ist nichts für sicherheitsbedürftige und erfolgsverwöhnte Filmstudios. So werden, während wir dieses Buch schreiben, potenzielle Blockbuster, wie der Actionthriller *Tenet* von Christopher Nolan (Produktionskosten über 200 Millionen US-Dollar[146]), der Realfilm *Mulan*, die Geschichte einer jungen Frau in China, der Walt-Disney Studios und das Superheldenspektakel *Wonderwoman 1984* zurückgehalten.[147] Ebenso geht es Filmen, wie *James Bond – Keine Zeit zu sterben.* Es ist zurzeit nicht sichergestellt, dass diese Filme schnell genug in die Gewinnzone gelangen. Diese Unsicherheit wird noch eine Weile anhalten.

Die erfolgreichsten Kinofilme aller Zeiten:

Titel	Jahr	Einspielergebnis
Avengers: Endgame	2019	2.797,8
Avatar	2009	2.790,4
Titanic	1997	2.194,4

Nach weltweiten Einspielergebnissen (in Millionen US-Dollar, Stand 12. Juli 2020)[148]

Das Produktionsland der zehn Top-Kinofilme mit den besten Einspielergebnissen ist USA. Erst auf Platz 13 folgt *Harry Potter and the Deathly Hallows Part 2* von 2011, produziert von den USA und dem Vereinigten Königreich sowie auf Platz 15 *Jurassic World: Fallen Kingdom* von 2018, produziert von den USA und Spanien. Eine deutsche Produktionsbeteiligung (neben USA und dem Vereinigten Königreich) findet sich erst auf Platz 68 mit *Harry Potter and the Chamber of Secrets* aus dem Jahr 2002. Den Einspielergebnissen stehen imposante Produktions- und Marketing-Kosten gegenüber. Bei *Avengers: Endgame* betragen diese 356 Millionen US-Dollar und 200 Millionen US-Dollar, bei *Avatar,* der zehn Jahre früher produziert wurde, 237 Millionen US-Dollar und 150 Millionen US-Dollar.[149]

In den deutschsprachigen Ländern sehen die Zahlen für Filme, die aus dem jeweils eigenen Land kommen, anders aus, sind aber auch sehr interessant. Hier die erfolgreichsten Filme pro Land in Bezug auf die Zuschauerzahlen:[150]

Der erfolgreichste Film in Deutschland:

Platz	Titel	Jahr	Besucher*innen
1	*Der Schuh des Manitu*	**2001**	**11.723.118**

Der erfolgreichste Film in Österreich:

Platz	Titel	Jahr	Besucher*innen
1	*Hinterholz 8*	**1998**	**617.558**

Der erfolgreichste Film in der Schweiz:

Platz	Titel	Jahr	Besucher*innen
1	*Die Schweizermacher*	**1978**	**941.349**

Quelle: Wikipedia/Liste erfolgreicher Filme

Womit Tiny Start-ups jetzt punkten können: Europäische Kultur zählt

Tiny Start-ups, die auf die Filmwirtschaft zielen, sollten den nationalen oder europäischen Markt vor Augen haben. Ihr Angebot sollte sich in diesem rechnen. Auch sollten sie innovativ mit der Distributionsstrategie und den Aufführungsorten umgehen. Die internationale Vermarktungslage bleibt sicherlich für die nächsten zwei bis drei Jahre unübersichtlich.

Die Filmwirtschaft ist eine der am stärksten von der Corona-Krise betroffenen Kultursparten. Filmstarts und Filmfestivals wurden abgesagt, Kinos geschlossen, Dreharbeiten gestoppt. Weltweit. Nicht nur die Großen der Filmwirtschaft sind 2020 vom Coronavirus betroffen. Alle Bereiche der Filmvermarktung sind es. So auch kleine Filmverleiher, Kinobetreiber und Filmfestivals, die oft die Schwächsten in der Film-Vermarktungskette sind. In der akuten Phase der Pandemie, am Jahresanfang 2020, mussten viele von ihnen lange Zeit ihre Kinos schließen, hatten also nur Kosten, aber keine Einnahmen. Nach dieser Zwangspause stellten nun die Wiedereröffnung und der »ganz normale Betrieb« eine große Belastung dar, die sich auf die Wirtschaftlichkeit jedes einzelnen Kinobetreibers niederschlägt. Speziell die erheblichen Hygieneanforderungen sowie die mangelnde Auslastung aufgrund der freizuhaltenden Sitzplätze. Dass große Filmproduzenten ihre Filmstarts zurückhielten, ist ebenfalls nicht förderlich. Zudem leidet die Filmwirtschaft unter der beständigen Gefahr eines Wiederaufflammens des Coronavirus im Winter/Frühjahr 2020/2021 und einer nochmaligen Gefahr der mehrwöchigen Schließung der Abspielstätten. Findige Verleiher*innen und kleine Filmfestivals haben unter dieser Bedrohungslage, während des Shutdowns 2020, neue Wege und Lösungen für die aktuelle Situation und fragile Zukunft gesucht, gefunden und zum Teil schon umgesetzt, beispielsweise das »DOK.fest München.«[151] Vom 5. bis zum 16. Mai 2020 veranstaltete es das »35. DOK.fest München«, allerdings volldigital, über den Berliner Kulturserver.[152] Das Online-Ticket kostete 4,50 Euro pro Film, halb so viel wie der normale Preis. Der Festivalpass für alle 121 Filme war für 50 Euro zu erwerben. Im Jahr 2019 kamen rund 52.400 Zuschauer*innen in die Kinos. 2020 übertraf man online die vorjährige Festival-Zuschauerzahl. Mit »DOK.aroundtheclock« bietet man jetzt zu jeder Saison aktuelle Dokumentarfilmhighlights. Auch andere Filmfestivals sind online gegangen und konnten dabei einen Zuwachs an Zuschauer*innen verzeichnen. Einzelne Filmverleiher taten es ebenso wie der Berliner Independent-Verleiher »Salzgeber«[153], der während des Lockdowns einen Film im Video-on-Demand auf Vimeo zeigte, wodurch dieser in zehn Tagen 13.000 Mal abgerufen wurde.[154]

Das Berliner Programmkino »Arsenal« am Potsdamer Platz, das wir immer wieder gern besuchen, ist virtuell mit dem Arsenal3[155] im Netz. Dieses wurde erst im Herbst 2019 als Streaming-Angebot für Arsenal-Mitglieder ins Leben gerufen. Mit Beginn des Lockdowns Mitte März 2020, als unmittelbare Reaktion auf die Schließung der Arsenal-Kinos 1 und 2 aufgrund der Corona-Pandemie, wurde das Arsenal3 kurzerhand in ein offen zugängliches virtuelles Kino umfunktioniert. Hier konnten mit einem anspruchsvollen Programm täglich zwischen 300 und 600 Zuschauer*innen erreicht werden, viermal so viele wie sonst in den beiden Sälen.

In 14 Wochen wurden im Arsenal3 sieben Programme mit jeweils rund 20 Filmen aus der Sammlung präsentiert. Die Aufmerksamkeit und Begeisterung der Filmemacher*innen sowie der Öffentlichkeit war für die Ausrichter*innen überwältigend. Online zu Gast war auch das von Karina Griffith kuratierte Filmprogramm »Latitude – Camera Memory for Human Forgetfulness« im Rahmen des Latitude Festivals, ausgerichtet vom Goethe-Institut. Im Zuge der Wiedereröffnung der Kinosäle am Potsdamer Platz wird sich das virtuelle Arsenal3 erneut verändern, zu einem Raum für Assoziationen, Reaktionen und Fußnoten. Es werden Filme gezeigt, die sich jeweils auf die unmittelbaren Aktivitäten des Arsenal beziehen, auf das Kinoprogramm, das Verleihangebot oder die Archivarbeit. Man starte noch einmal ein »Experiment, in dessen Verlauf sich auch das Verhältnis zwischen analogem Kino und digitalem Raum schärfen wird.«[156]

Tipp:
Kultur- und Kreativwirtschaft - Anlaufstellen der Bundesländer:

Baden-Württemberg/Netzwerk Kreativwirtschaft:
http://kreativnetzwerk.mfg.de

Bayern/Bayerisches Zentrum für Kultur- und Kreativwirtschaft:
www.bayernkreativ.de

Berlin/Projekt Zukunft: www.berlin.de/projektzukunft

Brandenburg/Kreatives Brandenburg: www.kreatives-brandenburg.de

Bremen/WFB Wirtschaftsförderung Bremen: www.wfb-bremen.de

Hamburg/Hamburg Kreativ Gesellschaft: www.kreativgesellschaft.org

Hessen/Kultur- und Kreativwirtschaft in Hessen: www.kulturwirtschaft-hessen.de

Nordrhein-Westfalen/CREATIVE.NRW – Cluster Kultur- und Kreativwirtschaft: www.creative.nrw.de

Rheinland-Pfalz/Kunst-, Kultur- und Kreativwirtschaft: www.zirp.de

Sachsen-Anhalt/Kreativwirtschaft Sachsen-Anhalt: www.kreativ-sachsen-anhalt.de

Saarland/kreativzentrum.saar: www.kreativzentrumsaar.de/

Thüringen/Thüringer Agentur für die Kreativwirtschaft (THAK): www.thueringen-kreativ.de

2.2.2.5 Software- und Games-Industrie

Innerhalb der Kreativwirtschaft ist die Software- und Games-Industrie ein stark wachsender Bereich. Hier geht es speziell um die Entwicklung und den Vertrieb von Software-Produkten jedweder Art, vom Computerspiel über Onlinespiele bis zu Handyspielen. Dabei tritt die einzelne technische Plattform zunehmend in den Hintergrund. Entsprechend werden Onlinespiele-Plattformen und Webportale der Software- und Games-Industrie zugeordnet.

In den Anfängen der Computerspiele war das noch anders, als A.S. Douglas 1952 das Tic-Tac-Toe-Spiel »OXO aka Nought and Crosses« mit einem EDSAC-Computer programmierte und William Higinbotham 1958 »Tennis for Two«, das erste Videospiel für zwei Spieler, präsentierte.[157] Was folgte, sind Spiele für Spieleautomaten und Spielekonsolen sowie später für Computer. Herstellermarken wie Atari, Magnavox, Apple, Commodore, Sega und Sony entwickelten den Markt.

Tipp:

In Berlin-Friedrichshain gibt es ein Computerspiele-Museum, das selbst Steve Wozniak besuchte. Vielleicht schaust du mal vorbei?

Karl-Marx-Allee 93a, D-12243 Berlin

https://www.computerspielemuseum.de/

Inzwischen buhlen immer mehr Städte in Deutschland um die Ansiedlung von Unternehmen der Software- und Games-Industrie. So sieht sich Berlin als Heimat für eine starke Entwicklerszene mit Schwerpunkten in den Bereichen Social Games, Online Games, Browsergames, Mobile Games, Serious Games und virtuelle Welten. 200 Unternehmen (Entwicklungsstudios, Publisher, Distributoren und Dienstleister*innen für die Lokalisierung, Vertonung, Werbung und Bezahlsysteme) erwirtschaften hier einen jährlichen Gesamtumsatz von +250 Millionen Euro.[158] Darunter sind Namen wie Bigpoint, GameDuell, Epic Games, Hitfox, King, Riot Games, Ubisoft, Wooga und Yager.

Die gamescom in Köln ist die weltweit größte Messe für Computer und Videospiele (nach Ausstellungsfläche und Besucherzahl). Im letzten Jahr waren die diskutierten Themen etwa, wie Nvidia mit seiner neuen RTX-Grafikkarte Lichteinfall und Schatten in Computerspielen so fotorealistisch simuliert, dass Spiele wie »Minecraft« neue visuelle Erlebnisse werden[159] oder das Thema »Cloud-Gaming«, etwa von Google mit dem Dienst Stadia[160], Microsoft mit Xbox xCloud[161] und Sony mit Playstation Now[162]. Die weltgrößte internationale Games-Messe ist die »GDC« in San Francisco/Kalifornien. Über 28.000 Teilnehmer*innen besuchen sie jährlich in den USA, Programmierer*innen, Künstler*innen, Plattform-Betreiber*innen, Produzent*innen, Investor*innen, Designer*innen, Audio-Professionals und Vermarkter*innen. Sowohl Deutschland als auch die Schweiz sind jährlich mit Delegationen vor Ort. Die GDC fand 2020 vom 4.–6. August als »All-digital event«[163] statt.

Ein weiterer wichtiger Bereich ist der sportlich ausgetragene Wettkampf per Videospiel, genannt E-Sport. Was in der Fernsehserie *The Big Bang Theory* von Chuck Lorre und Bill Prady als relativ gemächlicher Computer-Wettkampf zwischen Sheldon Cooper, Leonard Hofstadter, Howard Wolowitz und Rajesh Koothrappali stattfindet, wird von der heutigen Realität bei weitem übertroffen. E-Sport findet in Mannschaften statt, die als Teams von großen Markenunternehmen gesponsert werden. Pro-Gamer sind dabei als vollberufliche, professionelle E-Sportler*innen tätig. Im E-Sport wurden bisher weltweit über 850 Millionen US-Dollar an Preisgeldern ausgezahlt.[164] Seoul ist dafür ein gutes Pflaster. Dort wurden im Jahr 2000 die ersten World Cyber Games (WCG) internetbasiert ausgetragen. In der Endnote geht es zur Liste der erfolgreichsten E-Sportler nach Preisgeld.[165]

Womit Tiny Start-ups jetzt punkten können: Einfach machen

Wenn du IT-Entwickler*in bist und dich in der Games-Welt wohlfühlst, befindest du dich in einem aufstrebenden, aber auch hoch kompetitiven Markt. Vielleicht kannst du eine Filter- oder Newsfunktion im Games-Bereich wahrnehmen. Gerade Wachstumsmärkte, die oftmals unübersichtlich sind, bergen Chancen. Das Münchner Start-up EarlyGame hat 2019 so eine Idee umgesetzt und eine News-Plattform mit Fokus vor allem auf E-Sports gestartet. Damit will das Gründer-Duo Leopold Ingelheim und Fabian Furch zur Orientierung in der teilweise noch »wilden« E-Sports-Szene beitragen. Neben News bringen sie Hintergrundberichte und Analysen. (https://www.earlygame.com)

Wenn groß, größer und am größten problematisch werden kann, funktioniert klein, konzentriert und professionell noch allemal. Ein gutes Beispiel dafür ist Nico Leuenberger, der in schwierigen wirtschaftlichen Zeiten mit seiner neu gegründeten Podcast-Schmiede erfolgreich punktet.

Nico Leuenberger, Gründer der Podcast-Schmiede GmbH

Die Podcast-Schmiede GmbH wurde 2019 als Vollexistenz gegründet. Als Kleinstunternehmen hat sie drei feste Mitarbeitende. Die Vorlaufzeit, von der Business-Idee bis zur Gründung, betrug neun Monate.

Immer mehr Firmen und Brands, aber auch Medienhäuser wollen Podcasts nutzen, um ihre Zielgruppen besser zu erreichen. Die Schweizer Podcast-Schmiede hilft dabei. Als Agentur konzipiert und produziert sie Podcasts, die das Publikum hören will. Dabei setzt sie nicht nur auf Interview- und Gesprächsformate, sondern erzählt prägnante Geschichten, unterstützt von einem immersiven Sounddesign.

Warum hast du dein Unternehmen gegründet?

»Storytelling war immer schon meine Leidenschaft. Fast zehn Jahre lang arbeitete ich beim Privatradio, wo ich am liebsten als Reporter unterwegs war. Rausgehen, in ein Thema eintauchen, Interviews führen, die Geschichte erkennen und sie erzählen – dafür lebte ich. Doch weil der Spardruck immer größer wurde, waren solche Einsätze immer seltener möglich. Gleichzeitig konsumierte ich die großen amerikanischen Podcasts wie Radiolab und dachte: Das muss doch auch bei uns möglich sein. Also kündigte ich beim Radio, nahm einen Teilzeitjob als Mediensprecher an und startete nebenbei einen ersten Podcast. Meine Vision: Großartige journalistische Inhalte produzieren, dann kann ich damit Sponsoren anziehen, die Werbung schalten wollen.«

Nico Leuenberger während einer Podcast-Produktion © Podcast-Schmiede GmbH

Was war der Auslöser für deine Geschäftsidee?

»Auslöser war, dass meine Idee nicht funktionierte: Obwohl der erste Podcast beim Publikum auf großes Echo stieß, waren die potenziellen Sponsoren zurückhaltend. Also änderte ich die Strategie und deklarierte den ersten Podcast vom Produkt zum Akquise-Instrument um. Er sollte nicht mehr Geld generieren, sondern Aufmerksamkeit. Er sollte zeigen, was möglich ist. Mit diesem Instrument im Rucksack bot ich dann Firmen an, ganz gezielt für sie einen neuen Podcast als Kommunikationsmittel zu produzieren: weg vom Journalismus, hin zur Organisationskommunikation. Diesmal funktionierte es: Die Migros, die größte Schweizer Detailhändlerin, wurde zur ersten großen Kundin. Zahlreiche weitere folgten.«

Wie erlebst du dein Unternehmertum? Worin liegen die größten Chancen, worin die größten Herausforderungen?

»Die größte Chance ist, dass ich endlich die hohen Qualitätsansprüche erfüllen kann, für die beim Privatradio immer die Zeit fehlte. Exzellente Audio-Geschichten brauchen Zeit. Im Format Podcast ist das möglich. Die Marktforschung beim Radio hat immer behauptet, Menschen könnten nicht länger als 90 Sekunden zuhören. Entsprechend durften Beiträge nicht länger sein, und die Produktionszeit war auf maximal einen halben Tag limitiert. Doch die Podcast-Erfahrungen zeigen: Wenn eine Geschichte gut erzählt wird, hören die Menschen sehr gerne auch 20 Minuten lang zu. Das rechtfertigt, dass man sich bei der Recherche und der Produktion deutlich mehr Zeit nehmen und beim Erzählen viel mehr in die Tiefe gehen kann. Die größte Herausforderung ist es, Kommunikations- und Marketingabteilungen vom immer noch neuen Format Podcast zu überzeugen. Doch wer jetzt vorne dabei ist, wird belohnt. Das gilt für unsere Kunden genau wie für uns selbst. «

Welche Auswirkungen hat die Corona-Krise auf dein Unternehmen?

»Einige Aufträge sind weggefallen, etwa Live-Events, die wir aufgezeichnet und als Podcast publiziert hätten. Andererseits kamen neue Aufträge hinzu, etwa vom Schweizer Parlament, das in der Krise auf neuen Wegen kommunizieren musste. Insgesamt kamen wir bis jetzt gut durch die Krise, wofür ich sehr dankbar bin.«

Nico Leuenberger in Finnland © Podcast-Schmiede GmbH

Was ist ein typischer Glücksmoment, den du immer wieder in deinem Unternehmen erlebst?

»Wenn ich aus verschiedenen Interviews, die ich zu einem Thema geführt habe, eine Geschichte bauen kann und es plötzlich ›klick‹ macht: Wenn ich auf einmal den roten Faden sehe inmitten der verschiedenen Teilaspekte eines Themas. Wenn ich weiß: So kann ich diese Geschichte erzählen, dass man ihr folgen kann und sie Spaß macht.«

www.podcastschmiede.ch

2.2.2.6 Musikwirtschaft

Es gab Zeiten, da zählte es, wenn man eine gute LP auf den Plattenspieler legte, um Freunde zu beeindrucken. Natürlich war die aus Vinyl und wurde mit einer Geschwindigkeit von 33 1/3 Umdrehungen abgespielt. Damit unterschied sie sich deutlich von den schweren Schellackplatten der Großeltern, die mit einer Geschwindigkeit von 78 Umdrehungen pro Minute liefen. Wenn auf der A-Seite das richtige Arrangement war, konnte man auch mit einer Single glänzen, die dann auf 45 Umdrehungen abgespielt, schnell wieder vorbei war. Heute liegen unsere Platten auf dem Dachboden. Aussortiert sind auch die 60- und 90-minütigen Musikkassetten und die vielen CDs. Wir überspielen auch keine Musiktitel mehr, weder auf den geliebten Walkman noch auf die Ikone iPod. Auch wenn dessen Design, mit der akustischen Rückkopplung vom Drehring, einfach unschlagbar ist. Musik hören wir nur noch sehr ausgewählt und nur noch als Stream. Immer genau das Richtige, zu jeder Zeit, jedem Ort und jedem Gefühl passend. Mindestens 345 Millionen registrierte Musikstreaming-Nutzer*innen tun es uns gleich, denn Streaming liegt weltweit voll im Trend. Nach dem »Global Music Report – The Industry in 2019«[166] der ifpi, die die Musikaufnahmeindustrie weltweit repräsentiert, hat sich der globale Musikmarkt 2019 in Richtung Streaming entwickelt.

Einige Ergebnisse aus dem »Global Music Report 2019«:167

Einnahmen auf dem globalen Tonträgermarkt 20,2 Milliarden US-Dollar

Wachstum der bezahlten Streaming-Einnahmen +24,1 Prozent

Streaming-Anteil am weltweiten Umsatz 56,1 Prozent

Die globalen Top drei Digital Singles von 2019:

Rang	ArtistKünstler	Titel	Global converted track equivalents (m)
01	Billie Eilish	bad guy	19,5
02	Lil Nas X	Old Town Road	18,4
03	Shawn Mendes, Camila Cabello	Senorita	16,1

Quelle: IFPI [168] Umfasst Audiostreams, Videostreams und permanente Downloads auf globaler Basis, über das Kalenderjahr 2019 hinweg.

Die globalen Top drei Alben 2019:

Rang	Artist	Titel	Units (m)
01	ARASHI	5x20 All the Best!! 1999-2019	3,3
02	Taylor Swift	Lover	3,2
03	BTS	Map of the Soul: Persona	2,5

Quelle: IFPI.[169] Umfasst physische und digitale Download-Alben, um die größten Alben des Jahres 2019 zu klassifizieren. Die Tabelle enthält nur die Verkaufszahlen für physische und digitale Alben.

Deutschland ist, nach den USA, Japan und dem Vereinigten Königreich, auf Platz vier der weltweiten Musikmärkte.[170]

Es ist inspirierend, kreative Menschen der Musikwirtschaft kennenzulernen, die voll und ganz in ihrem kreativen Tun und Handeln aufgehen. Die durch ihren hohen Eigenanspruch und ihre konzentrierte Arbeitsweise eine so intensive Ausstrahlung und positiv ansteckende Wirkung haben, dass man ein tiefes Verlangen entwickelt, es ihnen gleich zu tun, genau so eindringlich mit der eigenen Passion zu verschmelzen, alles um sich herum zu vergessen sowie voll und ganz im Flow mit der eigenen Arbeit zu sein. Ungefähr so, aber noch viel stärker, war es an einem Abend im geheimnisvoll dunklen Tonstudio des Musikers und Komponisten Rainer Oleak. Ein Film stand zur Vertonung an, und Rainer zauberte eine akustische Atmosphäre, ein Lustspiel für die Ohren, die immer Neues entdecken wollten und sich satthören durften. Irgendwann wurde die Tages- beziehungsweise Nachtzeit völlig egal. Da konnte man erahnen, wie die Welt des Rainer Oleak aussieht und sich anfühlt. Dabei kann der Komponist und Produzent von über 300 Fernseh- und Filmmusiken (u.a. für den Tatort und Polizeiruf) sowohl ganz zart, leise und komplex als auch einnehmend laut. Das zeigt der Erfolgsfilm von 2019 *Ich war noch niemals in New York.* Die Filmmusik stammt von Christoph Israel (Hauptkomponist), Ingo Frenzel und Rainer Oleak. Das zweite Leben von Rainer Oleak ist von Kompositionen und Produktionen für andere Musiker*innen geprägt wie Ute Lemper, Armin Müller-Stahl, Frank Schöbel und die Puhdys, für die er auch Auszeichnungen bekam, wie u.a. zwei Goldene CDs für »Silly alles Rot« (2010) und »Silly Kopf an Kopf« (2013) sowie eine Goldene CD für »Joris – Herz über Kopf« (2015/16) . Seine eigene Passion als Musiker, die über lange Zeit hinter den Kompositionen zurücktrat, verfolgt er seit 2018 wieder verstärkt mit neuen Angeboten wie der Audio-CD »Birth« von 2018 und der Audio-CD »HIT« im Streaming. Wir freuen uns hier, unser Interview mit Rainer Oleak präsentieren zu können.

Rainer Oleak

Rainer Oleak, Tonscheune Oleak © Carsten Click

Warum hast du dein Unternehmen gegründet?

»Von Gründung kann man bei mir nicht reden. Ich war jung und Musik meine Leidenschaft. Ich wurde erst von meinem Vater zu einem Ingenieursstudium angespornt.

›Musiker kannst du immer noch werden…‹ Nach meinem Studium, oder währenddessen, habe ich immer Musik gemacht und jede Gelegenheit hierzu wahrgenommen. Nach dem Studium bin ich Teil einer Profi-Band geworden, und das Schicksal hat es entschieden. Dann folgten Studium Klavier, Komposition. Es gab also keinen Blick zurück. Nach heute 41 Jahren im Beruf habe ich das keine Minute bereut.«

Was war der Auslöser für deine kreative Tätigkeit?

»Mit acht Jahren bekam ich Klavierunterricht. Das ist schon mal eine gute Voraussetzung für eine Geschäftsidee. Der Rest sind Chancen, Weiterbildung und ein offener Blick für Zeitgeist. Ohne das alles hat man es schwer. Eine Idee lässt sich nicht immer umsetzen, aber wenn man sich immer mit Leidenschaft umschaut, verpasst man auch nicht den richtigen Moment oder Zufall.«

Wie erlebst du dein Leben als Künstler/Musiker/Komponist? Worin liegen die größten Chancen, worin die größten Herausforderungen?

»Ganz pragmatisch: Was du nicht selber tust, passiert nicht. Da ist Freude drin, Vollstress, Verantwortung, Antrieb, Zustand, bis hin zu ›Wer nicht mit der Zeit geht, muss mit der Zeit gehen‹. Chancen sind die Selbstgestaltung. Herausforderung ist die Gewöhnung daran, nicht zu wissen, was man in vier Wochen macht.«

Welche Auswirkungen haben Krisen auf deine Arbeit?

»Einige und keine. Ich als Komponist lebe eh in Quarantäne und bin meist in Vorleistung. Das heißt, wenn wenig los ist, tanke ich auf, übe Klavier, lese Betriebsanleitungen, komponiere Stücke, betreibe Stilstudien. Hier ist der soziale Mindestabstand immer gegeben. Meine Arbeit der letzten 40 Jahre war nie aufs Tagesgeschäft ausgerichtet. Ja, einige Filme sind verschoben, ein paar Projekte ausgefallen. Doch meine Lebensdevise war immer: Lass uns über Dinge reden, die fertig sind, niemals über Geplantes. Im künstlerischen Beruf ist es eh sehr fragil. Angebote werden zurückgezogen, weil plötzlich jemand anderes beauftragt wird, oder es kommt unerwartet etwas herein, was jemand anders bereits bearbeitet hatte. Damit lernt man umzugehen. Die Auswirkungen der Corona-Krise sind im Kunst-Bereich so unterschiedlich, dass es ein eigenes Buch wäre. Zum Beispiel sind Konzert-Musiker ungleich härter betroffen als ich als Komponist.«

Tonscheune von Rainer Oleak © Carsten Click

Was ist ein typischer Glücksmoment, den du immer wieder in deiner kreativen Arbeit erlebst?

»Musik ist etwas für die Seele. In einem Film Musik zu komponieren und diesem darüber Momente zu geben, die das Bild mit einem Kontrapunkt versehen, ist ein Glücksmoment. Immer wieder ist man selbst erstaunt, was Musik in Dynamik, Tempo, Emotion mit dem Bild tut. Ich liebe Dramaturgie. Ein Spiegel meiner Sicht findet sich in der Musik, die ich komponiere. Das ist ein Statement, in dem man Tradition, Haltung und Emotion so gut verbinden kann. Musik trifft im Gehirn so anders als Bild und Wort. Das liebe ich.«

https://oleak.de/

Interview in *Sound and Recording*: https://www.soundandrecording.de/stories/tonscheune-oleak-berlin/

Deutsche Musikunternehmen leisten in der deutschen Kultur- und Kreativwirtschaft einen bedeutenden Beitrag, wie die Zahlen der Studie »Musikwirtschaft in Deutschland« vermittelt. Sie wurde vom Institut für Kommunikationswissenschaft der Friedrich-Schiller-Universität Jena (ifKWJ) durchgeführt und im September 2015 veröffentlicht. Danach konnte im Gesamtmarkt ein Jahresumsatz von 11,1 Milliarden Euro[171] erwirtschaftet werden. Die Bruttowertschöpfung lag bei rund 3,9 Milliarden Euro, höher als in der Filmwirtschaft, bei Radioveranstaltern sowie Buch- und Zeitungsverlagen. Der Studie zufolge generieren die sieben Teilbranchen unterschiedliche Bruttowertschöpfungen, nämlich Musikveranstaltungen 27 Prozent, Musikaufnahmen 22 Prozent, Musikinstrumente 19 Prozent, Kreative 15 Prozent, Musikunterricht 10 Prozent, Musikverlage 5 Prozent und Verwertungsgesellschaften 2 Prozent.[172]

Der Bundesverband Musikindustrie (BVMI) liefert ebenfalls Zahlen zur Musikwirtschaft. Von ihm stammen die aktuellsten Zahlen von 2019. Die deutsche Musikwirtschaft erlebte demnach 2019 zwölf außerordentlich erfolgreiche Monate mit einem Umsatzzuwachs von 8,2 Prozent, der höchsten Steigerung seit den 1990er-Jahren. Der Branchenumsatz betrug laut BVMI 1,62 Milliarden Euro. Der digitale Marktanteil beträgt 64,4 Prozent. Darunter ist der Anteil Audio-Streaming (55,1 Prozent). Der physische Marktanteil beträgt 35,6 Prozent und setzt sich aus CD-Alben (29,0 Prozent), Vinyl-Alben (4,9 Prozent), Musik-DVD Longplay, Blu-ray-Video (1,4 Prozent) und Physisch Sonstiges (0,4 Prozent) zusammen. Besonders auffällig im Digitalgeschäft: Schon vor Corona im Jahr 2020 übertreffen die Einnahmen 2019 aus dem Streaming die Download-Umsätze um das Neunfache. Der Streaming-Trend hat dabei seit 2012 kontinuierlich zugenommen. Die GfK hat denn auch, ebenfalls vor Corona, eine Fortschreibung des Trends vorgenommen und schätzt den Streaming-Anteil für das Jahr 2021 auf 77 Prozent sowie für das Jahr 2022 auf 79 Prozent. Synchronisationen, Musik in Film, Fernsehen, Spielfilmen und Werbung generierten 2019 etwa 8 Millionen

Euro Umsatz, verloren aber gegen 2018 (10 Millionen Euro). Vor Corona haben Branchen-Experten eine Umsatz-Zuwachsrate der Musikindustrie in Deutschland von 56 Prozent prognostiziert, mit Einnahmen 2022 von 1,9 Milliarden Euro.173

Musikabsatz in Deutschland 2019:[174]

Audio-Streams 107,4 Milliarden (+35 Prozent)

Verkaufte CDs 40,4 Millionen

Verkaufte Downloads 39,3 Millionen

Wer tiefer in die Musikwirtschaft einsteigen möchte, dem empfehlen wir die beiden Publikationen des Bundesverbandes der Musikindustrie[175] sowie der ifpi[176]. Sie lassen sich kostenfrei als PDF downloaden.

Während des Lockdowns und lange danach durften Musiker*innen keine Konzerte geben. Auch die Clubkultur war ausgeschaltet, in Berlin seit dem 13.03.2020. Betroffen davon waren mehr als 9000 Mitarbeitende sowie Zehntausende von Kunstschaffenden, die seitdem mehr oder weniger vor dem finanziellen Ruin stehen. Als kreative Antwort unterstützen sich die Berliner Clubs, Veranstalter*innen und Künstler*innen gegenseitig und starteten am 18.03.2020 ihren größten virtuellen Club der Welt: den #UnitedWeStream. Ab 19 Uhr gibt es seitdem Livestreams aus Berliner Clubs, wie dem Watergate, Tresor, Kater Blau, Ipse, Rummels Bucht, Griessmuehle, Sage Club, Salon zur Wilden Renate, Sisyphos, Anomalie, Zur Klappe und vielen anderen mehr. Der erste »UNITED WE STREAM #1«, genau 302 Minuten lang, kam aus dem »Watergate Club« mit Features von Jamiie, Claptone, GHEIST Hybrid, Monika Kruse und Yulia Niko. Der Stream ist, während wir das schreiben, noch auf dem Online-Kanal des TV-Senders arte[177] zu entdecken.

Musik ist, wie alle anderen Kunstformen, ein tiefer Ausdruck unserer Kultur und für uns alle ein lebensnotwendiges Grundbedürfnis. Ganz egal welche Musikrichtung oder Kunstform jeder und jede für sich präferiert. So waren wir wohl nicht die einzigen, die sich auf Streamings stürzten. Für uns mussten es natürlich solche mit persönlichem Bezug sein wie »UNITED WE STREAM« aus Berlin. Unvergessen bleibt uns auch das bestens in die Zeit passende Video der Rolling Stones mit dem Titel »Living in a Ghost Town«[178] sowie das im Lockdown als besonders nah empfundene Home-Concert-Video der Band zum Titel »You can't always get what you want«[179] (One World. Together At Home). Beide Videos sind auf YouTube veröffentlicht, die Links findest du als Endnote im Quellenverzeichnis. Nicht nur einzelne Gruppen, auch Sänger*innen performten von Zuhause. Ebenso wurden Konzerte wie das seit 2008 produzierte »tiny desk concert«[180] des US-amerikanischen Hörfunksenders NPR, moderiert von Bob Boilen am NPR-Sitz in Washington D.C., ins »Homeoffice« verlegt. Ein sehr sensibles und eindrückliches Beispiel ist hier für uns das »tiny desk home concert« der Sängerin Lianne La Havas.[181]

2.2.2.7 Designwirtschaft

Die Designwirtschaft steht für den Change, die Veränderung der Wirtschaft. Treiber der Designwirtschaft ist das Design Thinking, das Entwickeln und Produzieren von Produkten und Dienstleistungen aus Sicht des Kundennutzens, der Kundenbedürfnisse und des Kundenverhaltens. Damit bietet sich die Designwirtschaft als Sparringspartnerin für das Marketing an, der Disziplin, die sich am intensivsten mit den Kunden und Kundinnen auseinandersetzt und Kundenproblemlösungen ganzheitlich, auf allen Ebenen, zu ermöglichen sucht. Entsprechend werden Ideen, Konzepte und Lösungen der Designwirtschaft in fast allen Wirtschaftsbereichen nachgefragt.

Größter Anteil Unternehmen/Selbstständige in Designwirtschaft: [182]

26,6 Prozent Grafik- und Kommunikationsdesigner*innen

22,6 Prozent Werbegestalter*innen

20,1 Prozent selbstständige Fotograf*innen

2.2.2.7.1 Industriedesign

Obwohl das Industriedesign, von der Anzahl der Unternehmen und Selbstständigen her, nur einen verhältnismäßig kleinen Teil der Designwirtschaft ausmacht, entfalten seine Ergebnisse, die designten Maschinen, Produkte und Prozesse, eine große Wirkung in unserem wirtschaftlichen und sozialen Zusammenleben. Ausgehend von der bestmöglichen Erfüllung von Kundenbedürfnissen und Kundennutzen geht es im Industriedesign heute um neue Materialien, innovative Maschinen und Maschine-Mensch-Schnittstellen sowie um neuartige Produktionsprozesse. Es stellt sich die Frage, welche Materialien genauso haltbar sind wie traditionelle, eine ebensolche Festigkeit oder Wärmedämmung besitzen, aber leichter, schneller oder preiswerter herzustellen sind, wie die Umweltverträglichkeit der eingesetzten Materialien aussieht und ob diese auch, im Sinne vom »Cradle-to-Cradle-Konzept«, am Ende ihres Produktlebenszyklus recyclebar oder upcyclefähig sind. In der Verarbeitung geht es um die Digitalisierung aller Prozesse, um künstliche Intelligenz (KI) und den Einsatz von Robotik, Drohnen, Automation sowie 3-D-Scanning und 3-D-Druck. Hier werden Antworten auf die Fragen gesucht und gegeben, wie die Produktion besser, schneller, global grenzüberschreitend und pandemiesicher in Bezug auf internationale Lieferketten und die Ausbreitung von Krankheiten laufen kann. Ein vermehrter Einsatz von Robotik wird in den Produktionsprozessen zum Einsatz kommen. Industriedesigner*innen sind primär im

Business-to-Business tätig. Dabei entwickeln und optimieren sie sowohl Maschinen und Arbeitsabläufe wie das Zusammenspiel unterschiedlicher Maschinen oder Mensch-Maschinen-Schnittstellen als auch Produkte für den Endkundenmarkt. Durch die Corona-Pandemie hat sich im Jahr 2020 zudem verstärkt das Gebiet Gesundheitsschutz geöffnet. Große Kunden mit einem stark wechselnden Massenpublikum sind sich plötzlich ihrer Gefährdungssituation, der Übertragbarkeit von Viren, bewusst und sind bemüht, Übertragungsketten, wo nur möglich, zu unterbinden. Die berühmten Sprech-, Nies- und Spuckschutzfenster sind ein erster rustikaler Anfang. Es geht aber um weit mehr, nämlich darum, alle Übertragungswege im Rahmen der entsprechenden Büro- oder Dienstleistungssituation von Viren zu erkennen und durch geeignete Maßnahmen zu unterbinden. Dabei wird zukünftig die individuelle Belüftungssituation wie das Raumklima insgesamt eine starke Rolle spielen, ebenso die Kunden- und Mitarbeiter*innen-Führung, also die Wege, die von ihnen zurückgelegt werden. Die dabei berührten Materialien, zum Beispiel von Türgriffen, können durch einen geeigneten Materialeinsatz weitestgehend virenresistent gehalten werden.

Wir haben den Schweizer Industriedesigner J. Roberto Inderbitzin kennengelernt, der in diesem Bereich zuhause ist. Mit seinem REFRAME Designstudio in Zürich entwickelt und optimiert er unter anderem Maschinendesigns wie das einer Reinigungsmaschine des Schweizer Marktführers WETROK. Aber auch produktunabhängig beschäftigt er sich mit ganzheitlichen digitalen und physischen Prozessen und Services. Uns ist sein Anti-Corona-Design als nutzenorientiert und ästhetisch aufgefallen. Deshalb haben wir ihn um ein Interview gebeten.

J. Roberto Inderbitzin, Gründer REFRAME Design Studio, Zürich

J. Roberto Inderbitzin, Gründer REFRAME Design Studio, Zürich © Sabrina Storchenegger

»Die Idee, selbstständig zu sein und mit meinen Ideen, Designs und Dienstleistungen meinen Unterhalt zu verdienen, hatte ich schon als Kind. Auf dieses Ziel habe ich jahrelang hingearbeitet und 2013 schließlich meine eigene Firma Inderbitzin Integrated Solutions angemeldet, auch als REFRAME Design Studio (reframe.ch) bekannt.«

Warum hast du dein Unternehmen gegründet?

»Ich setze mich täglich mit neuesten Entwicklungen und Trends auseinander und diskutiere gerne mit internationalen ›Thought Leaders‹ jeglichen Alters und aus jeglichen Tätigkeitsbereichen. Das hat mir zu einem enormen Wissensvorsprung verholfen. Viele Teammitglieder aus früheren Tagen haben das kaum getan. Das hat mich oft frustriert, da ich mich gerne mit den ›Besten‹ umgeben und von deren Know-how profitieren möchte. Seit ich selbstständig bin, kann ich mein Wissen über intelligente, wirkungsvolle Produkte und Dienstleistungen direkt an Kunden weitergeben und in neue Projekte umsetzen. Das motiviert mich, denn Design kann viel mehr als schön aussehen und ausschlaggebende Wettbewerbsvorteile erzielen. Dazu gehört natürlich auch eine Portion Erfahrung im Beobachten und Analysieren von Menschen/Kunden. Den Begriff ›Empathie‹ schreiben wir bei REFRAME groß und nehmen uns Zeit, die richtigen

Fragen zu stellen und anhand von Prototypen zu hinterfragen. Schließlich arbeiten wir für die Leader von morgen, so unser Credo.«

Was war der Auslöser für deine Geschäftsidee?

»Viele Unternehmen möchten wachsen und deren Produkte und Dienstleistungen modernisieren. Es gelingt Ihnen aber leider viel zu selten, diese Ideen, welche sie in teuren Workshops gewonnen haben, in die Realität umzusetzen. Mein Ziel ist es, hier den Hebel anzusetzen. Ich kooperiere gerne mit unterschiedlichen Fachkräften und habe ein breites Netzwerk national und international. Als vernetzter Querdenker gelingt es mir gut, die richtigen Personen an einen Tisch zu bringen und in kurzer Zeit gemeinsame Lösungsansätze zu erarbeiten. Als Designer mit Affinität zur Technologie, zu Herstellverfahren, Innovation und Psychologie kann ich aber auch abschätzen, was es für die Umsetzung einer Idee benötigt. Das schätzen Kunden besonders.«

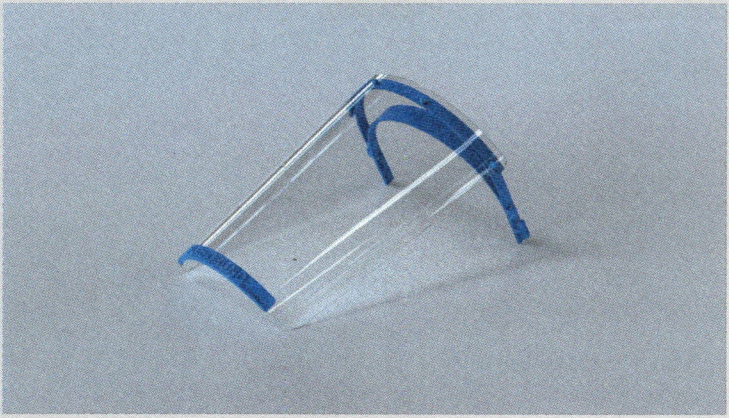

»Faceshield« by REFRAME Design Studio Zürich © Foto: Sabrina Storchenegger

Wie erlebst du dein Unternehmertum? Worin liegen die größten Chancen, worin die größten Herausforderungen?

»Ich erlebe es als sehr agil. Das ist meist ein Vorteil und lässt mich auf Veränderungen rasch agieren. Außerdem sind flache Hierarchien ein zusätzlicher Beschleunigungsfaktor. Unser Team erlebe ich als sehr ehrlich, offen und dynamisch. Dazu kommt, dass mein Austausch nun öfters in unterschiedlichen Unternehmerkreisen stattfindet und nicht ausschließlich innerhalb der Firma. Dieses breite Spektrum liegt mir besser.

Agilität kann aber auch Nachteile mit sich bringen. Ich bin als Selbstständiger schließlich sehr frei in meiner Art zu arbeiten und zu fungieren. Das ist ein nicht zu verachtender Prozess, bei dem man viel über sich und sein Tun lernt. Als Entrepreneur muss man vorsichtig sein, nicht allem, was glänzt, hinterherzurennen.«

Welche Auswirkung hat die Corona-Krise auf dein Unternehmen?

»Vorsichtig formuliert eine positive. Wir sind rasch auf die Herausforderung COVID-19 eingegangen und haben an entsprechenden Hilfsmitteln gearbeitet. Neue Technologien haben auch bei diesem Projekt dazu beigetragen, dass wir mithilfe eines 3-D-Druckers Prototypen entwickeln und schrittweise optimieren konnten. Unsere Produkte Ohren-Druckentlaster, Masken und Türöffner sind bei den Kunden gut angekommen. Wir konnten diese Produkte unter anderem in Firmen, Spitälern und Verbänden absetzten. Die Rückmeldungen haben uns sehr motiviert und veranschaulichen deutlich, dass die Gesellschaft nach cleveren Hilfsmitteln in Form von Produkten und Dienstleistungen Ausschau hält. Wir als REFRAME wollen Teil dieser Bewegung sein und Menschen sinnvoll unterstützen, agieren und in kurzer Zeit Neues umsetzen. Hier gilt es, stets zu agieren und nicht zu re-agieren.«

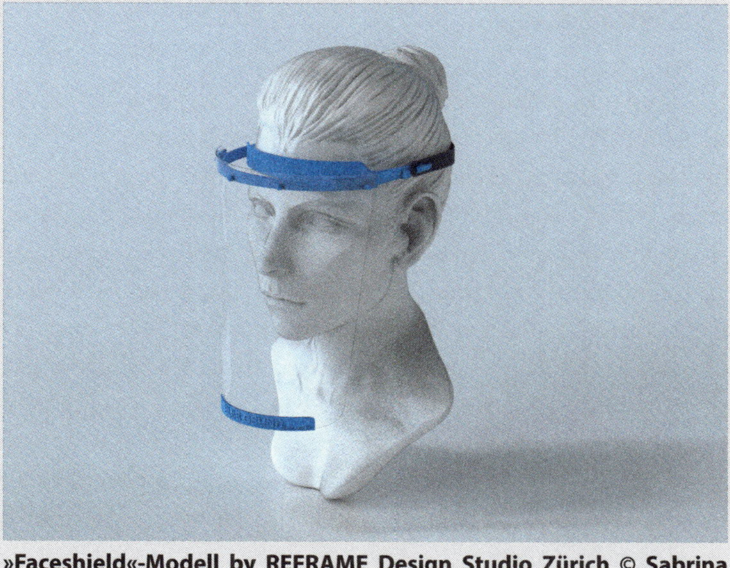

»Faceshield«-Modell by REFRAME Design Studio Zürich © Sabrina Storchenegger

Was ist ein typischer Glücksmoment, den du immer wieder in deinem Unternehmen erlebst?

»Menschen mit ambitionierten Zielen kennenzulernen. Den Status quo zu hinterfragen und Neues zu kreieren, das gefällt mir besonders. Das soll nicht heißen, dass wir bestehende Unternehmenskulturen und Philosophien auf den Kopf stellen, sondern offen sind, über Trends und Technologien zu sprechen. Dieser Ansatz hilft uns, innovative Ansätze in die bestehenden Businessmodelle einzusetzen oder als Hybridlösung zu empfehlen. Zu einem typischen Glücksmoment gehören aber auch die Zusagen von Aufträgen. Noch immer zelebrieren wir diese kleinen und großen Erfolge in regelmäßigen Abständen.«

www.reframe.ch

https://www.facebook.com/reframe.ch/

https://twitter.com/reframech

https://www.swiss-design-association.ch/

2.2.2.7.2 Digitaldesign

Digitaldesigner*innen arbeiten geplante Softwareprodukte, im Austausch mit den Kunden und Kundinnen im Rahmen des Design Thinkings, konzeptionell aus, bevor sie mit der Programmierung starten. Dabei werden Nutzen und Nutzbarkeit ebenso berücksichtigt wie die technischen und wirtschaftlichen Rahmenbedingungen. Interaktive Prototypen ermöglichen schnelle und frühzeitige Nutzer*innen-Feedbacks. Nachdem Softwareprodukte lange Zeit nur unter technologischen und wirtschaftlichen Machbarkeitsgesichtspunkten gesehen und realisiert wurden, spielen zunehmend ethische Gesichtspunkte eine Rolle. Hierbei geht es um soziale und zwischenmenschliche Themen wie Chancengleichheit und Wertschätzung, ebenso wie um Ressourceneinsparungen und die Umweltverträglichkeit.

Markt-Monitoring:

»Nvidia mit Rekord: +1937% in 5 Jahren«[183]

Die Nvidia Corporation ist ein börsennotiertes Unternehmen (Börsensymbol NVDA US), das als ein führender Hersteller von IT-Hardware gilt. Es entwickelt und vermarktet Grafik-Medienkommunikationsprozessoren und Software für PCs, Workstations und digitale Entertainmentplattformen (siehe auch im Bereich Gaming). Nvidias 3-D-Grafikprozessoren und Grafikprozesseinheiten (GPUs) werden auch für Spiele, die digitale Bildverarbeitung und Internet- und Industriedesign benutzt.

Nvidia wurde 1993 von Jensen Huang, Chris Malachowsky und Curtis Priem gegründet. 1996 stellte das Unternehmen seinen ersten »Microsoft-DirectX-Treiber« vor, 1997 den »RIVA 128«, den ersten 128-Bit-3D-Treiber der Welt, von dem sich innerhalb der ersten vier Monate über eine Million Einheiten verkaufen. 1999 erfand NIVA den Grafikprozessor »GeForce 256«. 2011 lieferte das Unternehmen den einmilliardsten Grafikprozessor aus. Die gesamte Erfolgsgeschichte des Unternehmens, in dem digitales Design einen wesentlichen Erfolgsfaktor darstellt, lässt sich auf der Homepage nachlesen.[184]

https://www.nvidia.com/de-ch/

2.2.2.7.3 Modedesign

Im Modedesign geht es vordergründig um den Entwurf und die Gestaltung von Mode, um das Produkt-Design für die Kleidermode und Accessoires. Längst ist jedoch auch hier eine ganzheitliche Sicht eingekehrt, die sowohl die internationalen Produktions- und Lieferketten, die Arbeitsbedingungen, Gleichstellung, Menschenrechte und Umweltverträglichkeit im Blick hat. Nachhaltigkeit, Verträglichkeit, Langlebigkeit, Qualität, Regionalität und Multifunktionalität sind deshalb entscheidende Erfolgsfaktoren. Wir haben an der Business Expo für KMU in Zürich 2019 die Modedesignerin Didem Ray de Latour mit ihrem Tiny Start-up Xquisit kennengelernt, deren Kollektionen aus 100 Prozent Naturmaterialien hergestellt werden inklusive der Einlagen, Nähfäden, Knöpfe, Care Label und Brand Label. Ein Interview zu ihren Ansprüchen und ihrem Umgang mit der C-Zeit findest du auf unserer Website https://www.tinystartup.ch/interviews/xquisit/. Natürlich hält auch im Modedesign die Digitalisierung Einzug. So wird der CAD-Modedesign-Software für die nächsten Jahre ein enormes Wachstum vorausgesagt.

2.2.2.8 Bildungswirtschaft

Bildung ist der Grundstein für wirtschaftliches Wachstum. Das gilt in Deutschland ebenso wie in Österreich und in der Schweiz. Erst durch ein hohes und zeitgemäßes Bildungsniveau können eine wirtschaftliche Wettbewerbsfähigkeit, eine hohe Beschäftigtenzahl und Wohlstand gesichert werden. Zu den Bildungsakteuren zählen Dienstleister*innen innerhalb der formalen Bildung und der Erwachsenenbildung, aber auch Hersteller*innen von Lehrmaterialien, Transportdienstleister*innen und die Bildungsgastronomie. Überschneidungen bestehen besonders mit der Kulturwirtschaft (Bibliotheken, Museen, Science Center et cetera), Verlagswirtschaft (Fach- und Schulbuchverlage, Enzyklopädien, Printmedien), Kommunikations-, Informations- und Technologiewirtschaft (Ausstattung, Beratung, Programmierung, Software), aber auch mit der Personenbeförderung (Schul- und Reisebusse) sowie der Bauwirtschaft (Erschließung, Projektierung und Bau von Bildungseinrichtungen).

Die direkte Bruttowertschöpfung der Bildungswirtschaft betrug in Deutschland 2017 insgesamt 133,3 Milliarden Euro. Durch die Verflechtung mit anderen Branchen rechnet man mit einer zusätzlichen Bruttowertschöpfung von rund 82 Milliarden Euro (34,5 Milliarden Euro indirekte und 47,5 Milliarden Euro induzierte Bruttowertschöpfung) in der Gesamtwirtschaft (gesamt 215,3 Milliarden Euro Bruttowertschöpfung). Der Anteil der deutschen Bildungswirtschaft an der gesamten Bruttowertschöpfung betrug im Jahr

2017 4,6 Prozent. Die Exporte der deutschen Bildungswirtschaft lagen 2017 bei rund 1,4 Milliarden Euro, der Anteil am deutschen Gesamtexport betrug 0,1 Prozent.[185] Deutsche Bildung wird dabei besonders nach Asien, China und Indien exportiert. Die Studie WifOR2018 verweist darauf, dass das digitale Lernen bereits in Deutschland angekommen sei, aber digitale Lernformate über alle Bildungsbereiche hinweg noch eher zögerlich eingesetzt würden. Kaum genutzt würden innovative Lernformate wie Simulationen, Game Based Learning und Virtual-Reality-Angebote.

2.2.2.9 Etwas Neues entsteht – die »Schreibtischwirtschaft«

Novartis hat seinen Hauptsitz in Basel auf einem 20 Hektar großen Areal für 13.000 Mitarbeitende. Jetzt zählt das Unternehmen zu den ersten Firmen in der Schweiz, die ihren Mitarbeitenden das Homeoffice für immer erlauben.[186]

Twitter-Mitarbeiter*innen dürfen ebenfalls für immer von zuhause aus arbeiten. Bei Facebook und Google ist die Homeoffice-Zeit erst einmal nur bis Ende 2020[187] erlaubt. Der Vorstand von Siemens hat im Juli 2020 ein »New Normal Working Model«[188] beschlossen, wonach bis zu 140.000 Mitarbeitende des Konzerns an zwei bis drei Tagen in der Woche vom heimischen Schreibtisch oder von anderen Orten aus arbeiten können. Damit soll dem Wunsch der Mitarbeitenden nach Flexibilisierung nachgekommen werden. Das mobile Arbeiten soll Kernelement der neuen Normalität werden. Mehr als die Hälfte der deutschen Unternehmen (54 Prozent) will, einer Studie des ifo-Instituts[189] zufolge, Homeoffice dauerhaft ausweiten. Die Veränderung der Gesellschaft hin zu einer dezentralen und digitalen Dienstleistungsgesellschaft wird damit befeuert. Je stärker das Homeoffice für die eigenen Mitarbeiter*innen in der Wirtschaft und Gesellschaft akzeptiert wird, desto stärker werden es auch die vom heimischen Schreibtisch arbeitenden Selbstständigen. Die Führungskräfte der Unternehmen lernen gerade, wie sie Mitarbeitende trotz Distanz gut integrieren und mit ihnen zielgerichtet arbeiten können. Diese guten Erfahrungen wirken sich auch in der Zusammenarbeit mit Selbstständigen aus. Sie können zukünftig besser, schneller und konsequenter in temporäre Projekte, Prozesse und Arbeitsteams von Unternehmen integriert werden. Dadurch vergrößern sich ihre Zukunftschancen, und ihre Zukunftsaussichten werden nachhaltiger.

Plötzlich im Homeoffice:

Mit dem Einsetzen der Covid-19-Pandemie in der Schweiz und der freundlichen Bitte des Schweizer Bunderates, doch zuhause zu bleiben, mussten auch wir unsere Arbeit schlagartig von unserem Büro, in Zug, ins Homeoffice verlegen.

Autorenduo Bellone/Matla im Homeoffice © Bellone Franchise Consulting GmbH

Wir konnten gerade noch in unser neues Zuhause umziehen. Interessant waren die Erfahrungen, die wir dann mit der Flexibilität von Handelshäusern sammeln konnten, schließlich waren wir gezwungen, uns nach einigen neuen Möbeln und neuem technischen Equipment umzusehen. Nur teilweise waren die Händler mit praxiserprobten Online-Bestell- und Lieferprozessen ausgestattet. So griffen wir für unsere neuen Stühle und Tische wieder auf das gute Design, den überzeugenden Sitzkomfort, die leichte Montage und auf das gute Preis-Leistungs-Verhältnis eines bekannten schwedischen Möbelhauses zurück.

Beitrag zur Schreibtischwirtschaft © Bellone Franchise Consulting GmbH

Beim Einrichten eines dauerhaften Homeoffice solltest du wichtige Punkte beachten. Wir haben dir einige aus unserer Erfahrung heraus nachfolgend zusammengefasst.

Tipps für dein Homeoffice:

- Schaffe dir einen Arbeitsraum, den du auch wirklich nur dafür nutzt. Das ist wichtig für deine Arbeitsatmosphäre, aber auch, um den Raum beim Finanzamt absetzbar zu machen.

- Funktionalität geht vor Repräsentation. Du wirst in deinem Homeoffice wahrscheinlich keine Kunden empfangen, hast also auch keine Repräsentationspflichten. Gute Arbeit ist das Wichtigste, nicht der Preis deiner Möbel. Gestalte deinen Raum deshalb mit funktionalen Möbeln.

- Achte darauf, dass der Raum gut zu belüften und gut zu heizen geht – und dass er eine gewisse Ruhe bietet.

- Richte ihn so flexibel ein, dass du unterschiedlichste Projekte bearbeiten kannst.

- Achte auf Video-Konferenz-Tauglichkeit und darauf, wie du auf den Computern deiner Kunden erscheinen möchtest.

- Lege dir ein gutes technisches Equipment zu. Dazu gehören ein funktionstüchtiger Rechner mit den zugehörigen Programmen, ein Smartphone, eine Kamera, Licht mit Stativ sowie Mikrofon und Kopfhörer.

- Überlege dir genau, vor welchem Hintergrund du bei Videokonferenzen erscheinen möchtest. Eventuell musst du dir eine Logo-Wand zulegen. Es geht aber auch digital.

Ingrid Huse, CHIMETAC

I H

CHIMETAC

CHANCEN MANAGEMENT

Ingrid Huse © CHIMETAC

Warum hast du dein Tiny Start-up gegründet?

»Durch meine Reisen nach Asien – ich war lange Zeit im Einkauf von internationalen Modekonzernen tätig – bin ich Ende der 1990er-Jahre auf das Thema Feng Shui gekommen. Meine asiatischen Lieferanten hatten ihre Berater und nahmen das Thema geschäftlich und privat sehr ernst. Meine Neugierde war geweckt. In Deutschland besuchte ich die ersten Kurse. Aus meinem Hobby wurde eine wahre Leidenschaft, und später habe ich in Malaysia verschiedene Systeme studiert: Feng Shui, chinesische Astrologie, Gesichtslesen, ein bisschen Yijing und nun zuletzt Qi Men Dun Jia. Zudem machte ich Studienreisen nach China und Tibet, um mehr über Herkunft und Anwendung zu lernen. Durch die Beschäftigung mit der chinesischen Astrologie wurde mir bei der Betrachtung meines eigenen Horoskops klar, dass ich mich ›im Alter‹ sicher sehr intensiv mit diesen Themen auseinandersetzen würde. Meine Lieblingsaussage war: ›Wenn ich später mal genug von der Modebranche habe, mache ich mich damit selbstständig.‹ So war es nur eine Frage der Zeit, bis ich diesen Schritt getan habe. Als ich Mitte 50 war, geriet das Unternehmen, in dem ich tätig war, in Schwierigkeiten. Ich war in einer Führungsposition als Head of Brand für eine Modemarke verantwortlich, als mein Bereich sozusagen aufgelöst wurde. Nach einer Orientierungsphase stand für mich fest, dass mein Leben in der Textilbranche zu Ende war und ich mich stattdessen auf die Positionierung von KMUs und der damit verbundenen Zielgruppenanalyse konzentrieren wollte. Deswegen habe ich in Deutschland eine Weiterbildung zur Positionierungsexpertin gemacht. Doch meine Leidenschaft für die metaphysischen Ansätze spielte immer wieder in diese Überlegungen hinein. Mit meinem Wissen war mir klar, dass die beiden Gebiete sich sehr gut ergänzten. Die Idee, mein unternehmerisches Denken mit dem Wissen über die chinesische Metaphysik zu verbinden und Selbstständigen, Freelancern und Inhabern von kleinen Firmen zu neuen Perspektiven und Möglichkeiten zu verhelfen, begeisterte mich. Deswegen habe ich CHIMETAC gegründet. CHIMETAC ist die Abkürzung von CHInese METAphyics Consulting.«

Was war der Auslöser für deine Geschäftsidee?

»Der eigentliche Auslöser war der Besuch einer Veranstaltung zum Thema ›Feng Shui und Astrologie 2017‹ in London. Mein langjähriger Lehrer Joey Yap, der ein führender Experte in diesen Themen ist, analysierte die möglichen Chancen, die sich für uns generell boten, aber auch für die wirtschaftliche Situation im Folgejahr 2018. Er ging auf der einen Seite verstärkt auf die Belange von Unternehmern ein und wies auf die dringende Notwendigkeit hin, gut positioniert zu sein und seine Zielgruppen genau zu kennen. Auf der anderen Seite zeigte er die Seite der Mitarbeitenden auf: In der heutigen Zeit sei es einer der wichtigsten Aspekte, den Beruf auszuüben, der den eigenen Talenten bestmöglich entspricht. Gerade in wirtschaftlich anspruchsvollen Zeiten ist es für beide Seiten sinnvoll, gut aufgestellt zu sein und seine Chancen, aber auch mögliche Risiken zu kennen. Nachdem ich das hörte, war meine Überlegung gereift, dass ich mit meinem Wissen anderen Menschen eine zusätzliche Dimension auf dem Weg zu ihrem Erfolg aufzeigen könnte, die jenseits der rein betriebswirtschaftlichen Kennzahlen liegt. Und so fing ich an, mich mit der Umsetzung und der Gründung meiner Selbstständigkeit zu beschäftigen.«

Wie erlebst du dein Kleinst-/Kleinunternehmertum? Worin liegen die größten Chancen, worin die größten Herausforderungen?

»Meine größte Chance sehe ich darin, dass ich mir auch im fortgeschrittenen Alter mit meinem Wissen eine Zukunft aufbauen kann. Mit meiner eigenen Firma habe ich erst recht diese Möglichkeit. Ich kann mein kleines Unternehmen bewusst gestalten und seine Weiterentwicklung steuern. Der Arbeitsmarkt gestaltet sich für Mitarbeitende im fortgeschrittenen Alter schwierig. Das musste auch ich erleben. Nach über 30 Jahren Führungserfahrung wollte ich weiterhin über Entscheidungsfreiheit verfügen. Ich habe viele wertvolle Erfahrungen im Handel, Einkauf, Mitarbeiterführung und Marketing gemacht. In den Firmen, in denen ich gearbeitet habe, hatte ich oft die Möglichkeit, mein Profit-Center wie eine ›eigene kleine Firma‹ zu führen. Das ist aber auch die größte Herausforderung für mich, nämlich konsequent weiter an meinem Unternehmen zu arbeiten und das Profil der Firma zu schärfen. Die Gefahr, sich in einem zu breiten Angebot zu verzetteln, ist groß, und so bin ich noch in der Phase, gezielt bestimmte Schwerpunkte zu testen. Die Akzeptanz von Systemen wie Astrologie, Feng Shui und Qi Men Dun Jia ist im europäischen Raum noch nicht so angekommen. In Asien werden sie als zusätzliche Informationsquellen genutzt, um bessere Entscheidungen zu treffen. Hier bei uns fallen sie in die Welt der Esoterik. Stichwort: Ein-Frau-Unternehmen: Ich arbeite gerne mit anderen zusammen, und hier bedeutete meine Firmengründung eine wirklich große Umstellung für mich. Ebenso betriebliche Themen, die ich früher delegieren konnte oder mit entsprechenden Abteilungen besprechen konnte, landen nun natürlich alle auf meinem Schreibtisch. Das erfordert eine ständige Auseinandersetzung für mich mit neuen Gebieten. Die einen liegen einem mehr, die anderen weniger. Ich habe sehr viel gelernt in dieser Zeit. Astrologisch und wirtschaftlich waren die ersten zwei Jahre dem Thema ›Wachstum durch Effizienz‹ gewidmet: keinerlei unnötige Kosten und strenge Disziplin. Das war und ist für mich eine echte Herausforderung. Es liegt auf der Hand, dass der eine oder andere Franken eingespart werden kann, wenn man alles allein macht, aber: Das kostet Zeit und Nerven. Inzwischen habe ich gelernt, dass die Kooperation mit Fachleuten zu verschiedenen Themen wie Buchhaltung, Marketing und vor allem Social Media eine echte Bereicherung ist.«

Welche Auswirkungen hat die Corona-Krise auf dein Tiny Start-up?

»Seit dem Herbst letzten Jahres haben wir uns in meiner Community näher mit dem Jahr 2020 beschäftigt. Die wichtigsten Erkenntnisse waren, dass es sehr sinnvoll ist:

- alle Schulden einzutreiben, da dies 2020 schwierig werden würde.
- finanzielle Ressourcen für circa sechs Monate zu haben, da es sehr schwer sein würde, an Aufträge der Kunden zu kommen.
- neue Kontakte und mögliche Kooperationen zu schließen. Es ist ein Jahr, in dem gegenseitige Unterstützung und gemeinsame Projekte jeden weiterbringen können.
- Innovationen in Angriff zu nehmen, da die Kunden ein verändertes Anspruchsverhalten zeigen würden.
- Eine Standortbestimmung zu machen und die eigene Positionierung zu überprüfen.

So gesehen konnte ich mich recht gut darauf vorbereiten. Eine Pandemie hatte keiner von uns auf dem Plan, schon aber das Wissen, dass es ein schwieriges Jahr werden würde. Die Bereitschaft, die obengenannten Aussagen als reell anzuschauen, fällt leider vielen Menschen schwer. Der informierende und zum Handeln auffordernde Charakter von Horoskopen ist in der westlichen Welt wenig bekannt. Für mich hat sich aufgrund von Corona nicht ganz so viel verändert, da ich schon zuvor sehr viel in meinem Homeoffice gearbeitet habe. Meine Kunden sind im deutschsprachigen Raum verteilt, und so nutze ich Videokonferenzen zur Beratung. Was mir natürlich fehlt, sind die persönlichen Kontakte, das Netzwerken und Kennenlernen neuer Menschen. Ich rede gerne und viel über mein Thema und habe an vielen Veranstaltungen teilgenommen. Nun lerne ich – so wie viele andere auch - wie ich mehr Sichtbarkeit in den virtuellen Netzwerken erzeugen kann.«

Ingrid Huse während eines Vortrags © CHIMETAC

Was ist ein typischer Glücksmoment, den du immer wieder in deinem Tiny Start-up erlebst?

»Der Erfolg meiner Kunden freut mich am meisten. Dieses ›Stell dir vor, was passiert ist …‹ in Bezug auf eine Chance oder einen Lösungsansatz, den wir erkannt hatten, und dass das Ergebnis nun ein bisschen wie ein Wunder ist. Das ist für mich unglaublich wertvoll und gibt mir die Energie weiterzumachen. Freude kommt auf, wenn begeisterte Kunden mir berichten, wie ihnen eine bestimmte Vorgehensweise geholfen hat. Dass sich das Potenzial für Veränderungen bestätigt hat, weil sie gewagt haben, neue Wege auszuprobieren und zu gehen. Ich liebe es, über mein Fachgebiet zu reden und achte bewusst darauf, nicht zu missionieren, sondern einfach neue Ansätze aufzuzeigen. Wenn ich vor einer Gruppe rede, die interessiert und offen für Neues ist, und ich dann auf ihren Gesichtern den Ausdruck sehe, dass sie begreifen, was für Möglichkeiten sich auftun … Das ist der Moment, der mir wichtig ist. Ich freue mich, wenn meine Kunden meinen Ansatz annehmen. Viele von ihnen begleiten mich schon seit meiner Firmengründung. Letzthin hat mir eine Kundin gesagt: ›Ingrid, du bist so ein bodenständiger und realistischer Mensch. Wenn du mir meine Chancen aufzeigst, ist immer sofort ein machbarer Ansatz da.‹

Das alles ist mir wichtig und macht mich glücklich.«

https://www.chimetac.ch/

3. ZUKUNFTSTHESEN UND START-UP-CHANCEN

Wir haben dir im vorgängigen Kapitel Beispiele von Gründer*innen gezeigt, die sich ihren Weg in die berufliche Selbstständigkeit gebahnt haben. Unabhängig vom Alter und der Branche wollen wir darstellen, dass es immer möglich ist, sich entweder im Kleinen sein Auskommen flexibel einzurichten oder damit auch ein großes Business zu starten. Die Motive und Erwartungen sind so individuell wie die Geschäftsideen, die daraus entstehen. Immerhin gibt es weltweit über 400 Millionen Gründer*innen. Jedes Jahr gibt es rund 100 Millionen Neugründungen weltweit, aber im gleichen Zeitraum geben 86 Millionen Start-ups auch wieder auf.[190] Das heißt, dass langfristig nur jedes zehnte Unternehmen überlebt.[191] Deswegen wollen wir hier die fünf hauptsächlichen Gründe für das Scheitern vorsorglich zur Reflexion zusammenzufassen und im abschließenden Kästchen noch ein paar praktische Tipps geben:

#Marktunkenntnis: Für über 40 Prozent der Start-up-Gründer*innen und damit der schwergewichtigste Grund des Scheiterns ist, dass der Markt und damit die Zielkunden nicht genügend bekannt sind.[192] Nur weil es ein Produkt oder eine Dienstleistung in der Form noch nicht gibt, heißt es nicht, dass der Markt dafür vorhanden ist. Ein bekanntes Beispiel für eine Fehleinschätzung war Juicero, eine smarte, weil über das Internet verbundene Saftpresse für Obst und Gemüse. Letzteres musste man allerdings klein geschnetzelt in entsprechenden Beuteln dazu erwerben – also nach dem Prinzip der Kaffeemaschinen mit Kaffeekapseln, allerdings hier mit der zusätzlichen Herausforderung, dass alles smart war. Wenn die Internetverbindung nicht ging, dann konnten die Beutel auch nicht zu

Saft gepresst werden. Wies der auf den Beuteln angebrachte QR-Code bereits einen Tag nach Verfallsdatum auf, dann ließ sich das Produkt nicht verwenden. Nicht nur für die erfolgreichen Lebensmittelretter des Start-ups SIRPLUS[193], deren Gründer wir in unserem Vorgängerbuch vorgestellt haben, ein Affront. So haben denn auch kritische Journalisten in einem Video dargestellt, dass es die Saftpresse gar nicht bräuchte, der Inhalt der Beutel kann problemlos mit den Händen zu Saft gepresst werden. Weder die Preissenkung der Maschine von 699 Dollar auf 200 Dollar noch die vollmundige Werbeaussage, dass Juicero mit vier Tonnen Druck pressen kann, was »der Kraft, zwei Tesla-Wagen zu heben« entspricht, haben das Unternehmen auf Kurs gebracht. Das Start-up aus dem Silicon Valley scheiterte nach 16 Monaten und hatte zu der Zeit 120 Millionen Dollar von Investoren verbrannt.[194] Dieses Beispiel zeigt typische Fehler der reinen Produkt-, aber nicht Kundenorientierung. Der Nutzen für die Kunden war sehr gesucht, denn die erschöpften Väter, die, bevor sie die Kinder zur Schule fahren, noch eben einen Drink pressen lassen, gab es vor allem als Idee, aber nicht per Umfrage generiert. Das erinnert uns auch an die modifizierte Produktvorstellung des altbekannten Klick-Klack-Geschicklichkeitsspiels aus den 1970er-Jahren, das zwei gleich große Kugeln über eine mittig geknotete Schnur mit Ring verband und durch geschickte Pendelbewegungen die etwas nervigen Klick-Klack-Geräusche erzeugte. Eine Neuauflage versuchte ein ambitionierter angehender Startupper, der dafür fluoreszierende Kugeln entwickelte, die bei Dunkelheit leuchtend, die Kontaktaufnahme zum anderen Geschlecht in Clubs und Discotheken erleichtern sollte. Auch das erwies sich als nicht wirklich relevant.

Es lohnt sich also in den Abnehmermarkt einzutauchen und zu untersuchen, ob die Geschäftsidee eine echte Lösung für die avisierte Zielgruppe parat hält.

Um den Umgang oder das geplante Design mit dem Angebot zu überprüfen, eignen sich Prototypen von Produktmustern, die einfachster Art sein können. Handwerklich erstellte Muster aus Karton oder anderen Materialien können ein Produkt oder Konzept versinnbildlichen und geben Testpersonen schon einmal eine erste Anmutung vom Handling und vom Können des Angebotes. Fotos, Collagen und Moodboards als Präsentationsmittel können Konzeptideen darstellen und erste Reaktionen abfragen. Das sind Methoden des Design Thinking, die zum Beispiel durch die Auseinandersetzung mit den möglichen Kunden die Akzeptanz überprüfen und alternative Lösungen schaffen. Sind die Abnehmer*innen vom Einsatz, dem Nutzen, dem Einkaufsverhalten und demografischen Merkmalen definiert, muss das Potenzial in der Region, im Bundesland, national oder international bestimmt werden.

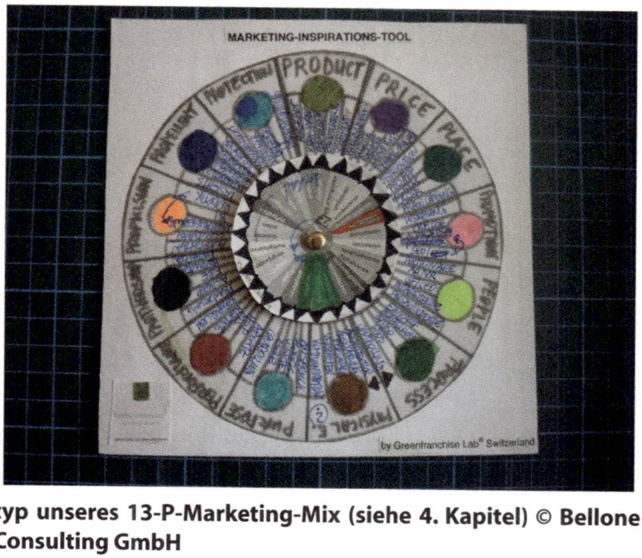

Prototyp unseres 13-P-Marketing-Mix (siehe 4. Kapitel) © Bellone Franchise Consulting GmbH

#Unterfinanzierung: An zweiter Stelle der Gründe des Scheiterns steht die ungenügende Kapitalausstattung. Wie schon im ersten Kapitel bei der Bewertung der eigenen Geschäftsidee aufgeführt, gehört ein Businessplan zur Strukturierung und zur Planung dazu.

Darin enthalten ist auch die Wirtschaftlichkeitsberechnung mit der Finanz- und Liquiditätsplanung für die ersten fünf Jahre inklusive Reserven. Eine Studie von PricewaterhouseCoopers 2018 zeigt auf, dass fast die Hälfte der 1000 befragten Start-ups auf eine Fremdfinanzierung angewiesen war. Allerdings konnten sie oftmals bei den Kapitalgebern nicht überzeugen, weil das Geschäftskonzept nicht verständlich war, die Unternehmensplanung zu kurzfristig und keine wirkliche Vorstellung über die zukünftige Vermögens-, Finanz- und Ertragslage vorhanden war.[195]

#Falsche Teamzusammensetzung: Leider haben wir das nicht selten gesehen, dass das Gründerteam sich nicht ergänzt, sondern gleiche Kompetenzen aufweist. Meist liegt es daran, dass die Verantwortungs- und Tätigkeitsbereiche nicht definiert sind. Daran scheitern rund 23 Prozent der Start-ups.[196] Neben den Kompetenzen sind auch die Werthaltungen und Zielvorstellungen abzuklären. Das war auch einer der Gründe, die das ambitionierte Bio-Fast-Food-Konzept Gorilla in Berlin 2009 scheitern ließen. Das Management-Team hatte unterschiedliche Vorstellungen, was die Durchgängigkeit des Konzeptes anbelangte. Der Gründer Matthias Rischau setzte entsprechend der Namensgebung, Gorillas ernähren sich pflanzlich, auf vegetarische Kost. Er selbst lebte bereits seit Jahren nach diesem Ernährungsprinzip. Das Thema Nachhaltigkeit wurde von den Biozutaten bis zur Verpackung gelebt und trieb die Kosten der am Ende fünf Filialen in die Höhe. Die Investoren und Partner hatten konträre Vorstellungen hinsichtlich Führung und Betriebswirtschaft. Nach drei Jahren ging das mit großem Effort gestartete Projekt zu Ende.[197]

Bei yamo Babynahrung[198], einem Schweizer Start-up mit Sitz in Zug, hat alles mit einer gemeinsamen Erfahrung vor der Geschäftsidee begonnen. Tobias Gunzenhauser, José Amado-Blanco und Luca Michas, das spätere Gründerteam von yamo, hatten einen Monat vegan gelebt. Diese neue Erfahrung schärfte ihre Sinne für Deklarationen auf Lebensmittelverpackungen. Was war tierischen Ursprungs, was war erlaubt. Eher zufällig schauten sie sich auch die Etiketten der Babynahrung an und staunten nicht schlecht über Inhaltsstoffe wie Zucker und Salz und anderes, was ihrer Meinung nach nicht hineingehörte. Außerdem wird konventioneller Brei bei der Herstellung auf 120 Grad erhitzt und sterilisiert, um ihn haltbar zu machen. Wertvolle Nährstoffe und Vitamine gehen dadurch verloren. So kam 2016 die Idee für yamo auf: frische Bio-Babynahrung, hergestellt per Hochdruckpasteurisierungsverfahren, schonend und haltbar, per Lieferdienst zugestellt. Damit waren sie Pioniere in dieser Branche. Tobias Gunzenhauser Antwort auf die Frage nach dem Rezept, das man für die Gründung eines Start-ups braucht, lautet: »Ein komplementäres Gründerteam, welches ab Tag eins immer 100 Prozent ehrlich mit sich ist. Man macht sich gemeinsam auf den sehr abenteuerlichen und herausfordernden Pfad des Unternehmertums – alleine geht das nicht.«[199] Der Pfad hat sich als sehr erfolgreich erwiesen, nicht nur, dass die Produkte bereits im gesamten DACH-Raum in mehreren Handelsketten vertreten sind. Am 09.07.2020 haben sie in einer Finanzierungsrunde 10,1 Millionen Euro erhalten, um neue Produkte zu kreieren und den Vertrieb auszubauen.[200] Übrigens gibt es im Angebot auch »Quetschies«, Tüten, deren Frucht-/Gemüseinhalt man einfach nur herausdrückt (siehe Juicero-Beispiel unter #Marktunkenntnis), und die zudem noch wohlklingende Namen wie Katy Berry, Inbanana Jones, Quentin Carrotino und andere haben.[201]

#Starke Mitbewerber: Rund 19 Prozent der Start-ups scheitern, weil sie das Mitbewerberumfeld vorab und während des Geschäftsverlaufs zu wenig sondiert haben. Das New Yorker Startup-Unternehmen Kettlebell Kitchen, das sich auf maßgeschneiderte Fertiggerichte spezialisierte, die auf bestimmte Fitness- und Ernährungsziele wie Gewichtsverlust oder Fettverbrennung sowie auf Lebensstile wie Keto zugeschnitten waren, schloss sein Geschäft im November 2019 nach knapp sieben Jahren. Berichten zufolge verlor es bereits 12 Millionen US-Dollar pro Jahr und kämpfte in einem überfüllten Markt für die Lieferung von Fertiggerichten mit zahlreichen Konkurrenten wie HelloFresh und BlueApron um Gewinn und um die gleichen Zielgruppen.[202]

#Falscher Zeitpunkt: 13 Prozent der Gründer*innen scheitern am falschen Zeitpunkt. Es kann sein, dass der Markt noch nicht so weit ist. So erging es auch dem Konzept WellfeelOase in der Schweiz. Der Schweizer Gründer war bereits Co-Founder einer Computerfirma und von daher sehr technologieaffin. Das zeigte sich auch in einem Vortrag in den 1990er-Jahren, als er im Kongresshaus Zürich über Avatare sprach, die unseren Alltag erleichtern würden, in dem sie uns individualisiert Fragen beantworten, Bestellungen entgegennehmen – das, was wir von Chatbots heute kennen. Nur war das zur damaligen Zeit Science-Fiction. Ebenso die WellfeelOase, die über Mindmachines und Massageliegen eine kurze Auszeit vom Arbeitsalltag versprach. Zu der Zeit gab es einen Boom an Sonnenstudios und interessante neue Fitnesskonzepte, deren Nutzen für diese Zeit offensichtlich war. Das rein auf mentaler »Fitness« beruhende Wellfeel-Konzept kam zu früh. Heute gibt es verschiedenste Geschäftsideen rund um Themen wie Resilienz, Mentaltraining, geistiges Wohlbefinden wie zum Beispiel das Social Start-up namens Wohlglückheit aus Heilbronn. 2017 von den Mittdreißigern Sacha Hübner und Thomas Ewald gegründet, entwickelt das Team »Trimm-Dich-Pfade« für den Geist und bietet solche Wellbeing-Places Städten und Firmen an. Entlang den Trimm-Dich-Pfaden gibt es Stationen mit geistigen Übungen zur inneren Einkehr und zur Reflexion. Übrigens kommen beide Gründer aus vollkommen anderen Berufssparten, der eine aus dem Vertrieb eines Handelskonzerns, der andere aus einem Technologiekonzern. Beide haben sich für die Neuausrichtung entsprechend weitergebildet.[203]

Keine Sicherheiten: Es gibt noch weitere Gründe, die dem Unternehmen ein Ende setzen können. Immerhin geht jeder Gründer/jede Gründerin persönlich neue Wege mit einem Angebot, das in der selbst kreierten Form ein Novum am Markt ist. Und manchmal sind die besten Abklärungen im Vorfeld obsolet, wenn einem bewusst wird, dass man sich die Selbstständigkeit doch anders vorgestellt hat. In jedem Fall ist es ein Entwicklungsschritt, ob du weitermachst, durchstartest, beendest oder scheiterst. Übrigens sind viele prominente Unternehmer*innen mit Projekten oder Firmen gescheitert. Dazu gehört der Däne Morten Lund, der 2003 erfolgreich in Skype investierte, aber 2009 furios mit der Gratiszeitung *Nyhedsavisen* scheiterte und erst wieder 2016 schuldenfrei war.[204] Anita Roddick, Gründerin von The Body Shop, ging zuvor mit einem Hotel konkurs.[205] Steve Jobs, Co-Founder von Apple entwickelte mehrere Produktflops.[206] Viele könnten dieser Auflistung folgen, auch von solchen, die nach einer beruflichen Selbstständigkeit wieder eine Anstellung gewählt habe. So auch der Gründer Wolfgang Pöhlau von Babyviduals, der 2009 eine clevere Idee für Babynahrung entwickelte und dafür seinen gut dotierten Job als Lebensmittelingenieur kündigte. Ein paar Monate und Prototypen später startete der damals 37-Jährige mit seinem Business. Wir interviewten ihn 2012 in unserer Greenfranchise Lounge. Er bot tiefgekühlte und portionierte Babykost in Bioqualität nach einem Baukasten-System an, das heißt, verschiedene Sorten konnten miteinander kombiniert werden, wodurch eine Vielfalt an Varianten möglich war. Pöhlau bekam mehrere Auszeichnungen für sein innovatives Produkt, das auch vom Heimatmarkt Nürnberg sehr gut aufgenommen wurde. Um das Produkt, das nicht ganz selbsterklärend war, großflächig bekannt zu machen und zu vertreiben, wäre viel Kapital vonnöten gewesen, das in der Größenordnung nicht vorhanden war. Damit wurde die Firma 2018 mit sehr freundlichen Abschiedsworten, wie sie dem sympathischen Gründer eigen waren, geschlossen.[207] Heute ist Wolfgang Pöhlau Vice President Marketing & Sales bei einem deutschen Spielwarenhersteller.

Hier noch ein paar präventive Tipps, wie du dich vor der Gründung noch stärken kannst:

Tipps zur Vorbeugung:

Zu #Marktunkenntnis

Sehr zu empfehlen ist das Hasso-Plattner-Institut für Design Thinking: https://hpi.de/school-of-design-thinking.html

Prototyping Tools für Start-ups: https://startupfounders.com.au/prototyping-tools/

Zu #Unterfinanzierung

Was ist ein Businessplan und wie wird er erstellt? Gute Übersicht und kostenlose Software zur Erstellung:

https://www.fuer-gruender.de/wissen/existenzgruendung-planen/businessplan-einleitung/

Ebenfalls Mustervorlagen – für die Schweiz:

https://www.kmu.admin.ch/kmu/de/home/praktisches-wissen/kmu-gruenden/firmengruendung/erste-schritte/gut-geplanter-start/businessplan/vorlagen-und-muster-zum-erstellen-von-businessplaenen.html

und Österreich:

https://www.finfo.at/business/businessplan/

Zu #Falsche Teamzusammensetzung

Eine sehr authentische Nachlese zum Thema der falschen Teambesetzung gibt es vom ehemaligen Start-up want2do, das Wünsche verwaltet hat:

https://www.deutsche-startups.de/2009/07/29/offline-die-verkaufssau-hat-gefehlt-das-ende-von-want2do/

Zu #Starke Mitbewerber

Hier gibt es eine gute Auflistung über digitale Wettbewerbstools: https://www.brandwatch.com/de/blog/die-besten-tools-fuer-die-wettbewerbsanalyse/

Zu #Falscher Zeitpunkt

Die Fuckup-Nights gibt es mittlerweile in 81 Ländern und rund 318 Städten. Hier kann man aus den Fehlern anderer lernen respektive erleben, dass Scheitern kein Makel ist, sondern Entwicklung: https://fuckupnights.com/

Von und mit anderen lernen und eine internationale Community bilden, das hat sich das Startup Safari auf die Fahne geschrieben. Lokale Netzwerke von Neuunternehmen verbinden sich hier zu einem globalen Netzwerk und veranstalten Events – die Veranstaltungssafaris führen dann auch zu anderen Orten als den üblichen Hotspots. Es lohnt sich, mal reinzuschauen: https://startupsafari.com/

3.1 MEGATRENDS UND IHRE AUSWIRKUNGEN AUF AKTUELLE UND ZUKÜNFTIGE GESCHÄFTSKONZEPTE

Es gibt Trends, die haben einen starken Einfluss auf die Gesellschaft und Wirtschaft und damit auch auf euer Unternehmen und eure Kunden*innen. Anders als kurzfristige Modetrends sind die sogenannten Megatrends Wandlungsprozesse, die sich über mehrere Jahrzehnte erstrecken und dabei auch wieder verändern. Mit der Erfindung des Internets, wie wir es heute kennen, das heißt mit der Anwendung des World Wide Web 1991, wurde unsere Kommunikation revolutioniert und trug zum Wandel und zur Entstehung anderer Megatrends bei. So beeinflusst die digitale Vernetzung den schon langwährenden Trend der Nachhaltigkeit, indem beispielsweise Wertschöpfungsketten transparent gemacht werden und sich Missstände in Gesellschaft und Umwelt über die sozialen Medien schnell verbreiten. Wir möchten euch deswegen an dieser Stelle eine Auswahl an Megatrends vorstellen, damit ihr selbst herausfinden könnt, welche Auswirkungen diese auf euer Unternehmen als Chance oder Risiko haben. Je nach Einfluss werdet ihr damit auch eure Werthaltung im Unternehmen bestimmen und euch positionieren, zum Beispiel als sehr innovatives, nachhaltiges oder traditionsreiches Startup. Vielleicht werdet ihr dadurch auch für eine neue Idee inspiriert.

3.1.1 KONNEKTIVITÄT

Konnektivität oder digitale Vernetzung ist für uns alle selbstverständlich, ob privat oder geschäftlich. Immerhin nutzen bei einer Weltbevölkerung von rund 7,8 Milliarden Menschen, gut 4,5 Milliarden das Internet und 3,8 Milliarden die sozialen Medien (Stand 01/2020).[208] Auch wenn du nicht zu den Technologie-Start-ups gehörst, so wirst du zur Auswertung, Herstellung, Vermarktung oder Bekanntmachung die digitalen Möglichkeiten nutzen. Im Deutschen

Start-up-Monitor wurde 2018 eine Umfrage erhoben zum Einfluss der Digitalisierung auf das Geschäftskonzept. 54,5 Prozent der 1550 Befragten aus diversen Branchen und unterschiedlichen Alters messen ihr sehr viel Einfluss bei, 25,7 Prozent viel Einfluss.[209] Diese Einschätzungen dürften nach dem Eintreten der Corona-Krise noch um einiges gestiegen sein. Konnektivität fördert, wie erwähnt, viele andere Megatrends, so auch die Individualisierung. Inwieweit nutzt du die Interaktion mit deinen Kunden, um passgenaue Produkte oder Services zu kreieren? Es muss nicht gleich so weit gehen wie beim 2019 gegründeten Frankfurter Start-up Youtiful[210], das sich als »erste Beauty Involvement Marke«[211] so überzeugend darstellt, dass gleich der Konzern Henkel als Investor einstieg. Über eine eigene Community-Plattform entscheiden die Nutzer*innen darüber, ob Pflege- und Kosmetikprodukte gelauncht werden. Dafür können sie die Produkte vorab testen, über die Inhaltsstoffe und Preise befinden und dazu sogar eigene Umfragen erstellen.[212] Bei diesem Start-up gehört die Digitalisierung zum Kernprodukt des Konzeptes. Andere digitalisieren eine Branche, wie es unter anderem im Immobilienmarkt mit PropTech (Kofferwort aus: Property Services und Technology) Start-ups geschieht, also solchen Unternehmen, die Dienstleistungen und Marktplätze ins Netz verlegen. In der Schweiz gibt es rund 200 PropTech-Neuunternehmen, unter anderem das 2016 gegründete smino[213], das sämtliche Beteiligte an einem Bauprojekt über die Cloud miteinander vernetzt.[214] Der Name smino leitet sich aus dem griechischen Sminos ab, was Vogelschwarm bedeutet, und führt damit zur Geschäftsidee. Für eine bestimmte Zeit schließen sich Firmen für ein Bauprojekt zusammen. Mit dem »Software-as-a-Service«-Modell kann jede Firma auf smino Inhalte erstellen und ermöglicht allen Beteiligten mehr Effizienz und Problemerkennung.[215]

Wenn Produkte oder Konzepte zum Synonym ihrer Gattung geworden sind, dann haben sie nicht nur einen enormen Bekanntheitsgrad, sondern fallen in der Regel auch durch ihren Erfolg auf. So steht Tempo für Taschentücher, Pampers für Einwegwindeln oder eben Airbnb für Peer-to-Peer-Sharingplattform. Auf diese Weise werden Autos, Büros, Privatjets und vieles mehr vermittelt. Die Ideen werden meistens von Start-ups realisiert, wie das deutsche ViveLaCar[216], das 2019 gegründet wurde und neue oder gebrauchte Bestandsfahrzeuge von Händlern an Privat- und Gewerbekunden im Abonnement vermittelt. Die schweizerische Plattform MyCamper[217], die die oft nur kurzzeitig gebrauchten Wohnmobile von privat an privat offeriert, wurde 2015 gegründet und konnte unterdessen auch erfolgreich Geld von den Investoren aus der schweizerischen *Höhle der Löwen* akquirieren.[218]

Die Möglichkeiten, digitale Lösungen für dein eigenes Geschäftskonzept zu nutzen, sind vielfältig, ob du etwas auf ein anderes Geschäftsfeld adaptierst, selbst eine Lösung entwickelst oder das Netz vor allem für den Aufbau einer Community nutzt.

Final Tiny Tipp:

Ermittle das Digitalisierungspotenzial deines Geschäftskonzeptes. Lassen sich am Markt vorhandene Tools oder Plattformideen auf deine Branche, dein Konzept adaptieren? Dient dir die Digitalisierung, um im Sinne des Kunden für mehr Transparenz, Socializing, Convenience oder Nachhaltigkeit durch Sharing-Konzepte zu sorgen?

Wir stellen dir an dieser Stelle Silvia Göttel, Storytellerin und Agentur-Inhaberin (tailormade communicatons), aus Berlin vor. Sie zählt wie wir zu den Alumni der Universität der Künste Berlin. Sie wird dir ein paar Tipps zur On- und Offline-Öffentlichkeitsarbeit geben.

Silvia Göttel, tailormade communications

Silvia Göttel © tailormade communications

Welche Bedeutung hat die PR für Unternehmen generell und für Start-ups im Besonderen?

»Professionelle Kommunikation spielt generell eine Schlüsselrolle für den Erfolg jedes Unternehmens und unterscheidet sich vom Handwerk her nicht. Schließlich nutzen die besten Produkte oder innovativsten Problemlösungen niemandem, wenn keiner sie kennt. Auch ist es insbesondere im Hinblick auf eine starke Wettbewerbssituation wichtig, sich positiv zu differenzieren und sich mit seinem Angebot längerfristig Präsenz zu schaffen. Vor dieser Herausforderung stehen naturgemäß gerade viele Start-ups – insbesondere mit ihren oft erklärungsbedürftigen Innovationen. Auch die Suche nach geeigneten Mitarbeitern kann durch PR wesentlich positiv beeinflusst werden. Für die PR- und Medienarbeit bietet diese Ausgangssituation sogar Vorteile, da nur ›echte Neuheiten‹ das Hauptkriterium der Medien erfüllen – nämlich News-Werte zu liefern. Bei Innovationen kann vonseiten der Medien definitiv ein erhöhtes Interesse vorausgesetzt werden, jedoch auch ein gesteigerter Erklärungsbedarf. Dies gilt nicht nur in Hinsicht auf das Produkt, sondern auch auf das Unternehmen und die Person des Gründers selbst. Auch für PR-Agenturen bietet die Zusammenarbeit mit Start-ups besondere Chancen. Denn nicht nur aus finanziellen Ressourcen-Knappheiten arbeiten sie meist von Anfang an eng direkt mit den Gründern zusammen und lernen so ihre Visionen und das Unternehmen hautnah kennen. Die genaue Analyse der wichtigsten Stakeholder sowie die Definition der Ziele und eine darauf abgestimmte Themensetzung und Aufbereitung der relevanten Fakten stehen damit im Fokus der ersten Phase der Kommunikationsarbeit.«

Was sollten insbesondere Start-ups bei der Pressearbeit über Social Media beachten?

»Synergien von Social Media und klassischer Pressearbeit liegen auf der Hand und sind daher strategisch zu Beginn anzulegen. Generell entspricht Medienarbeit den Kriterien der EARNED-Medien – also höchste Glaubwürdigkeit durch redaktionelle Berichterstattung, während Social-Media-Kanäle als OWNED-Media ungefiltert mehr oder weniger die Eigenansicht des Unternehmens verbreiten können. Die Pressearbeit dient dem persönlichen Kontaktaufbau und der Vertrauensbildung zu Journalisten. Das Setzen von relevanten Themen sowie gut aufbereitete Pressinformationen und -veranstaltungen sorgen für die glaubwürdige Präsenz in Medien. Dort werden viele interessante Inhalte und Themen dann aufgegriffen und letztlich über Social Media kommentiert und verbreitet. Social Media als OWNED-Media sind dialogfähig und eignen sich auch damit hervorragend, um eine enge Verbindung zu Zielgruppen direkt aufzubauen – und der Kreativität sind keine Grenzen gesetzt. So stellt sich dann auch hier ein nutzbringender Austausch ein, wenn Themen aus digitalen Medien in redaktionelle Berichte umgesetzt werden.«

www.tailormade-communications.com

3.1.2 INDIVIDUALISIERUNG

Trend zur Individualisierung © Bellone Franchise Consulting GmbH

Der Megatrend Individualisierung hat durch die Digitalisierung einen enormen Schub bekommen. Vom personalisierten Nutella-Glas über Outdoorjacken von Nudown, die dem individuellen Kälteempfinden angepasst werden, bis hin zum Medikament, das per DNA-Test für den Patienten extra produziert wird. Und nicht nur die großen Unternehmen suchen in diesem Trend Chancen. Dienstleistungen tragen schon im Kern die Möglichkeit der optimalen Anpassung an die Bedürfnisse der Kunden und Kundinnen. Ob Berater*innen, Friseur*innen oder Trainer*innen, Tiny-Startupper*innen im Servicebereich können der Kundschaft den Anspruch nach »Nur-für-mich« erfüllen. Diesen Besitzanspruch leistet das 2012 gegründete Münchner Unternehmen Mime et moi mit Schuhen, die sich durch verschiedene Absatzformen, -farben und -höhen umgestalten lassen. Das Gründerquartett, bestehend aus drei BWLern und einem Maschinenbauingenieur, feilte am Konzept und konnte über Kickstarter und nachfolgende Finanzierungsrunden ihr patentiertes Klicksystem, mit dem die Schuhe auf sieben verschiedene Absätzhöhen verstellbar sind, komplettieren. 2016 starteten sie mit dem Online-Verkauf. Der ursprüngliche Name der Firma, Flexheel GmbH, wurde für das Schuhlabel durch den klangvollen Namen Mime et moi ersetzt, der zugleich charmant auf den Nutzen der Trägerin hinweist. »Mime«, so die Gründer, würde für die Mimik der Schuhträgerin stehen, die sich in der Regel beim Tragen hoher Absätze irgendwann schmerzlich verändert.[219] Mit Mime et moi kann sie situationsbedingt Abhilfe schaffen und vom High Heel mit 10-cm-Absatz auf einen tanzbaren 3-cm-Absatz ganz edel wechseln.[220] Schuhe haben auch andere Mass-Customization-Startups begeistert. Der Pionier war das 2009 gegründete australische Unternehmen Shoes of Prey. Hier war der Beweggrund des Gründertrios, bestehend aus einer Anwältin sowie ehemaligen Mitarbeitern von Google, eine größtmögliche Variantenvielfalt zu bieten. So warb denn auch das Unternehmen mit 196 Trillionen Designmöglichkeiten, als es 2013 den Onlineshop in Deutschland eröffnete. Ermöglicht wurde dies mit dem 3-D-Schuh-Designer, mit dem Form,

Farbe und Höhe der Schuhe, Spitzen, Verzierungen und Außenmaterialen kombinierbar waren. Für diese Innovation und den Service der 365-Tage-Rückgabegarantie bekam das Start-up 2013 auch den World Retail Award. Der langfristige Erfolg blieb jedoch aus. 2018 gab es erste Produktionsstopps, und 2019 wurde das Aus verkündet. Bei einem Presseinterview gab einer der Gründer, Michael Fox, als Grund des Scheiterns an: »Wir haben auf dem harten Weg gelernt, dass Massenmarktkunden nicht selbst designen wollen [...]. Sie wollen die neuesten Trends sehen, was Prominente und Instagram Influencer tragen und sie wollen genau das tragen [...].«[221] Wenn du in den Markt für personalisierte Angebote einsteigen möchtest, dann lohnt es sich, die Bedürfnisse der Zielkunden zu analysieren. Schau dir zu diesem Thema auch unsere Bedürfniszielscheibe im nächsten Kapitel an. Gemäß des Consumer Barometers 2017 (IFH Köln und KPMG), das sich auf 500 Konsumentenaussagen plus Experteninterviews stützt, hat bereits ein Drittel aller befragten Konsumierenden personalisierbare Produkte einmal oder sogar mehrfach ausprobiert. 47 Prozent können sich vorstellen, solch ein Angebot zu nutzen.[222] Das Gros der Nutzer*innen ist unter 40 Jahre alt, die potenziellen Nutzer*innen sind im mittleren Alter bis 50 Jahre. Damit sich der Aufwand der Individualisierung für dein Unternehmen rechnet, solltest du neben der Markt-/Kundenanalyse eine Auswahl an Möglichkeiten anbieten. Eine Auswahl, die die Kunden und Kundinnen bezüglich der Kombinationen nicht überfordert und die sich in der Produktion für dich skalieren lässt. Zuviel Sondermodelle gehen zu Lasten der Rentabilität. Shoes of Prey hat beispielsweise Schuhgrößen von 31 bis 49 angeboten. Mime et Moi setzt auf gängige Größen zwischen 36 und 41 und neu auch auf Produktion on demand, das heißt, bei Vorabbestellung werden die Modelle produziert. Damit vermeidet das Unternehmen Überproduktion und agiert nachhaltiger. Christian Möhring, der schon bei NIKE für die Produktpersonalisierung verantwortlich zeichnete und sich bei IKEA als Digital-Chef um die Apps, Social Media, Performance Marketing und Webanalytics gekümmert hat, ging 2019 mit https://

madeone.com/ an den Start. Mit der branchenübergreifenden Plattform bietet er seinen Kunden »Customization as a Service« (kurz: CaaS) an und verspricht Unternehmen, aus der Komplexität von Produktkombinationen und den vorhandenen Ressourcen, ein profitables und skalierbares Customization Business zu gestalten. Für Möhring ist klar, dass den Kunden ein Rahmen gesetzt werden muss, auch um das Design der personalisierten Produkte in Qualität und Stimmigkeit produzieren zu können.[223]

Individualisierung kann aber auch anders aussehen. Kai Aichinger hat 2019 mit nextbase[224] einen Onlineshop aufgemacht, der exklusive Produkte von Start-ups anbietet und auch eine kurze Historie von ihnen vorstellt. Da gibt es interessante Produkte wie zum Beispiel The PooPick, ökologische Hundekotbeutel, die nachhaltig und fair in Deutschland produziert werden. Bei den Abermillionen Plastikbeuteln, die ansonsten tagtäglich zum Einsatz kommen, eine tolle Idee. Von Fingerschaufeln, über Alpen-Power-Produkte bis zur »tomatösen Spirituöse« namens und von Dolor Doble und vielem mehr gibt es genügend Produkte, um den Nutzern eine Möglichkeit zur Differenzierung zu geben. Die Motivation des Gründers Aichinger war neben dem Traum der eigenen Unternehmensgründung auch das Zusammenarbeiten mit anderen Start-ups.[225] Die klugen Köpfe hinter den »jungen« Geschäftsideen, die möchte er vorstellen.

Final Tiny Tipp:

Analysiere deine (potenziellen) Zielkunden danach, welche relevanten Individualisierungsbedürfnisse sie haben. Schau dir dazu auch das nächste Kapitel an, um die unterschiedlichen Bedürfnisse näher kennenzulernen. Kannst du mit deinem Start-up, respektive mit deiner Geschäftsidee eine Personalisierung des Angebotes selbst kreieren oder brauchst du einen Kooperationspartner? Rechnen sich Aufwand und Ertrag eines variantenreichen Angebotes?

3.1.3 GLOBALISIERUNG

Im Zeichen der Globalisierung finden in den Bereichen Kultur und Wirtschaft weltweit Verflechtungen statt. So wächst die Welt einerseits immer mehr zusammen; andererseits sind Themen wie Selbstbehauptung und Abgrenzung Treiber, um aus dem Weltmarkt herauszustechen. Die kulturelle Vernetzung zeigt sich sehr deutlich am Tourismusverkehr. Reisten 2015 rund 1,2 Milliarden Personen als Touristen in ein anderes Land[226], waren es 2018 bereits 1,4 Milliarden. Eine Vergleichszahl: 1950 waren es 25 Millionen Menschen, die touristisch unterwegs waren.[227] Gut, zu der Zeit gab es eine Weltbevölkerung von 2,5 Milliarden Menschen – wir erinnern uns, heute liegt sie bei rund 7,8 Milliarden. Wer bislang zu den größten Playern in der Tourismusbranche zählt(e), haben wir im Kapitel 2 dargestellt – auch Auswirkungen des Coronavirus auf den Massentourismus.

Die kulturelle Globalisierung in den Bereichen Kunst, Musik und Film hat über die Digitalisierung neue Karrierewege ermöglicht. Die US-Amerikanerin Loren Gray startete als 13-Jährige mit einem Account auf Musical.ly, heute als Videoportal TikTok bekannt, und zählt mit gut 70 Millionen Abonnenten als Social-Media-Star bei Instagram, YouTube und TikTok. Ihr Talent konnte sie auch mit einem Plattenvertrag bei Virgin Records 2018 unter Beweis stellen.228 Die Demokratisierung von Kunst und Kultur, in dem das Publikum über die sozialen Medien direkt erreicht wird, das gelingt nicht nur Musiker*innen. Freischaffende Künstler präsentieren ihre Werke über eigene Accounts und interagieren auch mit den digitalen Möglichkeiten. Das Museum für bildende Künste in Leipzig wartete mit einer interessanten Ausstellung unter dem Titel »Link in Bio. Kunst nach den sozialen Medien« auf. Der folgende Link gibt eine gute Übersicht über die Werke: https://mdbk.de/ausstellungen/link-in-bio-kunst-nach-den-sozialen-medien/. Dass die Kulturbranche im Musik- und Kunstbusiness ein globaler Wirtschaftszweig gigantischen Ausmaßes geworden ist, zeigen wir ebenfalls im Kapitel 2 auf.

Du kannst die Globalisierung für dein Geschäftskonzept auf verschiedene Arten nutzen. Du kannst dich als Freischaffender in einem kulturellen Bereich auf dem Weltmarkt präsentieren respektive arbeiten, wie wir es mit dem Musiker und Komponisten Rainer Oleak im vorangegangenen Kapitel vorgestellt haben, oder du kannst deine Talente per Video über die sozialen Medien bekanntmachen. Du kannst den globalen Markt für den Verkauf deiner Produkte nutzen. Dafür sind am Markt vorhandene Lösungen oftmals effizienter, weil schon erprobt und stetig aktualisiert. Es gibt verschiedenste Kauf- oder Mietsoftware-Angebote bis hin zu Plugins als Erweiterung der eigenen Website. Passgenau wird es, wenn du die Anforderungen hinsichtlich Funktionen, Sortimentsbreite und -tiefe, Individualisierungsgrad, Länderabdeckung und Budget konkretisierst. Wir haben hier einen Link eingefügt, der dir verschiedenste Shoplösungen mit Vor- und Nachteilen aufzeigt: https://www.weclapp.com/de/blog/shopsystem-vergleich/

Doch zurück zu einem Beispiel in der Bleibtreustraße in Berlin-Charlottenburg. Dort begann 2012 die Erfolgsstory von Paper & Tea, jenem Teeladen, der durch seine erlesenen Tees sowie Papierwaren und durch die ästhetische Aufmachung ins Auge fällt. In der Bleibtreustraße 4 mit Büro im Altbau-Seitenflügel, von dem aus die Ware abgepackt und verschickt wurde, gab es im Vorderhaus den Shop, der heute auch der Concept-Store ist. Mittlerweile gibt es fünf Standorte in Deutschland und einen Webshop. Die Vertriebskanäle Webshop und B2B sind global aufgestellt. Nicht erst seit Corona, sondern schon von Beginn an, hat der deutschkanadische Gründer Jens de Gruyter auf Feedbackkultur und Vernetzung gesetzt. Ersteres, indem er Anlässe wie Teezeremonien und -seminare mit Kunden für den Austausch und die Weiterentwicklung nutzt. Letzteres, um bei allem zu überprüfen, wie zum Beispiel Offline-Angebote online übersetzt werden können. Die gut besuchten Präsenz-Teeseminare mit Verkostung konnten so als Online-Versionen, moderiert von einem Tea-Master, angeboten werden. Kunden, die sich für ein solches Seminar anmelden, bekommen parallel dazu Teeproben nach Hause gesandt. Die Resonanz ist phänomenal, wie sich Stefan Matte, Managing Director bei Paper & Tea, in einem Interview auf Shopify äußert.[229] Paper & Tea kennt die Bedürfnisse seiner Kundschaft, die sowohl leidenschaftliche Teetrinker sind, das Besondere zu schätzen wissen und auch bereit sind, dafür mehr zu bezahlen. Um das Bedürfnis nach Exklusivität zu bedienen, setzt Paper & Tea auf ein kuratiertes Angebot, nicht so viel wie möglich, sondern eine Auswahl, zu der es auch etwas zu entdecken und zu erzählen gibt.[230]

Paper-&-Tea-Werbung © Bellone Franchise Consulting GmbH

Globalisierung hat wie alle Megatrends auch einen Gegentrend, und der liegt im »Act local«. Das konnten wir schon mit Thomas Laux, dem Gründer von Hausboote Lahn im ersten Kapitel vorstellen. Für die deutschen Touristen sind das quasi Ferien vor der Haustür. Die Betonung regionaler Vorzüge oder Spezialitäten machen sich sehr erfolgreich verschiedenste Start-ups zunutze, im Wissen, dass der Bedarf zunimmt. Die Mehrheit der Verbraucher*innen in Deutschland (69 Prozent) wünscht sich noch mehr regionale Produkte im Handelssortiment (Umfrage 2018).[231] In der Schweiz sind es laut der »Trusted-Brands Umfrage 2018« von *Reader's Digest* 62 Prozent, die sich das nicht nur wünschen, sondern auch bereit sind, einen Zuschlag dafür zu bezahlen.[232] In Österreich sind es 61 Prozent, denen es wichtig ist, dass Produkte aus Österreich respektive aus der Region stammen.[233] Die Motive für die regionale Bevorzugung sind hauptsächlich Nachhaltigkeit, Geschmack und Unterstützung der heimischen (Land-)Wirtschaft. Dass das gepaart sein kann mit der Entdeckung regionaler Spezialitäten, die bis dato weniger bekannt waren, das hat sich unser nächster Interviewpartner, Freddy Gisler, mit seinem Gisler Regioladä auf die Fahne geschrieben.

Freddy Gisler, Gisler Regioladä

Freddy Gisler, Gründer vom Gisler Regioladä © Privatbesitz

Das Gisler Regioladä haben wir ganz früh kennengelernt, als Freddy Gisler sein Ladengeschäft in Unterägeri, im Kanton Zug, gerade erst angemietet hatte und begann, seine Holzmöbel selbst zu schreinern und einzubauen. Von Beginn an spürte man die Energie, die etwas Neues entstehen ließ. Grundsolide und geerdet sollte es sein. Als Hofladen für verschiedene Landwirte und Produzenten der Region, mit den Schwerpunkten Qualität, Geschmack und Nachhaltigkeit, positionierte Freddy seinen Regioladä zudem konkurrenzlos. Wir haben Freddy Gisler zu einem Interview eingeladen, das wir hier gern vorstellen.

Warum hast du dein Tiny Start-up gegründet?

»Ich habe mein Gisler Regioladä in Unterägeri gegründet, weil ich etwas für die Region und für unsere Erde bewirken möchte. Die Landwirte und Manufakturen hier im Tal sind mir wichtig, und da ich selbst Vater bin, möchte ich, dass unsere Nachkommen auch noch eine Zukunft haben.«

Was war der Auslöser für deine Geschäftsidee?

»Ich habe sehr viel im Ägerital recherchiert. Es gab keine Einkaufsmöglichkeit, wo ich Lebensmittel aus der Region erhalten und dazu noch unverpackt einkaufen konnte. Mir war es wichtig, dass der Konsument bei den Produkten weiß, dass sie aus der Region sind. Er soll erkennen, woher sie kommen, wer sie produziert hat und auch, wie sie produziert werden. Deshalb präsentiere ich diese Höfe auch mit einer Beschreibung, Fotografien und der konkreten Adresse in meinem Laden. Dabei möchte ich einen fairen Preis bieten für das Produkt, die Konsumenten, aber auch die Hersteller. Mir ist es wichtig, dass die Produzenten faire Preise für ihre Arbeit und ihre Produkte erhalten. Das Besondere am Gisler Regioladä ist die neue Art des Einkaufens alltäglicher Produkte. Ich führe sozusagen einen Hofladen von verschiedenen Landwirten und Produzenten aus der Nähe regional, saisonal und unverpackt. Ich biete Lebensmittel aller Art, Pflegeprodukte für den Körper und Reinigungsprodukte, welche zu 100 Prozent biologisch abbaubar sind. Dazu auch feine Liköre und Biere aus Mikrobrauereien. Zugleich verfolge ich ein Null-Müll-Konzept. Mein Geschäft, mit all seinen Holzregalen, -displays und -Wandverkleidungen habe ich selbst ausgebaut. Warum sollte man also bei mir einkaufen? Im Gisler Regioladä werden alle Sinne berührt. Ein stressfreies Einkaufen, in rustikaler Umgebung mit Beratung und Kaffeeplausch ist bei mir möglich und erwünscht.«

Thomas Matla, Freddy Gisler, Veronika Bellone © Bellone Franchise Consulting GmbH

Wie erlebst du dein Kleinst-/Kleinunternehmertum? Worin liegen die größten Chancen, worin die größten Herausforderungen?

»Als Kleinunternehmen kann ich individuell auf Kundenwünsche eingehen und flexibel agieren. Ich kann Nähe zu den Bauern und Kunden herstellen. Auf alle Situationen kann ich viel besser reagieren als die Großunternehmen.«

Welche Auswirkungen hat die Corona-Krise auf dein Tiny Start-up?

»Eigentlich keine so großen. Da ich geöffnet haben konnte, ist die Kundschaft immer noch gekommen. Die älteren Leute weniger. Dafür kamen neue Gesichter, welche nicht im Coop* und Migros* so lange anstehen wollten.«

Was ist ein typischer Glücksmoment, den du immer wieder in deinem Tiny Start-up erlebst?

»Die vielen strahlenden Gesichter, welche tagtäglich in meinem Geschäft anzutreffen sind. Wenn die Kunden mein Geschäft betreten, die schöne rustikale Einrichtung sehen und sie bestaunen. Und die vielen positiven Rückmeldungen, wie gemütlich das Einkaufen wieder sein kann. Als Unternehmer macht es mich glücklich, mein eigener Chef zu sein, Arbeitsplätze in der Region zu schaffen, Nähe zu den Kunden zu haben, Verantwortung zu übernehmen, etwas zu bewirken für die Region, die Umwelt und für die Nachkommen, meine eigenen Ideen umsetzen zu können. Zudem macht es mich ein wenig stolz, zu sehen, was man erreichen kann, wenn man etwas will.«

https://gislerregio.ch/

https://www.facebook.com/gislerregio/

https://www.instagram.com/gislerregio/

* Migros und Coop sind schweizerische Lebensmittel-/Detailhändler

Final Tiny Tipp:

Hinterfrage deine kulturelle Positionierung. Was macht dich zu einer globalen, nationalen, regionalen oder lokalen Marke? Welche Vorteile kannst du für die gewählte Positionierung nutzen? Kann es der Wert sein, der zum Beispiel mit dem Land als Qualitätssiegel verbunden wird? So stand gemäß des »Globalism Project«, zu dem Menschen in 23 Produktionsländern repräsentativ befragt wurden, Deutschland auf Platz 1.[234] Vielleicht sind es auch bestimmte kulturelle Rituale wie Kaffee- oder Teezeremonien, zu denen bestimmte Spezialitäten gereicht werden, die global oder im DACH-Raum zugänglich gemacht werden. Gerade wenn in Corona-Zeiten, die auch künftig noch unser Leben beeinflussen werden, das Reisen schwieriger wird, können Storys und Produkte aus anderen Kulturen an Attraktivität gewinnen.

Urban Gardening © Bellone Franchise Consulting GmbH

3.1.4 NACHHALTIGKEIT

Der Bundesverband deutscher Start-ups veröffentlicht im »Green Startup Monitor 2020«, dass 21 Prozent aller deutschen Start-ups Produkte und Dienstleistungen für den Umwelt- und Klimaschutz liefern. Der Gründer*innen-Anteil mit 22 Prozent ist bei grünen Start-ups deutlich höher als bei nicht-grünen Start-ups (13 Prozent).[235] In der Schweiz sind allein 10 Prozent der Start-ups im Cleantech-Bereich aktiv[236], und mit einem Anteil von 46 Prozent verfolgen österreichische Start-ups soziale und/oder ökologische Ziele[237]. Auch eine europäische Onlinebefragung von 282 Start-ups (2020) zeigt auf, dass sich 90 Prozent mit der Integration von Nachhaltigkeitsmaßnahmen in den eigenen Prozessen, in ihrem Angebot von Produkten, Dienstleistungen und ihren Geschäftsmodellen beschäftigen.[238] Dieses Ergebnis spiegelt auch unsere Erfahrung über Coachings und Interviews wider. Mehr dazu auch im Kapitel 4 unter Marketing-Mix/Purpose. Obwohl der Nachhaltigkeitstrend bereits lange währt, polarisiert er noch immer. Die Notwendigkeit, sich grundlegend mit allen vier Bereichen der Nachhaltigkeit, der Ökonomie, Ökologie, Kultur und dem Sozialen, auseinanderzusetzen und praktikable Lösungen zu schaffen, muss an dieser Stelle nicht mehr erläutert werden – die Fakten sprechen für sich. Dennoch gibt es sowohl konsumenten- wie unternehmensseitig das Dilemma, dass sich bei diesem Thema viele überfordert fühlen und unternehmerischer Erfolg nicht ganzheitlich, also gesellschaftlich und umweltbezogen, sondern vor allem wirtschaftlich gemessen wird. Wir haben zu diesem Thema 2008 die Greenfranchise-Initiative gestartet, 2012 das Buch *Greenfranchising* für den mi-Wirtschaftsbuchverlag geschrieben und parallel den Green Franchise Award entwickelt und realisiert. Uns lag und liegt am Herzen, dass nachhaltige Konzepte und Ideen in skalierbarer Form entwickelt werden, um sie im Austausch mit den Kooperationspartner*innen umzusetzen und weiterzuentwickeln. Ein Award schafft zusätzliche Anreize, das konnten wir in sieben Verleihungsjahren erfahren. Nachhaltigkeit ist im täglichen Leben angekommen, überzeugt aber über den Kundennutzen, wie zum Beispiel mit den Schokoladenriegeln nucao der the nu company[239] in Dresden. Die drei Gründer waren eigentlich für die Ingenieurslaufbahn bestimmt, denn sie studierten Wirtschaftsingenieurwesen in Aachen. Beseelt hatte sie aber ein anderes Unterfangen, nämlich gesunde, geschmackvolle Schokoladenriegel auf den Markt zu bringen, die dem Körper gesunde Nährstoffe zuführen und nicht ein Übermaß an Zucker. Und die Idee kam nicht von ungefähr, sie selbst waren auf der Suche nach solchen Snacks, um Energiereserven für die Schreib- und Lernphasen während des Studiums zu haben. Die Finanzierung ihrer Geschäftsidee, die anfänglich vor allem vom Gesundheitsaspekt bestimmt war, klappte über ein Gründerstipendium von Exist[240], Existenzgründung aus der Wissenschaft. Das ermöglichte ihnen über ein Jahr ein kleines Einkommen und die Möglichkeit, ihre Idee in eine umsetzbare Form zu bringen, mit der sie dann 2016 auf den Markt gingen. Die grünen Konzeptideen sind fortlaufend dazugekommen.[241] Heute bietet das Start-up Riegel und Proteinshakes über den eigenen Onlineshop und über die großen Biomarktketten sowie den dm-Drogeriemarkt in Deutschland an. Die Vision ist, ein globales Lebensmittelunternehmen zu werden, das Food neu denkt und Vorreiter für gesunden, nachhaltigen Konsum ist. Dazu gehört, dass sie auch nach innen eine Führungskultur leben, die den gut 40 Mitarbeitenden mehr Eigenverantwortung und Freiraum überträgt, indem es beispielsweise keine traditionellen Hierarchieebenen gibt. Der Ansatz nennt sich Holacracy und wird gerade von Start-ups und kleineren Unternehmen genutzt, weil sie Mitarbeitende stärker nach ihren Fähigkeiten und Bedürfnissen einbindet und dies zu mehr (Re-)Aktionsfähigkeit am Markt führt. Der nachfolgende Link führt zum *Upload Magazin,* in dem sehr interessante Erfahrungsberichte von Start-ups mit diesem Management-System geschildert werden: https://upload-magazin.de/32465-holacracy-holakratie/.

Wir haben im Kapitel 2 die Kreuzfahrtschiffe und deren Größe und Ausmaße erwähnt. Gemäß einer Studie von Transport & Environment (2019)[242] stoßen 47 Kreuzfahrtschiffe zehnmal mehr Schwefeldioxid aus als alle 260 Millionen Autos, die in Europa unterwegs sind. Um hier einen nachhaltigen Ansatz zu platzieren, hat ausgerechnet das Start-up Daphne Technology[243] aus der Alpenrepublik Schweiz ein neuartiges Katalysatorsystem entwickelt. Mit einem auf Nanotechnologie basierenden Filter können die Schadstoffemissionen bis zu 99 Prozent verringert werden, und das gefilterte Schwefeldioxid wird nicht – wie sonst üblich – ins Meer geleitet, sondern an Bord zwischengelagert und kann auf verschiedene Arten wiederverwendet werden.[244]

Final Tiny Tipp:

Es gibt viele große und kleine Ideen, Solopreneure und Teams, die mit ihrem Angebot zur Verbesserung der Welt beitragen und/oder mit ihrem Geschäft im Einklang mit Wirtschaft, Gesellschaft und Natur leben wollen. Finde heraus, wo in deinem Unternehmen oder deinem Konzept Nachhaltigkeitspotenziale stecken. Nutze dazu auch unseren 13-P-Marketing-Mix, mit dem wir dir für jeden Bereich Ideen geben, die du dann auch ganz besonders aus der Perspektive der Nachhaltigkeit anschauen kannst. Vielleicht gestaltest du deine Preisbildung so transparent, wie es das nachhaltige Unternehmen VAUDE (Bergsportausstatter) macht, das in ihrem Nachhaltigkeitsbericht ganz klar über Kosten und Profite bei ihrer Zusammensetzung des Verkaufspreises berichtet.[245] Oder du siehst in deinem Angebot und dem erweiterten Nutzen eine Möglichkeit, wie es Maurice Morell mit seinen veganen Suppen sowie der angeschobenen Suppe (man bezahlt für einen Bedürftigen mit) auf Sylt anbietet. Der ehemalige erfolgreiche Werbe- und PR-Manager stellte nach Jobverlust und Scheidung sein Leben vollkommen um und zog mit leichtem Gepäck los. Nun betreibt er seit acht Jahren auf Sylt eine eigene Suppenbude.[246] Als Autodidakt kreiert er Suppen, die sich herumsprechen, ob im WDR-Fernsehen oder im *Brandeins*-Magazin, in dem wir über ihn gelesen haben, sodass wir ihn nach seinem Rezept für Start-ups befragten.

Von Maurice Morell, Sylter Suppen:

Maurice Morell © HarperCollins Germany

Koche doch Deine eigene Suppe – nach Deinem eigenen Rezept

»Ein großer Teil angestellter Menschen schleppt sich zur Arbeit, der Anteil jener, die innerlich längst gekündigt haben, ist enorm. Sie machen Job nach Uhr, ›Job searching for Feierabend, searching for Weekend‹. Ist das normal? Traurig, oder? Solche Mitarbeiter möchte ich nicht ›beschäftigen‹. Viele Menschen, die merken, dass es so für sie nicht weitergeht, ›dass da noch mehr geht‹, die ahnen, dass das nicht alles gewesen sein kann, sind auf der Suche. In einer Urlaubssituation auf Sylt erhoffen sie, dem Thema Traumberuf, Talent und Berufung einmal nachgehen zu können, am Meer geht das gut. Hier kann man auch seinen Frust in den Wind schreien oder ein Klagelied am Watt singen. Während einer Suppe ›bei dem Morell‹ lässt sich über das Thema doch gut plaudern. ›Der tickt anders, dem geht's wohl gut.‹ Sie docken sich gerne an, einige finden in ihrem gewohnten Umfeld keinen mehr, der sich über solche Themen tiefer austauschen mag. Kein Wunder, die sind angstbesetzt. Und du als Role-Model-Selbstständiger löst dich, wirst zur Projektionsfläche. Du bist einer, der Wirkmacht entfaltet, der sich aufmacht. Das ist brandgefährlich. Sie wissen, sie bleiben zurück.

Einige Freie haben in diesem Stadium längst diverse Berufungsliteratur durchgearbeitet, nahmen an Berufungsonlineseminaren teil, sind aktiv in Berufungsgruppen, die von Berufungscoaches moderiert werden. Hier eint die Vorstellung, erst müsse man die Berufungsfrage für sich klären, erst dann ginge es weiter. Erst nach Abklärung sei die Bahn frei und die Energie da, sich aufzumachen. Ein Side-Step, ein Ausbrechen auf die falsche Bahn, das Setzen aufs falsche (tote?) Pferd, das will man nicht mehr, bedeutet es doch wieder Zeit- und Energieverschwendung. Beides soll vermieden werden, denn: Life is short, und es gibt viel zu tun. Welch Stress! Wie viel Frustration wird über diese Gedanken generiert? Da kommt die alles entscheidende Frage doch zur rechten Zeit. Sie poppt auf in einer hellen Sekunde, wo sich der Raum ausdehnt. Am Meer, unter der Dusche, bei einer nächtlichen Autobahnfahrt. Sie lautet: Was will ich wirklich, wirklich, wirklich – und wofür? Für viele eine unerhörte, vielleicht aber doch auch Erlösung versprechende Frage.

Ich bin mir heute ganz sicher: Es geht nicht darum, meine Berufung zu finden. Ich lebe meine Berufung mehr und mehr. Das bedeutet für mich: Berufung hin zu mir, zu meinem Leben. Ich fühle mich berufen, meine Antwort zu geben auf die Frage, die mir das Leben stellt. Ich bin die Antwort. Diese darf verschiedene Formen annehmen. Deshalb sind die Fragen ›Ist dies nun mein Job, ist es das, was ich machen soll? Das, was besser ist als das, was ich vorher tat? Ist es das nun?‹ überhaupt nicht hilfreich. Es tut sich immer wieder eine neue Tür auf. Hier darf ich schauen, was sich noch auftut, welche Aspekte meiner Persönlichkeit hier zum Tragen kommen, was sich nochmals entfalten darf: Kinobetreiber sein, Seminarhausbetreiber an der Schlei, Bio-Feinkostgeschäft-Besitzer in Hamburg, Strandkorbvermieter, Bioeis-Verkäufer, Kaffee-Barista, Riesen-Seifenblasen-Bereiter und und und … Ich habe vor Jahren proklamiert: Ich folge der Freude. Heißt: Ich mache immer mehr von dem, was Freude macht, was Freude verspricht. Und das hat Folgen. Es sortiert sich sehr schnell vieles aus, fällt weg, und freudlose Baustellen werden geschlossen. ›Ich folge der Freude‹ ist offenbar auch eine Provokation. Ich merke es an den Reaktionen. Bezeichnend ist diese: ›Herr Morell, das Leben ist kein Ponyhof.‹ Kann man so sehen – muss man aber nicht.

Es geht offenbar darum, damit umgehen zu lernen, dass man nur EINS ist, dabei eben vielfarbig. Der ›Beruf‹ ist unwichtig. Ich bin viele, so viele Aspekte wollen gelebt werden. Was sich beruflich zeigt und als sicher sich ausgibt, als etwas ›Erreichtes‹, das entpuppt sich – betrachtet auf einem Spielfeld – doch nur als weitere Facette meines Innersten. Diese als solche zu würdigen und einzuordnen ist dann ein Schritt. Das Außen signalisiert dann oft, man habe es doch noch nicht getroffen. Und das hört man dann oft von Menschen, die dieses Abenteuer nicht leben, die sich nicht auf dem Spielfeld befinden, sich in ihrer Komfortzone nochmal warm eingerichtet haben und sich von dort aus um einen sorgen. Sie projizieren ihre Angst und Verunsicherung auf die ›Spielenden‹, auf die Forschergeister. Sie sind eben noch nicht ins Abenteuerland aufgebrochen. Sie trauen Impulsen nicht, tun sie ab, werten solche ab. Sie können zurzeit nicht anders. Man kann es ihnen nicht verdenken. Sie sind an einer anderen Stelle ihrer Entwicklung.

Mittlerweile heiße ich Impulse willkommen, die Wind ins Business bringen. Manche verunsichern, auf andere springe ich in Begeisterung sofort auf. Das Umfeld reagiert oft irritiert. ›Soll er doch erstmal dabeibleiben. Immer wieder was Neues‹ oder ›Naja, der macht wenigstens was, der ist nicht so verrostet wie du, Hans-Jürgen‹. Manchmal taucht dann bei mir phasenweise Verunsicherung und Frustration auf, dass ich mich selbst nicht in eine Schublade stecken mag oder auch kann. Muss ich? Sehr oft gehört habe ich: ›Sie können so viel, Sie packen so viel an. Was können Sie eigentlich richtig, also professionell?‹ Dann beobachte ich, was in mir da innerlich mitschwingt. Ich genieße den Moment, bevor ich auch nur ansetze, darauf zu antworten. Manchmal frage ich dann nur freundlich nach. Vielleicht ist die einfachste Gleichung ›Berufung = Talent‹, das sich so zeigt, so auftut, wie es natürlich angelegt ist. Eine Anlage mit Ruf. Und wir machen einen solchen Wind darum.«

Maurice Morell, Websites Sylter Suppen https://www.sylter-suppen.de/

3.1.5 GANZHEITLICHE GESUNDHEIT

Nicht nur in der Corona-Zeit ist die Gesundheit oder das Fehlen dieser zu einem omnipräsenten Thema geworden. Gibst du Gesundheit auf Google ein, dann erscheinen 300 Millionen Ergebnisse dazu. Das wundert nicht, denn der Megatrend für ein ganzheitliches Gesundheitsbewusstsein wird auch stark über das Internet beflügelt. Ob über Netdoktor oder selbst organisierte Foren, Symptome und Krankheitsbilder werden abgefragt und ausgetauscht ebenso wie gesundmachende Therapien, Medizin und Alternativmethoden.

Die psychische und physische Gesundheit ist zu einem vielfältigen Wachstumsmarkt geworden und wird es auch in Zukunft bleiben. Die Gesundheitskosten steigen weltweit durch die steigende Lebenserwartung, das Bevölkerungswachstum und durch virologische Bedrohungen, die häufig im Zusammenhang mit dem Klimawandel stehen. Von daher werden alle Dienstleistungen und Produkte rund um die Themen gesunde Nahrungsmittel (Biokost, Functional Food), Personal Health über Biohacking (das heißt Entschlüsselung und Optimierung des Körpers), Fitness, Gesundheitsberatung und -prävention, Pflege und vieles mehr zu interessanten Start-up-Bereichen, die mehr Kapitalgeber anziehen, als es rein nachhaltig deklarierte Existenzgründungen vermögen.

Gesundheitskosten lassen sich mit virtueller Beratung einsparen, denn vieles lässt sich sehr effizient per kurzem Checkup klären und das für die Patienten zudem sehr bequem, fallen doch Anfahrtswege und Wartezeiten weg.

Das Schweizer Startup eedoctors[247], 2017 gegründet, bietet virtuelle Sprechstunden über eine Smartphone-App, das heißt per Video oder Chat wird ein ortsunabhängiger Zugang zu einem Arzt, an 365 Tagen im Jahr von 8.00 bis 21.00 Uhr gewährleistet. Es gibt einen kostenlosen Ärzte-Chat und bei Bedarf können Online-Rezepte ausgestellt und direkt von der App heruntergeladen werden. Im März 2020 zählten bereits 30 Spezialisten zum Ärzteteam des Start-ups, und es gab diverse Anfragen von Versicherungen aus dem In- und Ausland. Übrigens wurde eedoctors vom Nichtmediziner Pascal Fraenkler gegründet. Er kam – wie so oft in unserem Buch vorgestellt – durch Eigenerfahrung auf die Idee. Im Urlaub, genau genommen in der Serengeti-Wüste, erkrankte er und mutmaßte aufgrund der Anzeichen, dass es Malaria sein könnte. Es erwies sich glücklicherweise zwar als Fehldeutung, doch wurde ihm bewusst, dass ärztliche Hilfestellung im näheren Umfeld nicht erreichbar war. Die Internetverbindung war allerdings sehr gut. So formte sich die Idee einer Kombination von medizinischer Beratung und einer App, für die er Projektpartner aus der IT und Kapitalgeber suchte und fand.[248] Das Potenzial der Telemedizin ist groß. Sowohl seitens der Großunternehmen, die ihren Mitarbeitenden diesen Online-Service bieten, Arztpraxen, die damit ein virtuelles Sprechzimmer aufbauen, und generell in Märkten wie beispielsweise Deutschland, wo Telemedizin erst seit 2018 erlaubt ist und ein entsprechender Nachholbedarf besteht.[249] Mit der Corona-Krise ist der Bedarf dann nochmal gestiegen.

Gesellschaftliche Vorurteile oder Tabuthemen eignen sich für die Evaluation von Start-up-Ideen, wie es zahlreiche Newcomer im Bereich nachhaltiger Frauenhygiene wie zum Beispiel The Female Company[250] oder ooia[251] zeigen.[252] Die genannten haben sich unter anderem auf Bio-Tampons und andere nachhaltige Hygienelösungen spezialisiert, aber auch gleichzeitig auf einen Gesundheitsaspekt aufmerksam gemacht, indem sie ihre zertifizierten Inhaltsstoffe deklarieren.

Das Thema Wechseljahre respektive Menopause mag kein Tabuthema mehr sein, aber es ist noch sehr mit Vorurteilen besetzt. Für das Berliner Start-up XbyX von Peggy Reichelt und Monique Leonhardt war genau das der Auslöser. Peggy Reichelt war 43, als sie über diverse Gespräche feststellen musste, dass es nicht nur stereotype Vorstellungen wechseljahresgeplagter Frauen gibt, sondern auch eine große Unkenntnis, wie sich adäquat darauf vorbereiten und damit umgehen ließe. Ein Jahr und viele wissenschaftliche Studien später ging sie Ende 2019 mit Co-Gründerin Leonhardt mit XbyX online. Seither gibt es bei ihnen Wissensvermittlung zu den Themen Wechseljahre, hormonelle Balance und gesundes Altern, einen Gesundheitscheck und Audiokurs plus pflanzliche Produkte, die unter anderem helfen sollen, die Energie, Konzentration oder Lust zu steigern. Die ungewöhnliche Namensgebung XbyX geht auf den Kundinnennutzen zurück, in dem »Step by Step« auf die Effekte der schrittweisen

Hormonumstellung eingegangen wird und zielgruppenspezifisch auf »XX« für die weiblichen Chromosomen.

Monique Leonhardt und Peggy Reichelt, XbyX

Monique Leonhardt (links) und Peggy Reichelt, XbyX ©XbyX-Women in Balance

Wie geht es euch im ersten Jahr mit XbyX?

»Es ist immer noch jeden Tag aufregend, gepaart mit ständig neuen Herausforderungen, die gemeistert werden wollen. Aber vor allem sind wir wahnsinnig glücklich, wie gut es anläuft und wie unglaublich positiv und wie offen das Feedback unserer Kundeninnen ist! Die Zeit bis wir mit www.xbyx.de endlich im Februar 2020 online gingen, war hart. Rund um die Uhr zu arbeiten, war völlig in Ordnung. Hinzu kam aber die Ungewissheit, nämlich das noch nicht vorhandene Markt-Feedback: Geht unser Konzept auf? Wie reagieren die Frauen auf unsere Produkte? Auf unser Markenimage, unsere Ansprache – ganz allgemein auf unseren Ansatz, die Wechseljahre zu ›modernisieren‹? Wir hatten zwar Hypothesen aus einer Umfrage unter 1000 Frauen und all unserem Research. Aber live am Markt zu sein, ist dann doch etwas anderes. Es macht es leichter. Wir können mit unseren Kundinnen interagieren, sie einbeziehen, konkret für sie neue Inhalte, Wissenspakete und natürlich Produkte entwickeln. Wir sprechen mit Partnern – Ärzten, Heilpraktikern und anderen Gesundheitsspezialisten. Und wir werden jetzt täglich belohnt: mit E-Mails von Kundinnen, die uns schreiben, wie dankbar sie sind, dass es uns gibt, dass sie sich endlich verstanden fühlen und durch uns Lösungen finden. Wir lernen ständig dazu und kommen Schritt für Schritt unserer Vision ein Stückchen näher: einer Welt, in der Frauen mit Selbstvertrauen und Gelassenheit durch die Wechseljahre gehen, eine Gesellschaft, die Frauen bis ins hohe Alter respektiert und unterstützt.

https://www.xbyx.de/

Sicher wäre das Tabuthema Wechseljahre beim Mann eine ebensolche interessante Geschäftsidee. Alles rund um die Ernährung und Leistungsfähigkeit wird von vielen ambitionierten Start-ups aus der gesundheitlichen Perspektive beleuchtet und/oder neu gedacht. Wie es auch das Gründertrio von PWRGUM[253] mit einem zuckerfreien, zahnpflegenden Energy-Kaugummi umgesetzt hat. Das Trio, welches betont, »keine Jungspunde mehr« zu sein, hat eine Alternative zu den kostenintensiven und zuckerhaltigen Energy-Drinks entwickelt. Ein zusätzlicher Kundennutzen für die Zielkunden wie (E-Gaming-)Sportler und Berufsgruppen, die intensiver körperlicher wie geistiger Leistungsfähigkeit ausgesetzt sind, besteht in der Bequemlichkeit und schnellen Energiezufuhr. Ein Kaugummi punktet gegenüber Energydrinks in Dosen und als Pulver durch die schnelle und einfache Verfügbarkeit.[254]

Alina Russ, die Gründerin von LoLa's Kitchen, haben wir am Startupday Zürich 2019 kennengelernt. Sie präsentierte ihr Unternehmenskonzept, den schweizweit ersten veganen Cake Shop, der neben gluten- und zuckerfreien Kuchen auch Wissensweitergabe in Form von veganen Backworkshops anbietet. Wir hatten bis dato nur von einer guten Freundin, die auf vegane Kost umgestellt hat, sehr leckere selbst gebackene Lebkuchen gegessen – die wir jedes Jahr zu Weihnachten erhielten. Cakes waren für uns ein Novum und die Kunstwerke von Alina sowieso.

Dazu kommt Alinas ansteckend energetischer Unternehmerinnengeist. Wir freuen uns deshalb sehr, sie hier präsentieren zu können.

Alina Russ/Lola's Kitchen

Alina Rust vor ihrem LoLa's VEGAN KITCHEN Cake Shop © LoLa's Kitchen

LoLa's Kitchen produziert roh-vegane Desserts, welche gluten- und laktosefrei sind und ohne raffinierten Zucker auskommen. Dabei legt das Team Wert auf nachhaltige, saisonale und lokale Zutaten und verzichtet auf Palmöl sowie Soja. Die Mehrheit der Desserts wird direkt im Cake Shop in Zürich Wiedikon produziert. LoLa's Kitchen ist auch der erste schweizweite Lieferdienst für vegane Kuchen und hat im Dezember 2019 den ersten veganen Cake Shop der Schweiz eröffnet. Inhaberin Alina Russ gründete LoLa's Kitchen, weil sie davon überzeugt ist, dass sich gutes Essen auch mit einem gesunden Lebensstil verbinden lässt. »Eat LoLalicous, eat better!« Die Mission von Lola's Kitchen ist es, Menschen ein gutes Gefühl zu geben, indem sie gut und damit gesund essen.

LoLa's Kitchen Cake Shop in Zürich © LoLa's Kitchen

Warum hast du dein Tiny Start-up gegründet?

»Ich habe LoLa's Kitchen vor knapp drei Jahren gegründet, da ich selbst keine Milch- und Mehlprodukte vertrage.«

Was war der Auslöser für deine Geschäftsidee?

»Ich konnte nirgends Desserts finden, die ich bedenkenlos genießen konnte. Also habe ich mich als gelernte Restaurantfachfrau und Köchin selbst an die ›Backform gestellt‹ und losgelegt.«

Vegane Kreation von LoLa's Kitchen © LoLa's Kitchen

Mit welchen Vorurteilen als Existenzgründerin wurdest du konfrontiert (seitens deines sozialen Umfeldes und darüber hinaus)?

»Ich freue mich diese Frage mit ›keinen‹ beantworten zu können. Von allen Seiten habe ich Zuspruch erhalten, weil jeder die Problematik, welche ich mit LoLa's Kitchen aufgreife, sehr gut nachvollziehen kann.«

Wie erlebst du dein Kleinst-/Kleinunternehmertum? Worin liegen die größten Chancen, worin die größten Herausforderungen?

»Als ich mich entschieden habe, mit LoLa's Kitchen den Schritt in die Selbstständigkeit zu wagen, war ich mir bewusst, dass ich ein Risiko eingehe. Deshalb habe ich mir zum Ziel gesetzt, dass Sicherheit ganz oben steht. Mir ist es wichtig, in einer sinnvollen, umsetzbaren, qualitativen Geschwindigkeit zu wachsen. Mein Produkt, vegane, glutenfreie Kuchen, die ohne raffinierten Zucker auskommen, sind ein Nischenprodukt, und dies erfordert eine gute Kommunikation, sowohl extern wie auch intern. Je besser meine Kunden unsere Produkte und Werte kennen, desto sicherer bleiben sie uns erhalten. Dasselbe gilt auch für meine Mitarbeiter. Mein Start-up habe ich mit null Kapital über Instagram ›gegründet‹, wir wachsen auch dort langsam, aber organisch. Und die Community ist so stark, dass uns dies ermöglicht hat, aus einer Instagram-Community einen realen veganen Cake Shop zu eröffnen - den ersten schweizweit. Eine große Herausforderung liegt für uns ganz klar im Cake Shop. Mit festen Öffnungszeiten gibt man ein Versprechen ab und das Handling der operativen und administrativen Aufgaben erfordert gute Organisationsmaßnahmen. Bei LoLa's Kitchen wird allerdings mit einer ganz anderen Produktivität gearbeitet, als ich sie bisher bei traditionellen Unternehmen kennengelernt habe, und wir sind dadurch mit einem ganz anderen Enthusiasmus bei der Sache. Ich bin der festen Überzeugung, dass Produktivität und Lösungen zu kreieren Leute glücklich macht.«

Welche Auswirkungen hat die Corona-Krise auf dein Tiny Start-up?

»Wir nehmen die Situation mit besonderem Ernst wahr. Es ist für uns eine existenzielle Herausforderung, das Bestehen unseres Start-ups zu erhalten. Wir haben erst Mitte Dezember 2019 unseren Cake Shop eröffnet. Zeitgleich versuchen wir mit unseren Kuchen, den Menschen zuhause weiterhin Freude zu bereiten und Ihnen den Alltag im Homeoffice zu versüßen. Geburtstage, Jahrestage, Aufmunterungen, haben wir das Gefühl, sind von noch größerer Bedeutung aktuell, und hierfür möchten wir unser Bestes geben. Den Cake Shop können wir zum Glück offen lassen, da wir ein Takeaway sind. Das ist ein kleiner Hoffnungsschimmer, und wir schätzen den Support aus dem Quartier und von unserer Community immens. Wir haben ganz ehrlich unserer Community erklärt, dass es für uns ums Überleben geht und wir auf die Solidarität angewiesen sind. Mit dem gesamten Team haben wir uns zusammen hingesetzt und haben unseren Onlineshop so umgestellt, dass wir die aktuellen Bedürfnisse unserer Kunden in dieser Zeit so gut wie möglich erfüllen können. Mit kostenfreien Lieferungen in Zürich, Winterthur und Luzern möchten wir uns bedanken und schöne Momente zuhause ermöglichen.«

Alina Rust mit ihren LoLa's Kitchen Workshops © LoLa's Kitchen

Was ist ein typischer Glücksmoment, den du immer wieder in deinem Tiny Start-up erlebst?

»An meiner Selbstständigkeit macht mich glücklich, dass ich etwas verändern kann. Ich lebe nicht nur meine Passion, sondern bin überzeugt davon, dass gesundes Essen für alle verfügbar und erschwinglich sein soll. Ich will beweisen, dass vegan, gluten- und zuckerfrei gut schmeckt, und es macht mich glücklich, die leuchtenden Augen meiner Kunden zu sehen, wenn sie in eines unserer Kuchen beißen, oder in die ›happy faces‹ meiner Mitarbeiter zu blicken, wenn sie einen neuen Kuchen kreiert haben. Es macht mich glücklich, mein Wissen weiterzugeben in meinen Workshops und zeitgleich so viel Neues zu lernen in meinem Start-up. Jedes Stück Kuchen hat so viel Power für mich, und wenn ich mit LoLa's Kitchen dazu beitragen kann, dass die Welt ein bisschen besser wird, bin ich glücklich.«

LoLa's Kitchen: https://lolaskitchen.ch/

Final Tiny Tipp:

Die Themenvielfalt zur Selbstständigkeit im Gesundheitsbereich ist riesig. Sondiere für dich vorderhand, welche Zielkunden, ob B2B oder B2C, dir aufgrund deiner Erfahrungen, Neigungen und Möglichkeiten nahe sind. Möchtest du dich eher der Gesunderhaltung, -optimierung oder Maßnahmen und Produkten bei fehlender Gesundheit widmen? Bei Produkten zur Gesunderhaltung und -optimierung achte darauf, was du als Gesundheitsversprechen abgibst, um nicht gegen gesetzliche Rahmenbedingungen zu verstoßen. Was bei der Werbung mit Gesundheit zu beachten ist, lässt sich auf der Website der Verbraucherzentrale einsehen: https://www.verbraucherzentrale.de.

Innovative Impulse und Ideen im Gesundheitssektor kommen nicht zwingend von Gründer*innen aus der Branche. Vielleicht bist du Querdenker*in oder selbst betroffen wie die beiden Wirtschaftsingenieure und Gründer Ralf Seeland und Christoph Tischner, die 8sense[255] gegründet haben. Der achte Sinn ist nicht nur der Firmenname, sondern verkörpert auch den von ihnen angebotenen Sensor, der Haltung und Bewegung beim Sitzen erfasst und analysiert und Handlungsempfehlungen zur Rückenstärkung gibt. Die physiotherapeutische Expertise sowie Soft- und Hardware-Entwickler haben sie ins Team geholt. Welche Ergänzung benötigst du? Hochschulen, Universitäten, Gründer- und Innovationslabs wie Technoparks können gute Anlaufstellen für deine Expertensuche sein.

Die Zeichen stehen auf Urbanisierung © Bellone Franchise Consulting GmbH

3.1.6 URBANISIERUNG

Bis 2050 sollen zwei Drittel der Weltbevölkerung in Städten wohnen, so eine Studie der Vereinten Nationen. Denn Städte versprechen Jobs, Kultur, Inspiration und vor allem Wohlstand.[256] 77 Prozent der Deutschen leben in Städten oder Ballungsgebieten.[257] In der Schweiz sind es 73 Prozent, die in der Stadt oder Agglomeration[258] (Ballungsgebiet) wohnen. Der Urbanisierungsgrad in Österreich beträgt 58,5 Prozent.[259] Grundversorgung, klimaangepasste, soziale Städte, Mobilität, gesundes Wohnen, Smart Cities, Infektionsschutz und Umnutzung von Flächen und Gebäuden – es gibt viele Themen im urbanen Raum, die sich für innovative Geschäftsideen eignen und in Corona-Zeiten noch dringender werden.

Das 2017 gegründete Hamburger Start-up Recyclehero[260] bietet einen Mehrfachnutzen. Das Credo des Gründerpaares lautet »Null Emissionen und 100 Prozent Recycling«, denn es geht um die ordnungsgemäße Abholung und Entsorgung von Altglas und Altpapier. Zu den Kunden gehören Privathaushalte, Büros, Restaurants und Shops, die die Abholboxen bestellen und den Entsorgungsrhythmus bestimmen können. Die besonderen Features bestehen im CO_2-freien Abtransport der Kisten per Lasten-E-Bikes und darin, dass die Service-Heroes sozial und finanziell Benachteiligte sind, die, auf Minijob-Basis angestellt, mit den Pfandflaschen noch ein zusätzliches Trinkgeld erhalten. Die Anfangsfinanzierung konnte das mehrfach ausgezeichnete Start-up über eine Crowdfunding-Kampagne mit 17.070 Euro und 7500 Euro Fördergeld der Hertie-Stiftung sichern. Das Gründerpaar Nadine Herbrich und Alessandro Cocco hat inzwischen seine Bürojobs im Immobilien- und Bankengewerbe an den Nagel gehängt und arbeitet Vollzeit für sein Tiny Start-up.[261] Wie schon das Jungunternehmen Valeriana, das ihr im ersten Kapitel kennengelernt habt, hat sich auch Recyclehero einen sozialen Auftrag gegeben. Es möchte den Austausch zwischen gesellschaftlich Benachteiligten, in diesem Falle Obdachlosen, Langzeitarbeitslosen und Geflüchteten, untereinander und mit den Kunden fördern. Impulse für ihr Konzept bekamen die Gründer zum einen über den Umstand, dass Wertstoffentsorgung immer mühsam ist. Mit dieser Herausforderung sind sie allerdings nicht allein, daher auch der Zuspruch seitens der Kunden. Zum anderen war es die Begegnung mit einem Obdachlosen, die sie auf die Idee für ihr Start-up brachte. In Deutschland allein gibt es (Stand 2017) rund 48.000 Obdachlose. Dazu weitere, schätzungsweise 650.000 Wohnungslose, die in Notunterkünften leben[262]. Bis die Gründer daraus ein Konzept entwickelten, gingen einige Monate ins Land, aber es hat sich für alle Beteiligten gelohnt.

Bleiben wir in Hamburg und wenden uns ebenfalls einem Gründerpaar zu, das mit Findeling[263] ihre Liebe zu lokalen Geschäften ausdrückt. Findeling ist eine App. Sie funktioniert wie eine Suchmaschine für lokale Shops in Großstädten und ist mittlerweile in mehreren Städten im DACH-Raum verfügbar. Auf die Idee des digitalen Shopping-Guides für analoge Einkaufserlebnisse kamen Katharina Walter und Florian Schneider ebenfalls über eine Eigenerfahrung. Auf der Suche nach einem passenden Bilderrahmen als spontanes Geburtstagsgeschenk wurde ihnen per Google-Finder als bestes Ergebnis nur ein großer Anbieter am anderen Ende der Stadt angezeigt. Für sie ein unbefriedigendes Resultat, in zweierlei Hinsicht: zu weit weg und nichts Spezielles. Bei der Dichte an schönen, kleinen Nachbarschaftsläden musste es doch etwas Passendes geben. Nur wo?[264] Aus dieser Frage entwickelten die beiden damaligen Studenten das erfolgreiche Start-up, das einzigartigen Ladeninhabern gegen einen geringen Obolus die Präsenz über die App mit entsprechender Verschlagwortung ermöglicht. 2017 hat das Gründerpaar in Ergänzung noch Fairling[265] gegründet. Mit dieser Online-Messeplattform werden inhabergeführte Geschäfte in ihrem Einkauf unterstützt, in dem ihnen über Fairling internationale Markenhersteller vorgestellt werden. Letztere bezahlen für ihre Online-Auftritte 100 Euro pro Monat.[266] 2019 waren bereits über 300 internationale respektive vorwiegend europäische Marken dort vertreten. Mit dem seit 2018 jährlich stattfindenden Shop-Local-Day, haben die Findeling-Gründer eine nachhaltige Idee zur Gewerbevielfalt in den Städten initiiert. Anders als Black Friday, der vor allem mit günstigen Preisen lockt, überraschen die teilnehmenden Einzelhändler am Shop-Local-Day mit Musikevents in den Geschäften, Pop-ups, Lesungen und anderen Erlebnissen.

Mit Jakob Hirzel wollen wir dir hier den Gründer vom Zürcher Start-up Bubble-Box, einem innovativen Textilpflege- und Wäscheservice, vorstellen. Er sagt von sich, dass er anfangs recht blauäugig in sein neues Business eingestiegen ist. Heute ist er bereits in fünf Städten der Schweiz erfolgreich unterwegs und mit einem zusätzlichen Service schweizweit sowie zehn Festangestellten und fünf freien Mitarbeitenden.

Jakob Hirzel, Bubble Box

BUBBLEBOX®

Jakob Hirzel und Roger Umbricht © Bubble Box AG

Bubble Box AG ist ein innovativer Schweizer Textilpflege- und Wäscheservice, der nicht nur das Waschen, Bügeln und Zusammenlegen übernimmt, sondern auch das Abholen und Liefern sämtlicher Textilien. Das Unternehmen hat seinen Hauptsitz in Zürich und wurde 2015 gegründet. Vorlaufzeit von der Idee bis zur Gründung: circa zwei Jahre. In der Zeit wurden viele Ideen gewälzt, Diskussionen geführt, Messebesuche getätigt sowie der »Basislehrgang für textiles Fachwissen – Fachrichtung Textilreinigung« absolviert. Dabei hatte Jakob Hirzel aber immer das gleiche Ziel vor Augen.

Bubble Box macht deine Wäsche © Bubble Box AG

Bubble Box bedient die Regionen Zürich, Winterthur, Basel, Zug und Luzern mit seinem Hauslieferdienst. Neu bietet das Unternehmen in Zusammenarbeit mit der Post den schweizweiten Abhol- und Lieferservice Wösch Post an. Neben vielen Privatkunden bedient Bubble Box auch zahlreiche Geschäftskunden wie unter anderem Ärzte und medizinische Einrichtungen, Fitnesscenter, Restaurants und Cateringunternehmen.

Warum hast du dein Tiny Start-up gegründet?

»Weil ich vielleicht etwas verrückt war – im positiven Sinne. Vieles wusste ich damals noch nicht, und so bin ich etwas blauäugig mit 42 Jahren in eine neue ungewisse Zukunft, aber mit einem großen Traum gestartet. Der Wunsch, etwas Nachhaltiges aufzubauen und zu formen wuchs, schon lange in mir. Dabei standen der Kunde und der Convenience-Gedanke seit Beginn im Zentrum. Dazu kam, dass ich etwas Neues brauchte und etwas ganz anderes ausprobieren wollte. Aber nach 18 Jahren in einem Unternehmen kann man nicht so einfach die Branche wechseln. Beim Schritt in die Selbstständigkeit ist dies kein Hinderungsgrund.«

Was war der Auslöser für deine Geschäftsidee?

»Bereits in jungen Jahren, während meines Studiums, habe ich gerne Hemden getragen. Aber mit dem Bügeln konnte ich mich nie anfreunden, und das Ergebnis ließ auch sehr zu wünschen übrig. So habe ich es schon damals bevorzugt, die Hemden in die Reinigung zu bringen und die gewonnene Zeit zum Arbeiten zu nutzen – unter anderem, damit ich mir den Hemdenservice leisten konnte. Während meines fünfjährigen Arbeitsaufenthalts in den USA habe ich den modernen Umgang mit Alltags- und Businesswäsche kennen und lieben gelernt. Ich habe mich sehr schnell an den 24/7-Textilpflege-Service gewöhnt und bei meiner Rückkehr in die Schweiz sofort das Marktpotenzial gesehen. Denn in der Schweiz gab es einen solchen Service noch nicht. Kurze Zeit danach hatte ich Bubble Box gegründet.«

Mit welchen Vorurteilen als Existenzgründer wurdest du konfrontiert?

»Es gab unendlich viele Inputs des gesamten Umfeldes. Aus meiner Sicht muss man versuchen, die konstruktiven Überlegungen mitzunehmen und vieles einfach ausblenden und überhören. Es ist wichtig, an die eigene Idee zu glauben und unbeirrt seinen Weg zu gehen, aber gleichzeitig auch berechtigte, kritisch angebrachte Punkte aufzunehmen und anzugehen. Aus meinem sozialen Umfeld habe ich die verschiedensten Reaktionen erlebt, von überschwänglicher Begeisterung bis hin zu großem Unverständnis. Einige haben nur die Gefahren und Unsicherheiten gesehen. Zum Teil auch gute Freunde, von denen ich mehr Zuspruch erwartet hätte. Oftmals hatte ich das Gefühl, dass sie selbst gerne diesen Schritt machen würden, sich aber nicht trauen. Es kamen aber auch viele tolle und inspirierende Gespräche zustande. Einige haben einen großen Beitrag zur Entwicklung meiner Idee geleistet, Kontakte hergestellt und die richtigen Fragen gestellt. Für diese Freunde und Bekannten bin ich sehr dankbar.«

Wie erlebst du dein Kleinst-/Kleinunternehmertum? Worin liegen die größten Chancen, worin die größten Herausforderungen?

»Mein Unternehmertum erlebe ich hochgradig dynamisch! Was man heute entscheidet und implementiert, kann morgen schon wieder Schnee von gestern sein. Es ist wichtig, bereit dafür zu sein, sein Unternehmen ständig zu hinterfragen und wenn nötig stetig neu zu erfinden. Durch unsere einfachen und schlanken Strukturen haben wir den Vorteil, dass wir konsequent den Kunden ins Zentrum stellen können und sehr agil auf Chancen wie auch Risiken reagieren können. Eine Herausforderung ist sicher, dass wir aus unserem großen Ideenpool immer die richtige Idee zum richtigen Zeitpunkt priorisieren und so den maximal möglichen Kundennutzen erzielen. Der größte Game-Changer und ein wichtiger Milestone in der bisherigen Unternehmensentwicklung war 2019 die Beteiligung der Baloise (Versicherung). Das Ziel, den Textilpflege-Markt in der Schweiz zu revolutionieren, zu digitalisieren und Marktführer zu werden, ist nach wie vor das gleiche. Mit einem starken Partner an der Seite stehen aber einige zusätzliche Türen offen, was in der Unternehmensentwicklung sehr hilfreich ist.«

Welche Auswirkungen hat die Corona-Krise auf dein Tiny Start-up?

»Die Zeit während Corona war besonders am Anfang von vielen Unsicherheiten geprägt. Keiner wusste, wie man richtig mit dieser speziellen Situation umgeht. Auch wir mussten Umsatzeinbußen in Kauf nehmen und umgehend Maßnahmen treffen, die unsere Wirtschaftlichkeit sicherstellten. Für mich war aber von Anfang an klar, dass den Kopf in den Sand zu stecken keine Option ist. Letztendlich sitzen wir alle im selben Boot – privat und unternehmerisch. Deswegen war es uns ein großes Anliegen, weiterhin den Kontakt zu unseren Kunden zu suchen und uns mit einer positiven Kommunikation und einer unaufdringlichen Weise zu solidarisieren.

Zudem haben wir mit dem gesamten Team nach sich auftuenden Bedürfnissen geschaut. Wir haben also überlegt, wie wir mit unserer Dienstleistung gerade helfen können – was wird gebraucht, wo können wir unterstützen? Aus diesem Grund haben wir dem gesamten medizinischen Fachpersonal 50 Prozent Rabatt auf unseren Service eingeräumt, um diese hart arbeitenden Leute so im Haushalt zu unterstützen und ›Danke‹ für ihren Einsatz an der vordersten Front zu sagen. Wir haben versucht, diese Leute auf Social Media zu erreichen. Über das unerwartet große positive Echo haben wir uns sehr gefreut! Krisen bedeuten oft auch unternehmerische Chancen – wenn ich das überhaupt so sagen darf. Sprich: Unternehmerisches Handeln bedeutet für mich, in jeder Situation das Positive zu sehen und danach zu handeln. So haben wir kurz nach Ausbruch der Corona-Krise das geplante Projekt, unseren Wäscheservice in Zusammenarbeit mit der Post in der gesamten Schweiz anzubieten, kurzfristig und sogar mit größerem Scope vollumfänglich realisiert. Viele durften ihre Eltern, Schwiegereltern oder Nachbarn nicht mehr besuchen, und so war auch hier die Unterstützung im Haushalt nicht mehr möglich. Mit der im April lancierten Wösch Post haben wir zumindest beim Wäschewaschen eine Lösung für jeden Schweizer Haushalt gefunden. Hinsichtlich Logistik ist das für uns ein völlig neuer Distributionskanal.

Bubble Box jetzt schweizweit verfügbar © Bubble Box AG

Was ist ein typischer Glücksmoment, den du immer wieder in deinem Tiny Start-up erlebst?

»Jeder noch so kleine Erfolg! Wer ein Start-up gegründet hat, weiß mit Sicherheit, wovon ich rede. Eine Idee zum Leben zu erwecken verlangt viel Mut, Kraft und Ausdauer. Wir versuchen tagtäglich, Bubble Box zu verbessern und weiterzuentwickeln. Wenn ich dann sehe, dass wir zufriedene Kunden und immer mehr Bestellungen haben, meine Vision also zur Realität wird, dann macht mich das überglücklich. Nicht zuletzt auch deswegen, weil ich mir denke: ›Ich habe es doch gewusst – haha.‹ Es ist vielleicht ein wenig so, als wenn man beim Wetten auf das richtige Pferd gesetzt hat. Ein kleiner Adrenalin-Kick, wenn das auserwählte Pferd als erstes durch die Ziellinie läuft. Mittlerweile darf ich mich mit einem immer größer werdenden Team zusammen freuen, was natürlich noch viel schöner ist und Lust aufs Weitermachen und Wachsen macht.«

https://bubblebox.ch/de/

3.1.7 LANDFLUCHT

Die Landflucht als Gegenpol zum Megatrend Urbanisierung wird von 45 Prozent der deutschen Bevölkerung, unabhängig von der finanziellen Situation und anderen Rahmenbedingungen, als erstrebenswert erachtet.[267] Die Sehnsucht nach einem naturverbundenen, ländlichen Leben mit der Familie wird auch in der Schweiz angestrebt, allerdings unter anderen Voraussetzungen als das ursprüngliche Dorfleben. Ländliche Urbanität beinhaltet die Vorzüge einer Stadt hinsichtlich Versorgung, Mobilität, Kinderbetreuung, Gewerbe und sozialer Begegnung im Einklang mit bezahlbarem Wohnraum im Grünen. Das schafft Raum für Ideen, wie sie von einigen Start-ups schon aufgegriffen wurden. Einige haben wir in unserem Vorgängerbuch vorgestellt, zum Beispiel VillageOffice, das mit Coworking-Spaces zukünftig auch vermehrt in den ländlichen Gemeinden wachsen will und dafür auch eine Kooperation mit der SBB eingegangen ist. VillageOffice[268] und die SBB wollen gemeinsam in den nächsten fünf Jahren bis zu 80 regionale Coworking Spaces erschaffen.[269] So sollen Multifunktionszentren mit guter Infrastruktur für dezentrale Arbeitsplätze, Weiterbildungsorte, Begegnungsstätten und mehr realisiert werden.

Übrigens gibt es auch erste Initiativen für das »Gründen auf dem Land« in Neckar-Eschach im Schwarzwald. Mehr als 52 Gründungen sind in den ersten fünf Jahren seit der Gründungsinitiative 2012 erfolgt. Die Sozialunternehmen, Engineering-Firmen und Tüftler*innen mit kleinen Garagen-Start-ups erfahren Unterstützung durch EGON[270], der Existenzgründungsoffensive Neckar-Eschach. Der Neckar bringt auch unabhängig von dieser Initiative lebendige Ideen hervor. Wir konnten das mit Neckarkind erfahren, einem Start-up, das wir 2019 entdeckt haben und das unser erster Interviewpartner auf unserer im gleichen Jahr freigeschalteten Homepage war: https://www.tinystartup.ch/interviews/neckarkind/.

Neckarkind repräsentiert in bunten Farben die besondere Lebensart dieser ganzen Region.

Final Tiny Tipp:

Ermittle in deiner Region beziehungsweise dort, wo es dich hinzieht, welche längerfristigen Ziele die Stadt- oder Gemeindeverwaltung verfolgt. Welche Businessideen können in diesem Zusammenhang interessant sein? Gibt es unterstützende Initiativen für Gründer*innen, wenn diese zur Attraktivitätssteigerung, Belebung und/oder sozialen Integration im Stadtteil, in der Agglomeration oder der ländlichen Gegend beitragen? Mit EGON haben wir dir eine Initiative vorgestellt. Eine andere ist die Gründervilla[271] in Kempten, die Coworking, Meetup und Community bietet und mit Start-up-Zentren im ländlichen Raum den demografischen und strukturellen Wandel gestalten möchte. Jede Stadt, jede Region tickt anders. Ergründe die Eigenheiten der Region, um den Bedarf und die Ansprache der potenziellen Zielkunden richtig einzuschätzen. Gibt es Spezialitäten, kulturelle Schätze, die du für dein Geschäftskonzept nutzen kannst?

3.1.8 DEMOGRAFISCHER WANDEL

Die Weltbevölkerung nimmt zwar stetig zu, Europa wird aber als einzige Region auf der Welt gesehen, für die ein Bevölkerungsrückgang bis 2060 angenommen wird.[272] Der Bevölkerungsrückgang erklärt sich durch kleinere Geburtenjahrgänge. Dem gegenüber steht seit vier Jahrzehnten ein Rückgang der Erwerbstätigen, der sich über die nächsten Generationen weiterziehen wird. Hier brechen allerdings viele Prognosen ab und verharren im Problemstatus der Kostenexplosion und Altersarmut. Dabei bieten sich hier auch viele Chancen für sinn- und verantwortungsvolle Geschäftsideen wie das Zürcher Start-up Tamandua[273], das 2016 mit 20.000 Schweizer Franken Eigenkapital der beiden Gründer Nadia Kägi und Alexander Locher startete. Sie bieten Unternehmen Alters- und Organisationsstrukturanalysen an und decken damit Gefahren und Lücken im Wissensmanagement der Firmen auf. Gefahren, die zum Beispiel durch Know-how-Verlust entstehen, wenn Mitarbeitende in Pension gehen. Tamadua bietet erfolgreich strategische Unternehmenslösungen für multigenerationelle Arbeitsplätze und generationenübergreifende Projekte. Damit werden einerseits Arbeitsplätze für Pensionierte geboten und neue Arbeitsformen geschaffen, die den professionellen Austausch zwischen Jung und Alt fördern.[274] Letzteres trägt auch zu einem besseren Verständnis der Zielkunden bei. Arbeiten im Alter hat sich auch seniors@works[275], 2018 gestartet, auf die Fahne geschrieben. Der Gründer Alexis Weil ist mit 29 Jahren bereits auf der Forbes-Liste »30 unter 30« in der DACH Region.[276] Betreffend Unternehmertum ist er ein »alter Hase«, hat er doch bereits im Gymnasium mit Schulkollegen eine Firma gegründet.

In Japan gibt es in über 1300 Städten und Gemeinden sogenannte »Silver Human Resources Center«, eine klangvolle Bezeichnung für eine Jobvermittlung. 720.000 Menschen über 60 Jahre sind dort angemeldet, im Wissen, dass sie nicht zwingend Jobs entsprechend ihrer Kompetenzen bekommen, aber andere Tätigkeiten in der Landschaftspflege und Gartengestaltung, im Büro oder als Community Worker, was sie fit und gesund hält und zudem die Rente aufbessert.[277] Japan steht modellhaft für eine niedrige Geburtenrate, steigende Lebenserwartung und das Risiko eines Arbeitskräftemangels, aber auch für Lösungsansätze, wie es die genannten Center zeigen. Das Wiener Start-up WisR[278], eine Karriereplattform für Senior Talents, hat sich genau daran orientiert, aber einen anderen Weg gesucht. Das Gründerteam Klaudia Bachinger und Carina Roth hat Ende 2017 die Bewegung »Grow Wiser« in Wien ins Leben gerufen und mit ihrer Jobplattform Wellen in Österreich und Deutschland geschlagen. In einem Interview mit der deutschen *Wirtschafts-Woche* geht die Co-Gründerin Klaudia Bachinger auf ihre Maximen ein, dass das Alter neu gedacht werden muss. Das fängt mit der Aufklärung zum Thema Diversity am Arbeitsplatz an und hört bei modifizierten Auswahlkriterien und Matching-Algorithmen, die ältere Bewerber*innen von vorneherein ausschließen, auf.[279] Es gibt noch viel zu tun, aber das wird die beiden Social Entrepreneurinnen nicht schrecken. Im April 2020 sind sie ins »Female Founders Immersion«-Programm von Google Startups aufgenommen worden. Wir werden also noch einiges von ihnen hören.[280]

Das Hamburger Start-up Nessita[281], von Gabriele Paulsen 2014 gegründet, mag ungewöhnlich im Angebot sein. Ihre Agentur vermittelt Sexualassistenten an bewegungseingeschränkte, alte Menschen in Pflegeheimen, die so ihre Bedürfnisse nach Berührung befriedigen können. Es geht hier nicht um sexuelle Dienstleistungen, sondern in erster Linie um erotische Berührungen, wie die Gründerin in einem Interview im Deutschlandfunk sagt.[282] Sexualität und Erotik im Alter gehören ebenfalls zu den Tabuthemen in unserer Gesellschaft. Paulsen erfährt nicht nur von den Betagten, sondern auch von Senioren- und Behinderteneinrichtungen sehr großen Zuspruch.

Das Altenheim Humanitas im holländischen Deventer hat es vorgemacht. Die Hansestadt zählt rund 100.000 Einwohner*innen, davon sind 26.000 Student*innen. Bezahlbare Wohnungen oder Zimmer sind knapp. So wagte das besagte Heim Humanitas das Experiment, Studierende kostenfrei dort wohnen zu lassen, wenn sie sich im Gegenzug 30 Stunden im Monat um die Bewohner*innen kümmern, wohlgemerkt nicht pflegen, sondern sich mit ihnen unterhalten, sie im Alltag begleiten, und das auf Augenhöhe. Herausgekommen ist eine Win-Win-Situation für Jung und Alt.[283] Neue Wohnkonzepte inspirieren auch Start-ups wie zum Beispiel Wohnbuddy[284]. Diese Plattform vermittelt älteren Menschen sowie Senioren- und Pflegewohnhäusern passende Wohnpartner. Auch hier sind es meist junge Menschen, die für erschwinglichen Wohnraum Zeit für gemeinsame Aktivitäten sowie Unterstützung im Alltag zur Verfügung stellen.

Möglichst lange in den eigenen vier Wänden wohnen, das wird im DACH-Raum vom überwiegenden Teil der Menschen bevorzugt. Um das im Alter auch sicher zu gewährleisten, hat das schweizerische

Start-up CARU einen elektronischen Mitbewohner gleichen Namens entwickelt. CARU ist ein diskreter Smart Sensor, der, an der Steckdose angeschlossen, verschiedene Raumparameter aufzeichnet und bei Notfällen alarmiert respektive schnell und einfach die Kommunikation mit Angehörigen und Pflegepersonal ermöglicht. Wir haben die sympathische Co-Gründerin in einem Video-Interview mit der schweizerischen *Handelszeitung*[285] entdeckt und möchten sie hier vorstellen:

Susanne Dröscher, CARU AG

Susanne Dröscher © CARU AG

Warum hast du dein Start-up gegründet?

»Weil es uns immer fasziniert hat, Probleme zu lösen und damit im Leben von Menschen etwas zu bewegen. Wir haben uns als Team entschlossen, ein gemeinsames Projekt zu starten, weil wir uns sehr gut ergänzen und uns für die gleichen Themen begeistern können. Die Firmengründung kam dann irgendwann als natürlicher nächster Schritt.«

Was war der Auslöser für deine Geschäftsidee?

»Wir hatten uns verschiedene Themen angeschaut und die Märkte evaluiert. Das Thema Leben und Wohnen im Alter hat uns fasziniert und wir haben mit vielen Menschen, die in diesem Bereich aktiv sind, gesprochen. Zeitgleich hatte eine Großtante von mir einen Unfall in den eigenen vier Wänden, bei dem sie keine Hilfe holen konnte – obwohl sie eigentlich einen Notrufknopf hat. Wie viele andere ältere Menschen hat sie diesen aber zu diesem Zeitpunkt nicht getragen. Für uns war klar, dass wir uns anschauen wollen, wie eine bessere Lösung aussehen könnte.«

Wie erlebst du dein Kleinst-/Kleinunternehmertum? Worin liegen die größten Chancen, worin die größten Herausforderungen?

»Es ist eine fantastische Erfahrung, die mich zwar immer wieder aus meiner Komfortzone herausbringt, mir aber unglaublich viel zurückgibt. Als Kleinunternehmen sind wir enorm agil und können uns innerhalb weniger Wochen komplett neu aufstellen. Andererseits setzen wir auch alles auf eine Karte. In einem Großunternehmen kann ein Innovationsprojekt ohne große Auswirkungen auf das Gesamtunternehmen Verzögerungen haben oder gar ins Straucheln geraten. Bei uns sind die Konsequenzen weitreichender.«

Welche Auswirkungen hat die Corona-Krise auf dein Start-up?

»Bis Februar waren Pflegeheime und Betreutes Wohnen unsere Zielkundengruppe. Mit dem Lockdown konnten wir von einem auf den anderen Tag keine Besuche mehr dort machen. Privatkunden haben unsere Lösung andererseits nachgefragt, und so haben wir innerhalb von einem Monat alles vorbereitet, um den Markteintritt für B2C umzusetzen. Nun vertreiben wir CARU über unseren eigenen Webshop.«

CARU-Team © Florian Umbrecht

Was ist ein typischer Glücksmoment, den du immer wieder in deinem Start-up erlebst?

»Ich möchte zwei nennen:
Erstens: Es ist immer wieder toll zu sehen, wie Kunden auf CARU reagieren und dass wir mit der Lösung wirklich einen Unterschied im Leben von Menschen machen.
Zweitens: Es ist unglaublich motivierend zu spüren, wie begeistert neue Team-Mitglieder mit anpacken und wieviel Energie sie in CARU einbringen. Dafür bin ich immer wieder sehr dankbar.«

https://www.caruhome.com/

Final Tiny Tipp:

Lass dich auf das Alter ein, indem du die Bedürfnisse und Wünsche der heutigen älteren und alten Menschen ermittelst. Du wirst sehen, dass es viele Vorurteile gibt, die noch aus den Prägungen vergangener Zeiten resultieren. Du findest hier im Buch ein paar Beispiele und Geschichten älterer Gründer*innen, die hier bereits proaktiv andere Zeichen setzen. Wenn du diesen Reality Check gemacht hast, dann bring die Bedürfnisse und Wünsche mit Geschäftsfeldern zusammen, in denen diese befriedigt werden können. Wie bei allen Existenzgründungen musst du dann deine eigenen Fähigkeiten, Möglichkeiten und Werte ergründen, inwiefern sie für die eine oder andere Chance sprechen und wo du dich emotional aufgehoben fühlst. Denn Leidenschaft für ein Thema, bestimmte Werte oder eine Sache ist der größte Treiber, der dich über dich selbst hinauswachsen lässt.

3.1.9 DERD – VIER PROFILE BEI DER IDEENSUCHE

Aus unserer Tätigkeit im Coaching und der Weiterbildung sowie aufgrund vieler Interviews haben wir vier grundsätzliche Profile ermittelt, wie (potenzielle) Existenzgründer*innen bei der Ideen- oder Konzeptsuche vorgehen. Nachdem du nun viele Start-ups und Ideen kennengelernt hast, möchten wir dir hier noch einmal zusammengefasst über DERD (Disruptor, Explorer, Reformer, Different Thinker) die Möglichkeit geben, dich selbst mit deinen Ambitionen zu erkennen.

Wir haben vier Typologien von Unternehmer*innen ermittelt. Bei welchem fühlst du dich angesprochen?

DERD Ideensucher	Beschreibung
Disruptor	- ist mutig und stellt vorhandene Geschäfts- und Lebenskonzepte, Produkte »auf den Kopf« - geht disruptiv vor, um innovative Lösungen zu finden - will das Herkömmliche grundsätzlich neu definieren - scheut sich nicht vor Tabuthemen
Explorer	- betritt gerne Neuland - nutzt dafür Erfahrungen und Instinkt - kann mit Unvorhersehbarem umgehen, sieht darin eher Chancen - fühlt sich gut als Pionier - kann mit Fehlern und Irrtümern umgehen, weil etwas Neues entstehen soll
Reformer	- beobachtet und optimiert gerne - möchte Vorhandenes sanft verändern - findet häufig aus den Eigenerfahrungen neue Lösungen - fahndet auch gerne in der Historie nach Bewährtem oder Ansätzen für zeitgemäße »Wiederauflagen« - konzentriert sich auf erkennbare, relevante Prozesse, Rituale, Services, die den Kundennutzen erhöhen
Different Thinker	- ist Querdenker und hat Fantasie - fahndet nach Märkten und Branchen, die wertvolle Inputs für neue Sichtweisen und Anwendungen bringen - ist Ideenshopper für neue Impulse aus anderen Branchen - kann neue Zusammenhänge und Kombinationen erkennen und umsetzen

Beispiele Buch	**Vorgehensweise bei der Ideensuche**
ind Berlin Sylter Suppen Funeral Planning	Definiere deine Branche. Ermittle einen Megatrend, den du für den stärksten Innovationstreiber in deiner ausgewählten Branche hältst. Setze da an, wo das größte Chancenpotenzial zur Veränderung besteht. Nutze die Chancen, um vorhandene Probleme auf eine neue Art zu lösen.
skate-aid-international (Titus Dittmann) Lululemon (Athleisure)	Ermittle dein Neuland (eine Bedrohung, einen Engpass, ein nicht bearbeitetes Marktumfeld o.ä.) Ermittle deine Spontanidee/-zielsetzung dazu. Stell dein „»Werkzeug«" (Hilfsmittel und Methoden wie Design Thinking, Moodboard, Mindmap) zusammen, das dir hilft, der Umsetzung deiner Idee näherzukommen. Sondiere Kooperationen, die dir bei der Ausgestaltung nützlich sind.
Zauberfrau Hausboote Lahn Lola's Kitchen	Definiere deine Branche. Ermittle Kennzahlen und Auffälligkeiten in der Branche. Ermittle Referenzunternehmen und analysiere Aussagen/Rezensionen zu diesen nach Veränderungs-/Optimierungspotenzial. Bewerte das Veränderungs-/Optimierungspotenzial nach dem Kundennutzen. Ermittle, ob du deine Ideen mit einem eigenen Konzept oder in einer Franchise-Kooperation verwirklichen kannst
Bubble Box Valeriana Sudelnuppe	Definiere deine Branche. Ermittle andere Geschäftsfelder, die dir Impulse für deine ausgewählte Branche geben. Ermittle, wie Kunst und Kultur mit Themen umgehen, die auch deine ausgewählte Branche betreffen. Analysiere nach adaptionsfähigen Impulsen, die Neues bewirken können.

DERD Ideensucher © Bellone Franchise Consulting GmbH

4 INSPIRATIONEN FÜR NEUE GESCHÄFTSIDEEN

Damit du mit deinem Start-up nachhaltig erfolgreich sein kannst, brauchst du vor allem eine einzigartige Geschäftsidee. Diese sollte hoch attraktiv sein und einen relevanten Nutzen für möglichst große und wirtschaftlich potente Zielgruppen hervorbringen. Diesen Nutzen solltest du deinen Kunden und Kundinnen als verkäufliches Produkt und/oder erwerbbare Leistung immer wieder neu anbieten können, um diese gewinnbringend verkaufen und eine starke Kundenbindung aufbauen zu können. Nachfolgend zeigen wir dir, worauf du achten solltest, um eine tragfähige Nachfrage präzise zu erkennen und wie du aus den 13 Dimensionen des Marketing-Mix neue Geschäftsideen generierst.

4.1 KUNDENBEDÜRFNISSE – DEIN UMSATZ UND DEIN EINKOMMEN

Wir haben dir gezeigt, dass die Marktunkenntnis ein Hauptgrund für das Scheitern von Start-ups ist. Dazu gehört nicht nur die fehlende Identifikation von zu erschließenden Marktpotenzialen, sondern insbesondere auch das fehlende Verständnis der Motive der anzusprechenden Zielgruppen. Was wollen Kunden? Was wollen sie wirklich? Welche Probleme haben sie? Wie wünschen sie sich Lösungen? Und, zentral, was treibt sie überhaupt an, nach Lösungen und Angeboten zu suchen? Je besser du verstehst, was die relevanten Bedürfnisse deiner potenziellen Zielkunden sind und was sie ausmacht, je besser du den Zusammenhang von echten, relevanten Kundenbedürfnissen und deinem zu erzielenden Umsatz verstehst, desto mehr Umsatz ist für dich möglich und desto mehr Einkommen kannst du erzielen.

Kennst du das Gefühl, wenn du auf deinem Mountainbike oder Rennrad durstig wirst? Dieses Gefühl kommt direkt aus dir selbst. Es ist nicht von außen erzeugt. Dein Körper sendet dir Signale, dass du ihm Flüssigkeit zuführen solltest. Er stellt dabei meist keine besonderen Wünsche. Er signalisiert nur, was fehlt. Er deckt Mangelerscheinungen auf. Vielleicht braucht er gerade Vitamine, Mineralien oder einfach Flüssigkeit. Setzt dein Kopf ein, wird aus diesem Grundbedürfnis schnell ein individueller Wunsch. Der Wunsch deines Kopfes, deines Egos und deiner Sozialisation. Statt Wasser will dein Kopf ein isotonisches Getränk, einen Matetee oder ein Kombucha, vielleicht auch ein Bier. Nach dem Konsum geht es dir besser. Der Durst verschwindet für eine Weile. Hiermit lässt sich der einfache Zusammenhang von Bedürfnis und Produkt erkennen. Beim Wandern in den Bergen lässt sich der aufkommende Durst (Grundbedürfnis) leicht mit Wasser aus einem Brunnen oder Bach stillen. Sobald das Wasser, in eine Flasche abgefüllt, von einem Unternehmen zum Kauf angeboten wird, wird ein Produkt daraus. Das Bedürfnis wird zum Wirtschaftsgut.

Abraham Harold Maslow, der Gründervater der Humanistischen Psychologie, hat sich ein Leben lang mit den menschlichen Bedürfnissen beschäftigt. Er wurde am 01.04.1908 in Brooklyn, New York, geboren und verstarb, nur 62-jährig, am 08.06.1970 in Menlo Park, Kalifornien. Seine Bedürfnispyramide erlangte Weltbekanntheit. Sie hat weiterhin ihre volle Berechtigung. Ihre Erkenntnisse lassen sich nutzbringend anwenden. Aufbauend auf Daten der Experimentellen Psychologie und Psychoanalyse wies Maslow nach, dass Menschen aus einer Vielzahl von Bedürfnissen heraus agieren. Dabei besitzen sie eine Hierarchie der niederen und höheren Bedürfnisse. Die Bedürfniserfüllung erfolgt im Normalzustand von der Basis der Bedürfnispyramide ausgehend bis in die Spitze. Die einzelnen

Bedürfnisse wirken wie Triebfedern oder Treiber. Nach der Erfüllung von Bedürfnissen einer Ebene werden die Bedürfnisse der darüberliegenden Ebene aktiviert. Wenn du dich für Maslow und seine Bedürfnisforschung interessieren solltest, können wir dir sein Buch *Motivation und Persönlichkeit*[286] empfehlen.

Wir haben die Maslow'sche Pyramide in eine Bedürfniszielscheibe umgewandelt. So kannst du die unterschiedlichen Bedürfnisse auf den Ringen besser ins Visier nehmen. Jedes Bedürfnis stellt die Basis für eine Vielzahl von möglichen Geschäftskonzepten, Produkten und Leistungen dar. Wir wollen sie hier einmal im Einzelnen durchgehen:

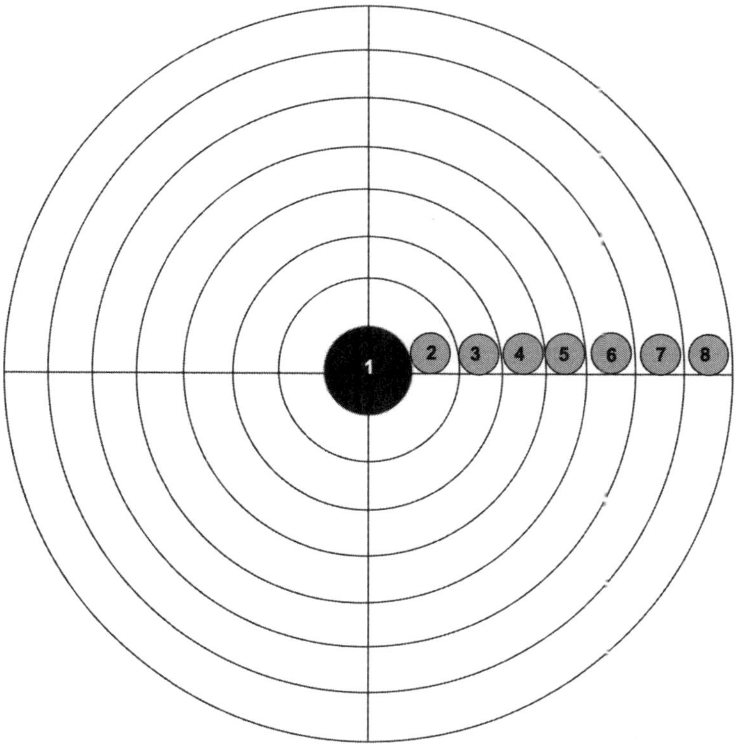

Bedürfniszielscheibe © Bellone Franchise Consulting GmbH

4.1.1 GRUNDBEDÜRFNISSE (1 – DER ZENTRALE PUNKT)

Im Zentrum unserer Bedürfniszielscheibe stehen die Grundbedürfnisse. Sie treiben das menschliche Verhalten zentral an. Alle nachfolgenden Bedürfnisse werden von ihr beeinflusst. Wer einmal ein Meeting mit hungrigen Kunden durchstehen musste, weiß, was wir meinen. Hungrige Menschen setzen sich ungern mit schwierigen Themen auseinander, denn beim Denken werden Kalorien verbraucht. Auch wenn die alten Römer behaupteten »Plenus venter non studet libenter« – »Ein voller Bauch studiert nicht gern«, sind wir in diesem Punkt anderer Meinung. Zuerst sollten immer die menschlichen Grundbedürfnisse erfüllt sein, bevor man sich größeren Themen zuwendet. Unter den Grundbedürfnissen sind die körperlichen Bedürfnisse nach Nahrung, Getränken, Kleidung, Unterkunft, Sex und Schlaf zu verstehen. Eingangs hatten wir den Zusammenhang von Bedürfnissen und Produkten am Beispiel Wasser dargestellt. Grundbedürfnisse bieten vielfältige Möglichkeiten für Geschäftskonzepte, Produkte und Leistungen. Grundbedürfnisse selbst bleiben immer konstant. Sie entstehen im Menschen selbst. Sie können nicht geweckt, sondern nur zielgerichtet angesprochen werden. Die Art und Weise, wie sie sich äußern, in Form von Wünschen, und wie sie wirtschaftlich befriedigt werden, in Form von Produkten und Dienstleistungen, ändert sich jedoch mit der Gesellschaft und deren Modeerscheinungen. Am besten kann man das am Zeitverlauf in einem Getränkemarkt beobachten. Während früher kräftige Biere ganze Regalflächen füllten und dunkle wie helle Starkbiere, etwa Doppelbock, gefragt waren, findet man an gleicher Stelle heute immer mehr alkoholfreie Biere, Bio-Biersorten und Bier-Mischgetränke. Auch die Bereiche der gesunden Säfte, Tees und der vergorenen Getränke hat zugenommen. Wer sich auf den Gesundheitstrend im Getränkebereich fokussieren möchte, hat dafür vielfältige Möglichkeiten. Und eines ist sicher: Dieser Markt wird nie versiegen, denn gegessen und getrunken wird immer.

In der Markthalle 9, Berlin © Bellone Franchise Consulting GmbH

Wenn du Grundbedürfnisse gut und nachhaltig erfüllen kannst, dann solltest du dich in diesem Bereich selbstständig machen. So kannst du in diesen Markt, mit relativ überschaubaren Einstiegskosten als Kleinstselbstständige*r starten, zum Beispiel auf einem Wochenmarkt mit gepressten Säften. Normal sind Varianten von Orangensaft, Ananas und Papaya. Denk dir neue Möglichkeiten und Kombinationen aus oder Verarbeitungsmethoden. Das 2014 in München gegründete Start-up FrankJuice[287] bietet zum Beispiel kalt gepresste Frucht- und Gemüsesäfte an, für zwischendurch als Snack, Saftkur und Energie-Shots. Es setzt damit neben der Nahrungsaufnahme auf Gesundheit und Convenience. Wichtig ist, dass du das Bedürfnis deiner Kunden und Kundinnen nach abkühlender oder wärmender Flüssigkeit richtig einschätzen kannst, um am richtigen Ort, zur richtigen Zeit und in der richtigen Form die nutzvollen Säfte anzubieten. Akram Boukai hat zum Beispiel mit Juno eine »umgekehrte Mikrowelle« erfunden, die Getränke in aller Kürze abkühlen kann. Auf der Crowdinvest-Plattform Indiegogo hat er bereits so viel Geld eingesammelt, dass im August 2020 die ersten Produkte verkauft werden können.[288]

Auch Teesorten und Darreichungsformen unterliegen Moden und speziellen Bedürfnissen, die über das Trinken hinausgehen, wie wir es dir schon mit Paper & Tea in Berlin vorgestellt haben. Der Wachstumsmarkt Tee bietet so manchen Gründer*innen interessante Konzeptideen, wie es Dirk Tillmann mit UniCaps (Tee in Kapseln) zeigt oder Thomes Etz, der mit seiner Firma Skeisan vor allem die Männer ansprechen möchte, in dem er auf schwarzes Verpackungsdesign setzt.[289] Dies gilt ebenso, wenn du dich in den Bereich der Kaffees wagst. Ob du als selbstständiger Barista unterwegs bist oder den Kaffeehandel mit positivem Wandel verbindest, wie das Zürcher Start-up Direct Coffee[290], je besser du die Situationen, Zeiten und Orte kennst, an denen sich die Grundbedürfnisse deiner Zielgruppen am stärksten bemerkbar machen, desto mehr Erfolg ist für dich möglich. So könntest du deine Erfahrungen, die du vielleicht zuerst auf Wochen- oder Streetfoodmärkten erlangt hast, an einen permanenten Standplatz verlegen oder mit einem fixen Ladengeschäft an gut frequentierter Lage verbinden. Den Händlern ist das oft recht, denn wie schon erwähnt, durstige und hungrige Kunden sind unangenehme Kunden. Getränke- und Saft-Bars sowie kleine Cafés befinden sich überall dort, wo Menschen Zwischenstopps machen wollen oder müssen. So manch ein Franchise-System hat ganz klein, mit einem Stand angefangen und ist später international expandiert. So zum Beispiel die Coffee-Bike GmbH[291] mit dem mobilen Kaffeecatering auf drei Rädern, das zu einer weltweiten Franchise-Coffee-Bike-Community »Made in Germany« herangewachsen ist. Was für die Getränke gilt, kannst du ebenso auf die Gastronomie übertragen. Kleinstkonzepte lassen sich auf kleinen Märkten optimal realisieren und testen. Sie können, wenn sie erfolgreich laufen und entsprechend angelegt sind, regional, national oder international skaliert werden. Dabei spielen oft weitere Bedürfnisse, die wir auf der Bedürfniszielscheibe ins Visier nehmen, eine Rolle. Menschen werden in der Regel von mehreren, sich teilweise überlagernden Bedürfnissen getrieben. Die Grundbedürfnisse spielen dennoch immer eine zentrale Rolle und beeinflussen alle anderen Bedürfnisse.

Einige unserer Interviewpartner*innen konzentrieren sich auf Leistungen und Produkte unter anderem zur Befriedigung der Grundbedürfnisse, so die Bubble Box AG und Valeriana (Sauberkeit) sowie Gisler Regioladä, die na-le GmbH und Sylter Suppen (Lebensmittel).

4.1.2 SICHERHEITSBEDÜRFNISSE (2. RING)

Um die zentralen Grundbedürfnisse herum befindet sich der Ring der Sicherheitsbedürfnisse. Auch sie sind nicht immer in voller Ausprägung präsent, kehren aber immer wieder. Dabei kann die Stärke ihrer Triebkraft individuell unterschiedlich ausgeprägt sein. Es gibt Menschen, die sind besonders sicherheitsbedürftig, und andere, die sich eher abenteuerlustig neuen Lebenssituationen unvoreingenommen stellen. Das Sicherheitsbedürfnis kann sich grundsätzlich in allen Lebensbereichen entwickeln und auf alles beziehen. Meist sind es aber nur einzelne Bereiche, in denen es sich besonders bemerkbar macht. So bei einem Testpiloten für Düsenjets, der am Himmel waghalsige Manöver fliegt, aber privat einen Volvo-Pkw fährt, seiner Auskunft nach, wegen der Sicherheit. Wirken sich die Sicherheitsbedürfnisse beim Einkaufen aus, fragen sich Konsumierende zum Beispiel, ob die angebotenen Nahrungsmittel und Getränke gesund sind oder schädigende Inhaltsstoffe haben. Dabei stellen sie sowohl die Handelskompetenz an sich als auch die Waren auf den Prüfstand. Kommt jemand Neues auf den Markt und bietet fremdartige Produkte, beispielsweise Säfte aus fernen Ländern oder mit neuartigen Rezepturen, kann das zu einer inneren Abwehr bei bestimmten Zielgruppen führen. Durch entsprechende sicherheitsgebende Maßnahmen wie das Verwenden anerkannter Prüf- und Gütesiegel sowie Qualitätslabels kannst du dem begegnen. Du musst selbst entscheiden, ob du zum Beispiel eigens kreierte Labels zur Nachverfolgung der Zutaten oder Lieferanten deklarierst oder in Zertifizierungen respektive lizenzierte Labels investierst. Wie wichtig sind welche Auszeichnungen für deine Zielkund*innen?

Sicherheitsbedürfnisse können die Basis bilden für Geschäftskonzepte, Produkte und Dienstleistungen. Werden Kund*innen mit diesen ausgeprägten Bedürfnissen in ausreichender und wachsender Zahl identifiziert und lassen sie sich gut ansprechen und akquirieren, können darauf Leistungen und Produktlösungen, ja ganze Marken abgestimmt und positioniert werden. Sicherheitsfirmen und Begleitschützer*innen setzen auf das Sicherheitsbedürfnis, auf die gefühlte wachsende Bedrohung des Eigentums oder des eigenen Wohlbefindens. Dieser Markt wächst kontinuierlich. So gab es 2018 allein in Deutschland 6500 Wach- und Sicherheitsdienstleistungsunternehmen mit gesamthaft rund 8,7 Milliarden Euro Umsatz.[292] Einige Start-ups nehmen die Sicherheitsdienste nicht zwingend personell wahr, sondern über Roboter und Drohnen (siehe auch im Kapitel 4 Marketing-Mix/Propulsion). Andere wie das 2014 gegründete Unternehmen 180° Sicherheit aus Düsseldorf gehen über den smarten Einbruchschutz (https://www.180-grad.de/).

Auto-, Motorrad- und Fahrradhersteller bieten neuerdings elektronische Schlösser und App-gesteuerte Warnanlagen. So kann man Pedelecs kaufen, die über eine volle Konnektivität via 3G-Technologie verfügen, mit »3-fach Diebstahlschutz inklusive Ortung, Keyless, Smartlock, Motoreinstellungen, Statistiken und Remote Services«.[293] Das Bike kann ohne Entsperrung über die App oder das Display nicht mehr gefahren werden. Wird das Fahrzeug bewegt, erhält der Besitzer eine Warnmeldung per SMS oder E-Mail. Zusätzlich ist das Fahrrad über GPS zu orten, also jederzeit wieder auffindbar. Schutz und Sicherheit wollen auch die neu entstehenden Vereine, Schulen und Institute zur Aggressionsmoderation, zum Antimobbing-Coaching und zur Selbstverteidigung bieten, wie in der Schweiz KRAV CORE Basel[294], das auf israelische Selbstverteidigungstechniken spezialisiert ist (»Wir machen dich fit. Mit Sicherheit.«)

Seit der Corona-Pandemie 2020 hat das Sicherheitsbedürfnis der gesamten Menschheit eine weitere Ausprägung erfahren. Interessant ist die Studie von *Reader's Digest* 2020, wonach 4000 Verbraucher*innen zu ihren vertrauenswürdigsten Marken befragt wurden. Bei den »Trusted Brands 2020« war es den Befragten besonders wichtig, dass Qualität, Verlässlichkeit und Nachhaltigkeit stimmen, also vor allem sicherheitsgebende Bedürfnisse und erst danach Prestige und Ansehen der gewählten Marken. Die Corona-Zeit hat hier die Sehnsucht nach Sicherheit und Stabilität wesentlich verstärkt.[295] Die direkt persönlich empfundene Gesundheitsbedrohung hat zugenommen. Das Weltbewusstsein hat wahrgenommen, dass es gesundheitliche Bedrohungen gibt, gegen die bisher noch kein Gegenmittel existiert. Folglich werden Angebote zum Gesundheitsschutz von jedem einzelnen Menschen aufmerksam wahrgenommen und entsprechend nachgefragt. Hier hat sich ein bisher wenig beachteter Bereich der Gesundheitsvorsorge für Existenzgründer*innen geöffnet (siehe auch Kapitel 3: Megatrend Ganzheitliche Gesundheit). Industriedesigner wie J. Roberto Inderbitzin aus der Schweiz, den wir dir bereits mit einem Interview vorgestellt haben, erkennen die neuen Herausforderungen und entwickeln Hilfsmittel zum Schutz gegen Viren und für ein »Physical-Distancing« wie Gesichtsmasken und -schilde, Virenschutzscheiben sowie neuartige Türgriffe aus virenabweisenden Materialien. Andere Unternehmen stellen Hygienemittel her, entwickeln neuartige und berührungslose Hygienespender (Sensorsysteme) zur Händedesinfektion sowie vollautomatische Kundenzähler. Viele weitere neue Produkte werden folgen. Ein riesiger neuer Markt ist im Entstehen, denn die gesundheitliche Bedrohungslage wird sich in den nächsten Jahren nicht reduzieren. Auch unsere Interviewpartnerin Susanne Dröscher von der CARU AG bedient mit ihrem Unternehmen und dem Smart Sensor das Sicherheitsbedürfnis, in diesem Fall von Menschen im fortgeschrittenen Alter. Schau dir doch das Interview unter diesem Blickwinkel nochmals an. Du glaubst, der Menschheit oder dir ganz persönlich mit einer Selbstständigkeit fokussiert auf das Sicherheitsbedürfnis nützen zu können? Also worauf wartest du noch? Es ist niemals zu spät, sich hier selbstständig zu machen!

4.1.3 SOZIALE BEDÜRFNISSE (3. RING)

Der Mensch ist ein soziales Lebewesen. So verwundert es wenig, dass er über soziale Bedürfnisse verfügt. Mangelt es an direkten sozialen Kontakten, wird diese Abwesenheit schmerzhaft empfunden. Während des Corona-Lockdowns 2020 konnten das ganze Gesellschaften schmerzlich empfinden. Kinos waren geschlossen. Restaurants, Bars und Clubs ebenso. Sind Direktkontakte nicht möglich, kann der Mensch eine Zeit lang auf medial vermittelte Kontakte ausweichen. Davon profitieren digitale Netzwerke wie Facebook, Instagram, Twitter & Co, aber auch Internet-Meeting-, Konferenz- und Workshop-Software wie Skype, Microsoft Teams, Zoom und WebEx. Allein Zoom hat im ersten Quartal 2020 den Umsatz um 169 Prozent auf 328 Millionen Dollar gesteigert.[296] Übrigens wurde Zoom 2011 vom damals 41-jährigen Eric S. Yuan gegründet. Der chinesisch-US-amerikanische Unternehmer arbeitete zuvor bei WebEx (von Cisco-Systems 2007 übernommen). Yuan hatte die Idee für ein smartphonefreundliches Videokonferenzsystem, machte sich kurzerhand damit selbstständig und gründete Zoom in San José, Kalifornien.[297] Ein Großteil der Filme und TV-Spots dreht sich um soziale Kontakte und Interaktionen. Das ist es, was uns Menschen am meisten interessiert. Soziale Bedürfnisse wie Liebe, Kontakt, Zuneigung und Zugehörigkeit stellen denn auch einen der größten und immer wiederkehrenden Treiber des menschlichen Seins und Handelns dar. Soziale Bedürfnisse nutzenorientiert mit Produkten und Dienstleistungen zu befriedigen, ist ein lohnendes Geschäft. Es kann die Geschäftsgrundlage deines neuen Start-ups werden, wenn du das Verlangen nach Zugehörigkeit, sozialen Beziehungen und sozialer Interaktion, nach Liebe, Geselligkeit und Zuneigung in ein tragfähiges Geschäftskonzept einbinden kannst. Dafür musst du nicht unbedingt eine Partner*innen-Vermittlung eröffnen. Aber viele berufliche Netzwerke, speziell die Lizenzsysteme unter ihnen, avisieren diesen dritten Ring unserer Bedürfniszielscheibe, ebenso Clubs, Bars und Restaurants. Man besucht sie oft wegen der möglichen sozialen Kontakte in Addition zu den Produkten oder Dienstleistungen. Wenn du in diesem Marktsegment tätig werden möchtest, solltest du gern mit Menschen arbeiten wollen, über große Gastgeber*innen-Qualitäten verfügen, ein großes Netzwerk besitzen oder aufbauen und moderieren können sowie ausreichend Empathie besitzen. Sozialkompetenz ist im Freizeitbereich und in der Unterhaltung gefragt, insbesondere aber im Gesundheitssektor sowie im sozialen Bereich. Die Betreuung von älteren Mitbürger*innen sowie von körperlich, seelisch oder geistig benachteiligten Menschen sowie der Austausch mit Menschen aus anderen Kulturkreisen und von anderen Religionen bildet einen Kernbereich. Hier stellen sich vielfältige Herausforderungen für Existenzgründer*innen sowie für purposeorientierte Social Entrepreneure. Der »Deutsche Social Entrepreneurship Monitor 2019« berichtet denn auch vom innovativen Einfallsreichtum der Social Entrepreneure. So warteten 87,3 Prozent der Start-ups mit mindestens einer Marktneuheit auf.[298] Einige davon habt ihr in diesem Buch kennengelernt. Von unseren Interviewpartner*innen stechen besonders zwei mit ihren Dienstleistungen im Bereich sozialer Bedürfnisse heraus, zum einen Barbara Schärz von Funeral Planning mit ihren Leistungen vor, bei und nach einem Todesfall, zum anderen Ilona Peters von Zauberfrau mit ihrer Hilfe im Haushalt für Familien, Singles und Senioren. Auch hier lohnt es sich, diese Interviews nochmals nachzulesen.

4.1.4 STATUSBEDÜRFNISSE (4. RING)

Menschen wollen gern profiliert erscheinen und manchmal auch durchaus etwas größer, als sie es tatsächlich sind. Sie möchten die Kleinheit im Leben und die Banalität des Alltages überwinden und ihm entkommen. Egal, ob es sich um die häusliche Situation, die menschlichen Beziehungen oder den beruflichen Arbeitsalltag handelt. Sie suchen nach Mitteln und Wegen der Selbsterhöhung. Die dahinterstehende treibende Kraft sind die Statusbedürfnisse. Sie äußert sich in der Suche nach Anerkennung, Ansehen, Beachtung, Prestige, Status und Selbstachtung. Viele Unternehmen haben diese Triebstruktur erkannt und bedienen sie mit Produkten und Leistungen zur Selbsterhöhung. Dabei wissen sie, dass die Bedürfnisbefriedigung anhand einer wirtschaftlichen Leistung oder durch ein Produkt immer nur zeitweise funktioniert und anhält, der Trieb sich aber wieder meldet, um wiederholt bedient zu werden. Gute Voraussetzungen für eine langfristig wirtschaftliche Kundenbeziehung.

Wenn du mit deinem Start-up bewusst und gezielt Statusbedürfnisse ansprechen willst, solltest du von deiner potenziellen Zielgruppe im Vorfeld genau erfahren, was sie unter Status versteht. Manchmal hebt ein Füller aus einer bestimmten Edition oder ein bekanntes Notizbuch den Status. Manchmal ist es kein Auto, sondern ein Pedelec einer vielversprechenden Marke. Manchmal ist es ein bekannter Urlaubs-, Arbeits- oder Wohnort, und manchmal ist es einfach »Zeit zu haben«. Auch Entrepreneur*in oder als Freelancer*in ein Teil der Creative Industries zu sein oder die Selbstständigkeit an sich kann Statusbedürfnisse erfüllen. Wie bei allen anderen Bedürfnissen auch ändern sich Statusbedürfnisse im Kern nicht. Nur die Art ihrer Befriedigung ist gesellschaftlichen Werteverschiebungen und Moden unterworfen. So konnte man während des Corona-Lockdowns in Deutschland und der Schweiz beobachten, dass der Einkauf in einem Biomarkt als ein statushebendes Erlebnis genutzt werden konnte, in einer Zeit, in der viele andere Gelegenheiten dafür einfach nicht zur Verfügung standen. Zukünftig, in Zeiten einer möglichen schweren Rezession, könnten viele kleine Produkte und Dienstleistungen Status-Charakter bekommen, also Status hebend und Persönlichkeit/Selbstbild stärkend wirken. Konsumierende könnten sich vermehrt für Produkte interessieren, für die man insgesamt nicht viel bezahlen muss, bei denen man sich dann aber für die teuerste Variante entscheiden kann, zum Beispiel bei einem Besuch im örtlichen Eis-Salon. Hier könnte man sich zukünftig die reichhaltigste, exotischste und/oder teuerste Eiscreme-Variante gönnen und viele Eiscreme-Kugeln leisten wollen.

Die bis hierhin beschriebenen Bedürfnisse eins bis vier unserer Bedürfniszielscheibe nannte Maslow »Defizit-Motive«. Menschen werden durch sie angetrieben, weil ihnen etwas fehlt, weil sie Mangel leiden und innerlich zu verarmen drohen. Sie sind entsprechend bestrebt, diesen Mangel auszugleichen. Sobald das geschehen ist, sind sie fürs erste innerlich beruhigt. Die nachfolgenden Bedürfnisse wirken dann ebenfalls als Treiber menschlichen Verhaltens. Hier fehlt den Menschen jedoch nichts im Rahmen der normalen Lebensbewältigung, vielmehr wollen sie etwas dazubekommen, etwas erreichen oder ausleben. Auch das kann zu einem tiefen inneren Drang und starken Antrieb werden. Sie hat Maslow »Wachstumsmotive« genannt.

4.1.5 SELBSTENTWICKLUNGS- UND SELBSTVERWIRKLICHUNGSBEDÜRFNISSE (5. RING)

Das erste Wachstumsmotiv ist ein Bündel, bestehend aus der Selbstentwicklung, Selbsterfüllung und Selbstverwirklichung. Menschen streben danach, sich selbst weiter zu entwickeln, besser zu werden und mehr aus sich selbst und ihren Möglichkeiten zu machen. Das große Thema Selbstoptimierung wird von diesen Wachstumsmotiven getrieben. Menschen versuchen, das zu werden, wofür sie gedacht sind oder zumindest, wofür sie glauben, gedacht zu sein. Hierauf zielen sowohl Angebote von Fitnessstudios als auch von Tattoo- und Piercingstudios ab.

Als Existenzgründer*in kannst du Selbstentwicklungs-, Selbsterfüllungs- und Selbstverwirklichungsmotive ansprechen und von der Zielgruppe profitieren, indem du ihr nutzvolle Lösungen in Form von Produkten oder Dienstleistungen bietest. Produkte können mit neuesten Technologien ausgestattet sein, etwa ein Computer, Tablet oder Smartphone, mit dem deine Kunden und Kundinnen besser kommunizieren können, eine Kamera oder ein Tonaufnahmegerät, damit sie bessere Video-Blogs realisieren können, ein 3-D-Scanner und 3-D-Drucker, damit sie bessere Prototypen austesten können. Dinge eben, die sie ermächtigen, ihre Aufgaben zu erfüllen und ihren Zielen besser, schneller oder innovativer näherzukommen. Es geht dabei nicht unbedingt um die professionellste Erfüllung allerhöchster Ansprüche, sondern um die Befähigung an sich. Das Start-up ArtNight[299], 2016 von den beiden Berlinern Aimie-Sarah Carstensen und David Neisinger gegründet, trifft diesen Befähigungsnerv gekoppelt mit viel Socializing. Anfangs organisierten sie vor allem Kunstkurse, die unter Anleitung lokaler Künstler*innen Personengruppen einen kreativen und geselligen Abend bieten. Das Start-up kam nicht nur in *Die Höhle der Löwen* gut an, sondern konnte sich auch eine Finanzierung über die Jägermeister-Beteiligungsgesellschaft M-Venture sichern, um weiter zu wachsen und neue Kurse wie Cocktail-, Back- und Pflanz-Workshops auszuschreiben.[300] Artnight ist mittlerweile im DACH-Raum, den Niederlanden und in Großbritannien vertreten. Und dann kam Corona, und dem Konzept, das von Offline-Veranstaltungen lebt, wurde quasi die Geschäftsgrundlage entzogen. Doch das gut 50-köpfige Team in Berlin brachte es fertig, innerhalb kürzester Zeit, Online-Formate zu erstellen, zu testen und zu vermarkten. In einem Gründerszene-Podcast mit Aimie-Sarah Carstensen im Mai 2020 hatten sie bereits 925 Kurse online anbieten können, von Live-Streams bis zu Tutorials, die alle die Förderung von Talenten und Fähigkeiten im Fokus haben. Mit den nun wieder parallel laufenden Offline-Events wird auch das Socializing vermehrt gelebt.[301]

Wenn du bei deinen angestrebten Kunden und Kundinnen also den Weg der Selbstverwirklichung mitgestalten willst, dann schau einerseits, wie du sie bei ihren selbstgestellten Aufgaben mit Dienstleistungen (Schulungen, Workshops, Tutorials) unterstützen kannst. Andererseits brauchen sie vielleicht deine passenden Werkzeuge oder Materialien für ihre Projekte. So kann man zum Beispiel auch bei Artnight Materialien und Accessoires kaufen. Das sind Zusatzgeschäfte, die zudem Promotion bringen. In unseren Interviews bedient besonders Lukas Alt mit seinem Unternehmen fit4school das Selbstentwicklungsbedürfnis von Schüler*innen. Auf die Selbstverwirklichung zielt das Angebot von Thomas Laux mit seinem Hausboote Lahn, der Shop meyer & nehls von den Inhabern Lars Meyer und Frank Nehls, aber auch das von Annika Lerch und Anna Baduini mit ihrem Geschäft Herzblut Vintage Fashion.

4.1.6 WISSENSBEDÜRFNISSE (6. RING)

Menschen wollen ihre Grundbedürfnisse erfüllt und ihre Defizite ausgeglichen haben, zudem sich selbst weiterentwickeln und selbst verwirklichen. Auf dem Bedürfnisring Sechs gesellt sich ihr Wissensdrang hinzu, den sie zu befriedigen suchen. Sie sind von Natur aus und von Kindheit an neugierig. Sie wollen verstehen, was um sie herum passiert. Sie suchen nach Erklärungen für Sachverhalte, die sie erfahren wollen. Sie wollen sich und ihr Wissen ständig aktualisieren, systematisieren und erweitern.

Rituelle Nachrichtensendungen im öffentlichen Fernsehen wie die *Tagesschau* der ARD und *heute* des ZDF in Deutschland, die Sendung *10 vor 10* des SRF in der Schweiz sowie die Sendung *ZIB 1* des ORF bedienen dieses Wissensbedürfnis beispielhaft. Natürlich kannst auch du als Existenzgründer*in oder Start-up Wissensdurstigen in deinem Tätigkeitsbereich helfen und daraus ein Geschäft machen. Es gib einen nicht endenden Bedarf an Koch-, Bau-, Gebrauchs- und

Reparaturanleitungen sowie Produkttests jeglicher Art. Du kannst dafür Bücher schreiben, Podcasts einspielen oder Video-Ausgaben für den YouTube-Kanal produzieren, dazu Vorträge halten und Weiterbildungskurse anbieten. Einige Kleinstunternehmer*innen konzentrieren sich auf das Testen, Beschreiben und Bewerten. Rezensionen haben Hochkonjunktur.

Von unseren Interviewten bieten Beate Sander (mit ihren Büchern), Ingrid Huse (mit ihren Präsentationen), Nico Vogt (mit seinem Podcast) und Nicolas Leuenberger (mit seiner Podcastschmiede) Leistungen und Produkte, die Wissensbedürfnisse ansprechen. Schau dir doch ihre Interviews nochmals unter dieser Perspektive an. Übrigens: Auch wir setzen mit unseren Büchern auf deine Wissensbedürfnisse.

4.1.7 ÄSTHETISCHE BEDÜRFNISSE (7. RING)

Auf dem siebten Ring der Bedürfniszielscheibe findest du die Bedürfnisse nach Ästhetik, Design, Gestaltung, Schönheit, Ordnung und Symmetrie. Es ist ein Bedürfnis, das sich oft unterschwellig und emotional bemerkbar macht, wenn sich Menschen zwischen zwei Angeboten entscheiden müssen. Auch langfristige Beziehungen von Kunden und Kundinnen zu ihren Produkten beruhen meist auf ästhetischen Gestaltungskomponenten, die tiefe Emotionen auslösen. Die Autoindustrie hat dafür vielfältige Beispiele geliefert, die Computer-, Uhren- und Handyindustrie ebenfalls. Es gibt aber noch immer viele Bereiche der Industrie sowie des Konsums, in dem die ästhetischen Bedürfnisse der Zielgruppen nicht ausreichend berücksichtigt und angesprochen werden. Oft, weil man der Annahme erliegt, eine ästhetische Gestaltung wäre von den Nutzer*innen nicht erwünscht oder würde sich nicht rentieren. Allzu oft wird darüber aber auch gar nicht nachgedacht. Es fehlen nicht selten das Empfinden und der Anspruch für eine ästhetische Gestaltung. Hier kannst du dich wesentlich von deinen Mitbewerber*innen differenzieren, dich selbst profilieren und potenzielle Kunden und Kundinnen langfristig gewinnen. Sieh dir dazu noch einmal unser Interview mit Alina Russ von LoLa's Kitchen an. Die Kuchen sind Kunstwerke und überzeugen durch die Optik und natürlich den Geschmack. Gleiches erreicht Falk Daubner mit seinen Gerichten unter der Marke »Sudelnuppe«. Und auch das Industriedesign von unserem Interviewpartner J. Roberto Inderbitzin vom REFRAME Design Studio in Zürich bedient nicht nur die Funktionalität, sondern auch ästhetische Bedürfnisse.

4.1.8 BEWEGUNGSBEDÜRFNISSE (8. RING)

Von Kindern kennt man sie. Erwachsenen billigt man sie meist nicht zu. Doch ob man sie wahrhaben will oder nicht, sie existieren, und Menschen trachten danach, sie zu befriedigen – die Bewegungsbedürfnisse. Menschen sehnen sich danach, sich durch Bewegungen auszudrücken und ausagieren zu können. So wundert es auch nicht, dass Angebote zur Bewegung gern angenommen werden, im Corona-Jahr 2020 vielleicht sogar mehr als jemals zuvor. Besonders Outdoor-Aktivitäten wie Jogging, Yoga am See, Stand-Up-Paddle-, Kanu- und Kajak-Fahrten sowie Fitnessangebote jeder Art werden herbeigesehnt und nachgefragt. Fahrräder kommen dem Bewegungshunger der lockdowngeplagten Menschen besonders entgegen. Und so sieht man in diesem Jahr Menschen jeden Alters per E-Bike durch die Landschaft fahren. Schweizer Sportfachgeschäfte melden im Juli 2020 bereits optimistische Umsätze[302] und sehen der Jahresentwicklung positiv entgegen, nachdem ein schwacher Winter und der pandemiebedingte Lockdown den Jahresstart arg belastet hatten. Ende April 2020 lagen die Umsätze noch 30 Prozent unter denen des Vorjahrs. Wenn auch du dich auf die Bewegungsbedürfnisse der Menschen konzentrieren möchtest, kannst du als Hersteller*in oder Händler*in von Bewegungsprodukten oder als

Dienstleister*in von Bewegungsangeboten aktiv werden. Chip Wilson, der Gründer der kanadischen Sportmodemarke Lululemon, hatte 1998 den Yoga-Trend erkannt. Selbst passionierter Yogi, startete der damals 41-Jährige sein Geschäft, in dem er Yoga-Pants direkt an Yoga-Lehrer verkaufte. Seine Überzeugungskraft für das Sportgeschäft resultierte auch aus seiner Skate- und Snowboarderfahrung und trug zu dem kometenhaften Erfolg von Lululemon bei. Die Marke erfreut nicht nur die Bewegungswilligen, sondern hat durch die Kombination von Sportbekleidung in Premiumqualität und bequemer Streetwear die »Athleisure-Kategorie« geschaffen, für die es eine internationale Fan-Community gibt.[303] Die Kund*innen, auch »Luluheads« genannt, sind für den Lebensstil, den sie mit der Marke einkaufen, durchaus bereit, mehr zu bezahlen und das in über 420 Shops weltweit.[304] Chip Wilson ist längst Milliardär und ist schon vor Jahren aus allen Gremien von Lululemon ausgeschieden.

Von all unseren Interviewpartner*innen hat wohl eindeutig Freya Hoffmeister die größten Bewegungsbedürfnisse. Lies dir doch auch ihr Interview daraufhin nochmals durch. Erlebe ihre Leistungen, die sie mit ihren Kajaks erbringt, und schaue dir an, wie sie ihre Bewegungsbedürfnisse mit ihrer Selbstständigkeit unter einen Hut gebracht hat.

4.2 DER »13-P-MARKETING-MIX« ALS GESCHÄFTSKONZEPT-INSPIRATOR

»13-P-Marketing-Mix« als Geschäftskonzept-Inspirator © Bellone Franchise Consulting GmbH

Wir sind als Autoren sowie in der Beratung, Lehre und Forschung tätig. Im Rahmen unserer wissenschaftlichen Forschungen haben wir 2016 einen neuen Marketing-Mix entwickelt, der 13 Dimensionen umfasst. Mit diesem Universalwerkzeug arbeiten wir in der Beratung und Betreuung unserer Kunden. Dabei optimieren wir die Anwendungsbereiche und Arbeitsprozesse beständig. So haben wir den Mix um ein Blueprint sowie eine Marketing-Inspirationsdrehscheibe für eine optimale Teamarbeit erweitert. In unserem *Praxisbuch Trendmarketing* veröffentlichten wir 2017 erstmals die Arbeitsweise mit dem 13-P-Marketing-Mix zur Trendsuche und ganzheitlichen Trendumsetzung im Unternehmen. In unserem *Praxisbuch Dienstleistungsmarketing* von 2018 zeigten wir, wie Unternehmer*innen mit ihm Dienstleistungen besser entwickeln und vermarkten können. In unserem Buch *Glücklich mit Tiny Start-ups* von 2019 haben wir den Marketing-Mix als »Elchtest« für Unternehmenskonzepte vorgestellt. Mit ihm kannst du Schwachstellen in deinem Unternehmenskonzept aufdecken und optimieren. Heute möchten wir dir zeigen, wie dich die 13 Marketing-Perspektiven dazu inspirieren können, neue Geschäftsideen und Geschäftsfelder zu entdecken und neue Geschäftskonzepte zu entwickeln.

Wir stellen dir nacheinander die 13 Marketing-Mix-Bereiche vor und geben dir Anregungen für mögliche Geschäftsideen. Jeweils abschließend zeigen wir dir mit »New Normal« auf, welche Chancen sich durch die Corona-Pandemie ergeben und listen dir ein paar Tipps auf, wie du sie nutzen kannst.

4.2.1 »PRODUCT« – DIE KRAFT VON PRODUKTEN UND DIENSTLEISTUNGEN

»Das Besondere an unserem Start-up sind natürlich unsere Produkte und die Geschichten, die dahinter stecken«[305], sagen Vivi, Mirko und Aurel vom Gluehweinwerk.ch KGL, die wir für unsere Website www.tinystartup.ch interviewt haben. Ihre hochwertigen und modernen Gewürzmischungen für ihren Glühwein »GLÜHMIX«, werden in drei Sorten angeboten: »süßlich«, »klassisch« und »intensiv«. Für die Zutaten reisen die Gründer*in persönlich nach Bali und pflegen dort enge und freundschaftliche Kontakte, wodurch auch ihre Geschichten entstehen. Sie glauben, dass sie mit ihrer »modernsten Glühweinmischung der Schweiz« den bisher traditionellen Glühweinmarkt aufmischen können. Das ist auch gut möglich, denn eine gute und innovative Produktidee kann in einem eher traditionell geprägten Markt die Basis für ein Start-up und ein florierendes Unternehmen sein.

So verhält es sich auch in unserem nächsten Beispiel. Maurizio und Cemal hatten die »... Idee, Pasta und Saucen herzustellen, wie wir sie von zu Hause kennen: gesund, natürlich und mit viel Liebe gemacht.«[306] Mit Unterstützung ihrer Mammas entstehen so Mammas Chili (Olivenöl), Paprika (Pastasauce) und Pesto Sauce. Sie haben dahinter auch eine tiefere Philosophie, zum Beispiel sind sie gegen Pestizide und Gentechnik, verwenden keine Aromen, Füll- und Zusatzstoffe, und Tierwohl ist ihnen wichtig. Im Zentrum stehen jedoch immer ihre wohlschmeckenden Produkte.

Etablierte Marktsegmente mit klassischen Produkten laden in allen Branchen immer zur Innovation und Disruption ein. Attraktivere und nutzvollere Produktangebote verdrängen bestehende, so sind die Marktgesetze. Das definiert die Herausforderungen, aber auch die Chancen. So haben vegetarische Burger das Potenzial, klassische Fleischburger zu ersetzen. Insektenburger tragen als proteinreiche Ernährung der Zukunft ebenfalls das Potenzial in sich, fleischliche und vegane Konkurrenten zu ersetzen. Oder aber sie tragen zu einer Erweiterung des Marktes bei. Wir haben 2015 ein Interview mit Baris Özel und Max Krämer geführt, die ihr Geschäftskonzept auf Basis dieser Produktidee gegründet haben. Mit der »Bugfoundation« stellen sie seitdem Insektenburger her und vermarkten diese. Du kannst das ganze Interview auf unserem Greenfranchise Market lesen.[307]

Doch wenden wir uns handfesteren Dingen zu. Rahel und René haben 2014 das Unternehmen Avenwood gegründet. Begonnen haben sie mit einer Produktidee, den individualisierbaren Handyhüllen aus Bambusholz. In der Zwischenzeit hat sich die Marke weiterentwickelt und bietet jetzt auch Uhren sowie Kombinationen verschiedener Holzarten mit Naturstein. Ihrem Produktfokus bleiben sie jedoch verbunden: »Avenwood steht für einzigartige Lifestyle-Produkte aus Holz.«[308]

Nicht nur Produkte fallen in den Bereich »Product«. Auch Dienstleistungen werden als Produkte gesehen und gehören in diese Kategorie. Dienstleistungen boomen. Unsere Wirtschaft entwickelt sich zunehmend zu einer Dienstleistungswirtschaft. Dienstleistungen oder Services bieten vielfältige innovative und nutzenrelevante Möglichkeiten für Start-ups und Existenzgründungen.

Ilona Peters, die von uns interviewt wurde, erfreut sich zum Beispiel an der Erbringung von haushaltsnahen Dienstleistungen für Familien, Singles und Senioren. Als selbstständige Franchisenehmerin ist sie erfolgreich als »Zauberfrau« des gleichnamigen Franchisesystems unterwegs und erfreut sich an der Dankbarkeit ihrer Kunden für ihre individuellen und kundenbedarfsorientierten Dienstleistungen.

Eine Dienstleistung ganz anderer Art hat Thomas Laux, den wir ebenfalls interviewt haben, entdeckt und für sich unternehmerisch genutzt. Er bietet Urlaubserlebnisse auf seinen Hausbooten unter der Marke Hausboote Lahn. Dabei freut ihn am meisten: »Wenn die Gäste mir erzählen, dass der Urlaub auf dem ›Flußhäuschen‹ einer der schönsten war, den sie erlebt haben.« Mehr im konkreten Interview.

Das dritte Dienstleistungsbeispiel kommt von unserer Interviewpartnerin Barbara Schärz. Sie hat ihr Dienstleistungsunternehmen Funeral Planning gegründet. Ihre Services vor, bei und nach einem Todesfall umfassen Leistungen rund um die selbstbestimmte Vorausplanung, aber auch die Organisation von Beerdigungen. Zudem unterstützt die bei der Verfassung von Testamenten, Vorsorgeaufträgen, Generalvollmachten und Patientenverfügungen. Mehr dazu in ihrem Interview.

Der Dienstleistungsbereich ist vielfältig. Wenn du über eine gewisse Dienstleistungsmentalität verfügst, kannst du dich im Bereich deiner Kernkompetenzen und der größten Nachfrage selbstständig machen und dein Unternehmen punktgenau platzieren. Chancen bieten sich in der Ausbildung, Beratung, Nachhilfe und Schulung. Hier haben wir dir zum Beispiel bereits das Unternehmen fit4school mit einem Kurzinterview vorgestellt. Andere Bereiche sind die Musikerziehung und kulturelle Ausbildung in den Bereichen Theater, Gesang, Tanz sowie bildende und darstellende Künste. Aber auch die Immobilienwirtschaft, Reisebranche, Hotellerie, Gastronomie, Vermietung und Betreuung bieten interessante Herausforderungen.

4.2.1.1 »NEW NORMAL«

Durch die Corona-Pandemie konnten Menschen im Lockdown die Wichtigkeit ihrer Markenpräferenzen von Produkten und Dienstleistungen vollkommen neu erleben und neu bewerten. Einige sind ihnen dabei sicherlich stärker ans Herz gewachsen als andere, was zu einer Marktbereinigung führen kann. Zudem werden aufgrund des Lockdowns Marktveränderungen bewirkt. Neue Nachfragen entstehen und neue Produkt- und Dienstleistungsangebote werden gewünscht. Das sind ideale Voraussetzungen für Unternehmer*innen, die jetzt mit einem offenen Blick, einem fokussierten Geschäftskonzept und zielgerichteten Angeboten in den Markt einsteigen wollen.

Ein Unternehmen, das sich darauf eingestellt hat, dass es für viele Dinge keinen Sinn mehr macht, sich immer neue Produkte zu kaufen, ist TOOché Zürich.[309] Das Unternehmen bietet beispielsweise »Rent a Dress. Das perfekte Kleid für jeden Anlass«. Taschen gibt es übrigens auch.

Ein bereits existierendes Produktfeld, das nun plötzlich gefragt ist wie nie, umfasst die Hygienemittel. Einige spezialisierte Firmen hatten sich auf den Ein- und Verkauf von Gesichtsschutzmasken sowie Desinfektionsmitteln für Ärzte, Krankenhäuser und Kliniken spezialisiert. Jetzt ist der Hygienemarkt explodiert. Ein weltweiter Massenmarkt ist entstanden mit lokalen, regionalen und nationalen Ausprägungen. Dabei ist die Schutzmaske fast ein Modeartikel geworden, die in vielfältiger Form Ausgestaltungen hervorgebracht hat. Ihre

Funktionalität, Schutzwirkung, Körperverträglichkeit oder Mehrfachverwendbarkeit tritt dabei in der Kommunikation oft schon zurück. So ist sie mit Weltkartenmotiven bedruckt zu erwerben, aber auch mit Motiven von bekannten Musikgruppen verziert wie von Iron Maiden, den Rolling Stones oder von AC/DC. Auch Luxushersteller wie Louis Vuitton, Fendi, Gucci, Chanel und Off White setzen sie als modische Accessoires ein.[310] Das Virus bleibt uns ganz sicher noch die nächsten Jahre erhalten. Inwiefern sich auf die Produktion und die Vermarktung von Masken noch ein Geschäft begründen lässt, muss im Einzelfall analysiert werden, und ebenso, was den Markt der Desinfektionsmittel betrifft. Hier ist vorstellbar, dass sich der Markt der Hygienemittel weiter diversifizieren wird. Es werden neue Produkte für fast jeden Lebensbereich mit unterschiedlichen Aromen auf den Markt kommen, die so natürlich wie bisher Geschirrspülmittel eingekauft werden. Viele Produkte, Gebrauchsgegenstände, Fitnessgeräte und Möbel werden in neuen Formen und aus neuen Materialien hergestellt werden, um ein Höchstmaß an virenabweisender Wirkung sowie eine schnelle Reinigung zu gewährleisten. Auch Verpackungen müssen überdacht und überarbeitet werden. Überall wird es um einen größtmöglichen Schutz vor Viren gehen. Getreu dem Satz »Nach einer Pandemie ist vor einer Pandemie« wird das Thema Virenschutz für die nächsten 10-15 Jahre Bestand haben. Ein lohnendes Feld für Architekten, Designer, Konstrukteure und sonstige Spezialisten, die hier vorausschauend Lösungen für die Menschheit und die Märkte entwickeln, realisieren und vermarkten können.

Auch Reinigungsdienstleistungen gab es schon immer für Firmengebäude, Büros, Kraftfahrzeuge, Kleidung, Hotelzimmer, Restaurants, Sportstudios, Saunen, Altersheime, Schulen und vieles mehr. Ab jetzt geht es um mehr als Sauberkeit allein. Es zählt Virenfreiheit und Virenschutz. Hier sind mitunter neue Dienstleistungsunternehmen gefragt, die absolute Fachkompetenz aufweisen und diese vertrauenserzeugend vermarkten können (siehe Sicherheitsbedürfnisse auf der Bedürfniszielscheibe). Zusätzlich haben sich im und nach dem Lockdown Dienstleistungen rund um den Menschen als besonders wichtig erwiesen, von der ganzheitlichen Gesundheitsbetreuung über den Einkaufsservice bis zu individuellen Frisier-, Maniküre- und Pediküre-Dienstleistungen. Wir gehen davon aus, dass diese auch zukünftig nachgefragt werden. Zusätzlich sehen wir einen Bedarf an Dienstleistungen zur Einrichtung, Modifikation und Reparatur sowie zum Ausleihen von Apparaturen, Technologien und Gegenständen. Wir glauben, dass weniger gekauft, aber mehr erhalten und geteilt wird. In diesen Bereich fallen zum Beispiel Autos, Bohrmaschinen, Boote, Fahrräder, Häuser, Motorräder und Wohnmobile. Entsprechend werden Erhaltungs-, Reparatur-, Verleih- und Gebrauchsausgaben anfallen. Eine schöne Einladung an entsprechend ausgerichtete Dienstleistungsangebote.

4.2.2 »PRICE« – PREISFINDUNG ALS BASIS FÜR GESCHÄFTSKONZEPTE

Expense Reduction Analysts[311] optimiert proaktiv, mit mehr als 650 Partner*innen in über 25 Ländern, das Kosten- und Liefermanagement von Unternehmen in über 40 Kategorien. Wir haben dazu ein Interview mit Matthias Drosten[312], Geschäftsführer von Expense Reduction Analysts DACH, geführt, das in unserem *Praxisbuch Franchising* nachgelesen werden kann. Experten, die solche Tätigkeiten ausüben, verfügen über langjähriges Wissen und Erfahrungen in Bereichen wie im Supply Chain Management, Rohstoffeinkauf oder Personalnebenkosten. Kunden für Kostenoptimierungsleistungen finden sich im produzierenden Gewerbe, im Handel, in der Dienstleistungswirtschaft sowie in der öffentlichen Hand.

Die wettbewerbsorientierte Ermittlung und Festsetzung von Preisen ist eine spezialisierte Marketing-Aufgabe. Hierunter fallen sowohl Einkaufs- wie Verkaufspreise, Provisionen, Rabatte, Nutzungs- und

Leasinggebühren, aber auch Lizenz-, Franchise- und Copyright-Gebühren, die Konzeption von Angebotsbundles sowie die Konzeption von Eigenmarken zur preislichen Alleinstellung und Realisierung von hohen Deckungsbeiträgen. Folglich eröffnet sich hier ein Tätigkeitsfeld für analysierende, beratende, coachende, konzipierende und optimierende Betriebswirte und Spezialisten. Auch die Durchsetzung von Preisen braucht Unterstützung, zum Beispiel kommunikativ. Für kommunikative Konzeptionen sind freiberuflich tätige Texter*innen und Konzeptioner*innen tätig. Die Entwicklung von attraktiven Nutzen-Preis-Kombinationen können Betriebswirte und Berater*innen auf Projektbasis für Unternehmen und Agenturen leisten. Die kanalübergreifende Durchsetzung von Preispositionierungen in der Praxis ist die Domain von freien Handelspartner*innen, Vertriebsexpert*innen und Interim Sales Manager*innen. Für eine dynamische Preisanpassung in Echtzeit am Point of Sale, dem »Dynamic Pricing«, wie es als kreatives Marketinginstrument von Tankstellen und Elektronikhändler*innen genutzt wird, braucht es zusätzlich Technologien und Unternehmer*innen, die diese programmieren (algorithmische Verknüpfung von Kundendaten, Wettbewerbsdaten und Umfelddaten wie die Tageszeit oder das Wetter), produzieren, bewerben, verkaufen und installieren. Gleiches ist für die Preise von Onlineshops sowie in internetbasierten Medien notwendig. Mit Predictive-Analytics-Algorithmen werden Absatzvorhersagen getroffen sowie Produktverfügbarkeiten in Shops mit den Lagerbeständen abgeglichen. Die Digitalisierung und neue Technologien eröffnen immer größere Arbeitsgebiete für unternehmerisch denkende Data-Analysten und IT-Spezialisten mit betriebswirtschaftlichen Kenntnissen. Preisagenturen bieten als externe Dienstleister*innen die Suche nach dem besten Preisangebot. Das tun sie für Privatpersonen, die ein Auto, ein Boot oder ein Haus erwerben wollen, ebenso wie für Behörden oder Unternehmen, die Baustoffe, Energie oder Baudienstleistungen einkaufen wollen. Die Preisagent(ur) Pfennigfuchser[313] aus Düsseldorf ermittelt laut Eigenwerbung seit 1997 den besten Preis für Konsumgüter und

Dienstleistungen. Andere Preisagenturen haben sich auf den Einkauf bestimmter Leistungen spezialisiert oder bieten einen offenen Vergleich auf ihren Portalen, zum Beispiel von Handwerksleistungen, Hotelbuchungen, Restaurantbesuchen oder Reisen.

4.2.2.1 »NEW NORMAL«

Die Corona-Pandemie hat die Bedeutung von Fintech-Unternehmen, die mobil und online Payment Solutions bieten und seit Jahren auf den Markt drängen, schlagartig erhöht. Ihre Akzeptanz ist in der Bevölkerung ebenso schnell gestiegen. Münzen und Geldscheine können reale, krankmachende Viren übertragen. Viren im Rahmen von finanziellen Online-Transaktionen scheinen weniger gefährlich. Bargeld- und berührungslose Bezahlungen sind sauberer und schneller. Sie sind das neue Normal mit niedrigen Kosten, Rückmeldungen in Realzeit sowie in Kombination mit Blockchains mit absolutem Sicherheitsversprechen.

So zählt das 2013 gegründete Fintech-Start-up moneyland.ch[314] zu den Top 30 Fintech-Unternehmen der Schweiz[315], ebenso die nachfolgenden Beispiele, die wir dir hier kurz vorstellen. Als unabhängiger Online-Vergleichsservice bietet Moneyland.ch über 100 Vergleichswerkzeuge und Kalkulationen, mit »mehr als 2.500.000 analysierten Finanz- und Produktdaten« zum Banking, zu Versicherungen und zur Telefonie, damit Kunden die für sie richtige Versicherung, das Bankkonto, die Kreditkarte oder das Telefonie-Produkt kaufen können.

Das Fintech vlot[316], 2017 gegründet, ist ein Versicherungsvermittler, der eine digitale Wertschöpfungskette bereitstellt, um die Analyse des individuellen finanziellen Lebensrisikos, des Lebensversicherungsschutzes sowie der dynamischen Lebensplanungslösung zu ermöglichen. Auf der Basis einer »cutting edge technology« sollen

Familien und Individuen so die Möglichkeit bekommen, Einkommens- und Sparlücken zu identifizieren und zu schließen sowie finanziell verantwortlicher zu handeln.

Das Fintech Aidonic[317] schließlich, 2018 gegründet, ist eine Blockchain-Lösung für Social Fundraising und Last Mile Aid Distribution Technology, ein Ökosystem für humanitäre Netzwerke. Der Anspruch von Aidonic ist es, die traditionelle Hilfsfinanzierung umzugestalten, indem es tokenbasierte Peer-to-Peer-Ökosysteme (P2P) schafft, die weltweit Spendende und Begünstigte direkt und sicher miteinander verbinden. Sehenswert ist hierzu das Video auf YouTube zum AIDONIC MVP-Test in Syrien[318] im September 2019.

4.2.3 »PLACE« – WENN DER VERTRIEB ZUR GESCHÄFTSBASIS WIRD

Place steht für den großen Bereich der Offline-, Online- und mobilen Vertriebskanäle. Vertrieb muss heute ganzheitlich und über alle verfügbaren Kanäle hinweg gedacht und in der Auswahl, Kombination und Ausgestaltung der Kanäle realisiert werden. Internet-Shops und Social-Media-Kanäle spielen dabei ebenso eine Rolle wie Pop-up-Stores, Flagship-Stores und Factory Outlets, die Auswahl- und Bestellvorgänge um alle Kunden-Touchpoints herum, die Logistik und Lagerhaltung, der Versand und die Lieferung. Jeder einzelne dieser Bereiche bietet vielfältige Möglichkeiten für neue, innovative und disruptive Unternehmenskonzepte für wachstumshungrige Start-ups und Existenzgründer*innen. Denn die Handelslandschaft ist in einem ständigen Wandel. Die Bedeutung der großen und etablierten Kauf- und Warenhäuser sowie die Attraktivität ihrer Geschäftskonzepte nimmt weiter ab. Neue Erlebnisdimensionen und Interaktionsräume werden gesucht. Wenn du hier spezialisiert bist, findest du Freiräume, die du mit innovativen Ideen als kleinstes und kleines Start-up erfolgreich füllen kannst, zum Beispiel mit dem technologisch unterstützten »Livestream-Shopping«[319]. Dabei übernimmst du das Shoppen und überträgst es via App, sodass dich andere dabei sehen können, dir Fragen stellen können und die vorgeführte Kleidung sofort, in Echtzeit, auch einkaufen können. Alibaba[320] setzt schon länger mit seiner Seite Taobao Livestream Shopping[321] auf diesen Trend, der aus China kommt. Eine weitere mobile Livestreaming-Shopping-Plattform ist shopshops_official auf Instagram, mit aktuell 13.800 Abonnent*innen.[322] Weitere Shopping-Apps sind Shoclef[323] und Livby[324]. China ist mit 456 Millionen Benutzer*innen (laut Deloitte[325]) der größte Livestreaming-Shoppingmarkt weltweit. Die sozialen Medien bieten weiterhin immer neue Möglichkeiten der Produktpräsentation und des Produktvertriebs. Gleichzeitig werden Spezialist*innen gebraucht, die Unternehmen bei der virtuellen Produktpräsentation helfen. Einen ganz anderen Ansatz hat der Brillenladen Yun[326] in Berlin gewählt. Er bietet, mit einer Produktionseinheit vor Ort, modische Brillen für individuelle Sehstärken on Demand innerhalb von 20 Minuten. Durch die heute verfügbaren Technologien ist es möglich, dass du innerhalb kürzester Zeit neue Produkte für Kunden vor ihren Augen herstellst. Oder aber, dass du einen Online-Handelskanal eröffnest und erfolgreich betreibst. Dies ist ein idealer Bereich für kleine und kreative Start-ups und Existenzgründer*innen.

4.2.3.1 »NEW NORMAL«

Viele Einzelhändler*innen haben im Corona-Lockdown erstmals erfahren müssen, was passiert, wenn ihre physischen Geschäfte geschlossen bleiben müssen. Viele verfügten bis dahin nicht über einen Internetshop. Das dürfte sich zukünftig ändern. Auch die Inhaber der Modeboutique meyer & nehls in Berlin teilten uns dies in ihrem Interview mit. Sie werden als zusätzlichen Service für ihre Kunden einen kleinen Internet-Shop bereitstellen. Für Onlineshop-Berater*innen, Einrichter*innen und Betreuer*innen, also

Dienstleister*innen rund um den Online-Vertrieb, eröffnen sich weiterhin im deutschsprachigen und europäischen Raum neue und lohnenswerte Business-Möglichkeiten.

4.2.4 »PROMOTION« – KOMMUNIKATION ALS BASIS FÜR GESCHÄFTSIDEEN

Wenn Kommunikation deine Kernkompetenz ist, bietet dieser Bereich der Creative Industries seit jeher Möglichkeiten der Existenzgründung. Du kannst es wie Ralph Heidemann machen, dessen Interview wir dir bereits vorgestellt haben. Ralph, der in der Schweiz als Manager im Bereich der Kommunikation tätig war, hat sich mit seiner eigenen Kommunikationsagentur selbstständig gemacht. Wenn du gestalterische Fähigkeiten aufweisen kannst, ziehst du vielleicht die Gründung einer Grafikagentur oder eines Designstudios vor. Vielleicht interessiert dich aber auch das Schreiben und du willst als Werbe-Texter*in freiberuflich tätig werden. Oder du bist journalistisch geprägt und dich fasziniert die Realisation eines Podcasts so wie Nico Leuenberger mit seiner Podcast-Schmiede und Nico Vogt mit »Mach dis Ding«, die wir ebenfalls interviewten. Möglichkeiten zur Selbstständigkeit bestehen in der Marktforschung, in der Mediaplanung und Mediabuchung sowie in der Werbemittelproduktion. Vielleicht bist du auch gut in der Entwicklung und Realisierung von Events. Wenn der Aufbau von Beziehungen zu den Medien und zur Presse deine Sache ist, liegt dir vielleicht der Bereich Public Relations, indem du dich freiberuflich selbstständig machen kannst. Oder du spezialisierst dich auf die Suche und Vermittlung von High Potenzials im Bereich Human Relations (HR).

So hat es auch Werner Bachofen gemacht. Wir haben ihn im Swiss Marketing Club Zug kennengelernt. Genau zu der Zeit, in der er sich beruflich neu orientierte. Heute arbeitet Werner als freier Unternehmer im Bereich Human Relations und im Vermittlungsbusiness.

Er ist Franchisenehmer des Schweizer Franchisesystems JobTalente GmbH mit Sitz in Lenzburg. Mit einem Know-how von über 20 Jahren vermittelt das Unternehmen Fach- und Führungskräfte in viele verschiedene Branchen. Als Franchisenehmer ist Werner Bachofen selbstständig tätig, mit eingetragener eigener Firma im Handelsregister. Für ihn ist es eine gute Lösung, sinnstiftende Arbeit zu verrichten und nicht nur »Ausführender auf Kaderstufe« zu sein. Er sagt zur Phase der Unternehmensgründung: »Im Laufe des Jahres 2018 wurde ich mit der Idee konfrontiert, ins ›Vermittlerbusiness‹ einzusteigen. Ich war zu jenem Zeitpunkt erwerbslos (Kategorie Ü50) und musste eine neue Lösung finden. Nach vielen Gesprächen mit meiner Ehefrau (Chancen, Risiken, Zukunftseffekte et cetera) habe ich dann Anfang 2019 den Schritt gemacht.« Bachofen gründete sein Kleinstunternehmen 2019 als Vollexistenz. Anfang 2020 schlug dann Covid-19 zu. Dazu Werner Bachofen: »Das Franchising, einst als Vollexistenz gedacht, ist derzeit eher ein Nebenerwerb. Der Coronavirus und seine Folgen machen sich stark bemerkbar. Da ich jedoch selbstständig bin, arbeite ich an neuen Geschäftsfeldern. Ziel ist es, mehrere Einkommensströme zu generieren.« Und natürlich erzählte er uns auch in unserem Interview von seiner privaten Passion, dem Sammeln, Restaurieren und Fahren von klassischen Rennräder.

Werner Bachofen, JobTalente GmbH

Werner Bachofen mit seinem »Tommasini« von 1977 © Privatbesitz

Das Foto zeigt Werner Bachofen mit einem italienischen Rennrad der Marke Tommasini. Dieses wurde ungefähr im Jahr 1977 produziert. Werner hat es – mit Lackierunterstützung aus dem Hause Tommasini in Grosseto – wieder restauriert. Das war mit seinen Worten »sozusagen die Corona-Arbeit«.

Warum hast du dein Unternehmen gegründet?

»Da gibt es verschiedene Gründe:

a) Es erschien mir als die einzig verbliebene Lösung, sinnstiftende Arbeit zu verrichten und nicht nur ›Ausführender auf Kaderstufe‹ zu sein.

b) frei in Entscheidungen und strategischen Ausrichtungen zu sein.«

Was war der Auslöser für deine Geschäftsidee?

»Ich habe irgendwann begriffen, dass ich im Arbeitsmarkt von heute, als einer von vielen über 50-Jährigen, nicht mehr so einfach ›unterkomme‹, wie ich mir das gewünscht hätte. Nach der Lektüre des Buches *Lebensunternehmer/in*[327] war mir klar, dass ich es in eigener Regie machen müsse. Ich habe mich also entschlossen, den Weg ins Unbekannte zu wagen.«

Wie erlebst du dein Unternehmertum? Worin liegen die größten Chancen, worin die größten Herausforderungen?

»Die Chancen liegen meiner Ansicht darin, rasch auf sich verändernde Marktsituationen eingehen und die strategische Stoßrichtung anpassen zu können. So habe ich bemerkt, dass es ein zunehmendes Bedürfnis für Berufsleute über 45 ist, sich nachhaltig über ihre möglichen beruflichen Ausrichtungen mit jemandem zu besprechen, der bereits Erfahrung in schwierigen Findungssituationen hat. Ich begleite als Coach und coache jene, die sich entschlossen haben, etwas zu ändern, aber noch nicht wissen, wohin die Reise im Rahmen der neuen beruflichen Ausrichtung gehen soll.«

Welche Auswirkungen hat die Corona-Krise auf dein Unternehmen?

»Corona hat mir meine Vorarbeit von einem Jahr komplett verhagelt. Mein strategisches Geschäftsfeld hat am meisten unter dem Lockdown gelitten und wird in den nächsten Monaten noch weiteren Aderlass erfahren.«

Was ist ein typischer Glücksmoment, den du immer wieder in deinem Unternehmen erlebst?

»Das, was ich tue, tue ich für mich und meine Familie. Es ist niemand da, der mir Anweisungen erteilt und mir in meine Überlegungen hineinpfuscht. Die größte Herausforderung liegt wohl darin, dass das Risiko immer bei mir und meiner Familie liegt, da es nicht auf mehreren Schultern (mehrere Stakeholder) abgestützt ist.«

www.jobtalente.ch

4.2.4.1 »NEW NORMAL«

Seit Corona hat sich auch die Kommunikationswirtschaft verändert. Der visuelle Austausch über digitale Medien und Plattformen hat sich verstärkt, sowohl mit Kunden als auch mit den eigenen Mitarbeitenden und Kooperationspartner*innen. Das öffnet neue Märkte. Vor der Anschaffung neuer digitaler Technologien brauchen viele Unternehmen und Selbstständige Beratungen. Auch die Beschaffung für kleine, mittlere und Großkunden ist interessant. Schließlich muss der Umgang mit neuen Geräten und Gerätekombinationen sowie neuer Software geschult werden. Zusätzliche Coachings sind notwendig und eröffnen neue Chancen. Es fängt oft ganz einfach an. Sollen Kunden-Konferenzen über Skype, Microsoft Teams, Zoom oder WebEx erfolgen? Welche Kamera, welches Mikrofon und welche Kopfhörer sollte man sich dafür anschaffen? Wie gestaltet man den Konferenzraum für die Videoübertragung, und welche Beleuchtungsquellen machen das sympathischste Licht? Welche Kleidung und welches Make-up ist für eine Konferenz das beste? Es sollten die neuen mediale Präsentations-, Vortrags- und Redeformen geschult und geprobt werden. Es sollte auch die Corporate Identity, die Marke, optimal kommuniziert werden können. Man denkt beim Gesamtauftritt ebenfalls an die verschiedenen möglichen Kundenbedürfnisse, die avisiert werden sollen. Will man Kompetenz ausstrahlen oder persönlich nahbar erscheinen? Berater*innen, Coaches und Trainer*innen haben viele neue Einsatzmöglichkeiten. Zusätzlich müssen die neuen Kommunikator*innen hochflexibel bleiben und zwischen Offline-Präsenz- und Online-Terminen problemlos wechseln können. Ab jetzt muss alles Handeln flexibel und mehrkanalig erfolgen, auch diese bereits eingeleitete Entwicklung hat das Coronavirus forciert. Ursprüngliche Absicht des Multichannelings war es, Kunden dort zu erreichen, wo sie es sich wünschten. Heute heißt es eher, um sie so zu erreichen, wie es bestmöglich realisierbar ist, in regionalen oder nationalen Lockdowns eben kommunikativ virtuell sowie mit Produkten per Lieferung.

4.2.5 »PEOPLE« – MITARBEITENDE ALS GRUNDLAGE DES GESCHÄFTSKONZEPTS

Unternehmensmitarbeitende dürfen heute nicht mehr stehenbleiben und mit ihrem Wissen, ihren Fähigkeiten und Prägungen verkrusten. Sie brauchen Möglichkeiten, sich zu reflektieren und Anregungen, um sich weiterzuentwickeln. Nur so können sie den zukunftsfähigen Wandel (Change) ihres Unternehmens mittragen und mitbegleiten. Beratungen, wie die BB SELFMANAGEMENT von Barbara Brezovar Capobianco im Kanton Sankt Gallen unterstützen Unternehmen darin, diese Herausforderungen proaktiv zu bewältigen. Wir haben mit Barbara ein Interview geführt, das auf unserer Website[328] nachzulesen ist. Sie sagte darin unter anderem: »Selbstführung als Kernthema bedeutet für mich, andere Menschen und auch Organisationen auf eine kreative Weise zu sich selbst zu führen und damit zu ihrer wahren Essenz, zu ihrem vollumfänglichen Potenzial.« Die Selbstführung, Potenzialerkennung und Potenzialentwicklung zu verbessern, ist ein Ansatz, der sich als Basis für ein Geschäftskonzept auch in anderen Ländern und Regionen realisieren lässt. Das Bieten von externen Reflektionsmöglichkeiten, Selbsterfahrungen, Schulungen und Trainings ist deshalb auch weiterhin ein lohnender Ansatz für Existenzgründungen.

Schulungsthemen könnten unter anderem sein:

- Genderfragen und ein genderneutraler Umgang im Geschäftsleben
- die Stärken und die Zusammenarbeit von Menschen unterschiedlichen Alters
- unterschwellige Ausgrenzungstendenzen von Menschen mit körperlichen, geistigen oder seelischen Beeinträchtigungen
- sublime Tendenzen des Rassismus und anderer kulturell-sozial ausgrenzender Prägungen

Letztendlich geht es bei diesen Angeboten immer um die Wertebasis und Wertekultur von Unternehmen, die im Austausch mit den vorhandenen und neuen Mitarbeitenden gepflegt, notfalls korrigiert und weiterentwickelt werden sollte.

Natürlich kannst du als Existenzgründer*in Mitarbeitende von Unternehmen auch als potenzielle Abnehmer*innen von Produkten sehen, also als Mitarbeitenden-Markt. So bietet es sich an, Unternehmen für ihre Mitarbeiter*innen besondere Angebote zu unterbreiten, damit sich diese gegenüber ihren Mitarbeitenden profilieren und sie unterstützen können, zum Beispiel mit einem Angebot für Fahrräder, Computer oder die Ausstattung des Homeoffice. Auch das kann eine fruchtbare Basis eines neuen Geschäftskonzeptes sein, besonders in Zeiten des New Normal.

4.2.5.1 »NEW NORMAL«

Hauptthemen des New Normal im Marketing-Bereich »People« sind für uns die Digitalisierung, neue Arbeitsprozesse und Homeoffice. Leistungen und Produkte von Existenzgründer*innen, die auf diese drei Bereiche zum Wohle, zur Ausstattung und zur Entwicklung der Mitarbeitenden abzielen, sollten erfolgreich aufgestellt sein. Die Ausstattung mit digitalen Tools vom Rechner über Tablets,

Scanner, 3-D-Drucker bis zum Smartphone, von der normalen Office-Software bis zu Online-Konferenz- und Projekt-Software, sowie die dazu notwendigen Schulungen und Weiterbildungen stellen einen neuen Markt der Mitarbeitenden dar. Ebenso die Ausstattungen von Homeoffices mit allem, was dazu gehört wie Tischen, Stühlen, Lampen, Rechnern, Online-Konferenztools, Firmenkennzeichnungen, wie Logos et cetera. Dazu sind neue Formen der Zusammenarbeit, des Austausches und der sozialen Teilhabe mit Mitarbeitenden im Homeoffice notwendig. Auch hier kann es technologische Lösungen und Schulungen geben. Dies ist ein breites neues Gebiet für Existenzgründer*innen mit Affinität und Empathie zu Problemen und Arbeitsweisen von Mitarbeiter*innen.

4.2.6 »PROCESS« – PROZESSE ALS GESCHÄFTSGRUNDLAGE

Unternehmen sowie Organisationen aller Art verfügen über Geschäftsprozesse. Forschungs-, Entwicklungs- und Produktionsprozesse, Einkaufs- und Verkaufsprozesse, interne und externe Kommunikationsprozesse sowie Bezahl-, Liefer-, Reklamations- und Rücknahmeprozesse. Die Gestaltung all dieser Prozesse bestimmt die Effektivität und Effizienz des Gesamtunternehmens und der Gesamtorganisation.

Als Ray Kroc die Franchiserechte der Brüder Dick und Maurice McDonald für ihr Burger-Geschäft übernahm, revolutionierte er zuerst die Herstellungsprozesse. Er optimierte alle Abläufe in der physischen Küche zur standardisierten, manuellen Herstellung jedes einzelnen Hamburgers in kürzest möglicher Zeit und begann damit seinen Siegeszug.

In der heutigen Wirtschaft spielen digitalisierte Daten und Prozesse die größte Rolle zur Effizienz- und Effektivitätssteigerung von Unternehmen. Der Mensch wird, wo immer möglich, aus den Prozessen herausgenommen. Stattdessen übernehmen Roboter, Bots, Programme und künstliche Intelligenz die Prozessabläufe. Die Prozessdatenerhebung, Prozessanalyse, Prozessdokumentation und Prozessoptimierung sind für Start-ups entsprechend von größter Bedeutung. Prozesse insgesamt sowie jeder einzelne Prozess können die Basis für erfolgreiche Geschäftskonzepte von Existenzgründer*innen und Start-ups sein.

Erfolgreiche Unternehmen wie Facebook, Google, Twitter & Co. erzeugen digitale Daten und leben von deren Vermarktung. Unternehmenskonzepte, die sich um digitale Prozessdaten drehen, haben deshalb höchste Zukunftskompatibilität.

Du solltest dich also fragen, ob du einen relevanten und nutzvollen Beitrag zu nachfolgenden Gebieten leisten und dich mit ihnen selbstständig machen kannst:

- Process Mining und Data Science
- Process Automation/Robotik
- Prozessanalyse (aller betrieblichen Abläufe)
- Prozessmodellierung/Prozessvisualisierung anhand von Kerngrößen (Prozesslandkarte, Key Performance Indicators KPI)
- Geschäftsprozessmanagement
- Prozess-Optimierung

Ein erfolgreiches Start-up, das 2019 den Deutschen Zukunftspreis gewonnen hat und seither als eines der wertvollsten deutschen Start-ups gilt, ist Celonis SE.[329]

Der Zukunftspreis[330] wurde für Celonis neuartige Methode »Process Mining« als »Schlüsseltechnologie für die Zukunft der Arbeit und Wertschöpfung in Unternehmen« vergeben. Mit ihm können Prozesse umfassend analysiert, dargestellt und verstanden werden. Celonis bietet schnelle und simple Process Mining Software zur Eliminierung von Reibungen und Beschleunigung von Abläufen. Laut Eigenaussagen verwandelt Celonis Prozesse dabei in einzigartige superfluide Erlebnisse. Celonis-Kunde Lufthansa CityLine wurde mit einer KI-gestützten Celonis-Anwendung zum Sieger des IDC European Data Strategy & Innovation Award 2020.[331]

Zukünftig kommt es als Unternehmen besonders darauf an, sich hochflexibel auf Änderungen der Kundenwünsche oder auf sonstige Marktveränderungen wie einen teilweisen oder vollständigen Lockdown oder eine Ländergrenzschließung einstellen zu können. Technologiegetriebene Innovationen haben das Potenzial, Prozesse zu verändern und aus solchen Bedrohungen zu befreien, zum Beispiel 3-D-Scanner und 3-D-Printer. Sie können Herstellungs-, Lagerungs-, Transport- und Verkaufsprozesse komplett auf den Kopf stellen. Bauteile können als Datensätze flexibel weltweit verschickt und vor Ort per 3-D-Drucker ausgedruckt werden. Hierdurch eröffnen sich neue Geschäftsmodelle, zum Beispiel in der Entwicklung und Herstellung medizinischer Produkte wie Zahnersatz. Lieferketten können so auch in Pandemiezeiten flexibel aufrechterhalten werden.

4.2.6.1 »NEW NORMAL«

Wenn es zukünftig vermehrt zur Zusammenarbeit mit Menschen im Homeoffice kommt, seien es Mitarbeitende, Partner*innen oder Kunden (Klienten, Patienten, Student*innen, Schüler*innen), sind neue Prozesse der Kommunikation, der Interaktion, des Verkaufens, aber auch der Schulung und Weiterbildung notwendig.

Schulungen und Trainings für Anwälte, Ärzte und Steuerberater*innen sind dafür ebenso notwendig wie für Unternehmen aller Größenordnungen. Auch Lehrpläne können online nicht in der gleichen Form, Art und Weise wie an den Schulen, Hochschulen und Universitäten durchgeführt werden. Sie bedürfen einer didaktischen Überarbeitung. Neue digitale Lernmethoden müssen entwickelt, geschult und realisiert werden - ein weites Arbeitsfeld für Existenzgründer*innen und Start-ups.

4.2.7 »PHYSICAL EVIDENCE« – UNTERNEHMENSDARSTELLUNGEN ALS GESCHÄFTSBASIS

Wenn Unternehmen wahrgenommen werden wollen, müssen sie in Erscheinung treten. Sie müssen sich physisch materialisieren. Sonst bleiben sie bloße Illusionen, Vorstellungen und Geister. Selbst die größten Internetmarken haben ihre Logos auf Briefköpfen, Visitenkarten und Rechnungen, auf ihren Firmengebäuden, auf ihren Lieferfahrzeugen und ihren Produkten sowie der Kleidung von Dienstleistenden. Die Materialisierung, der physische Beweis, bietet vielfältige Möglichkeiten für Geschäftskonzepte von Existenzgründer*innen und Start-ups. Einerseits sind da die benötigten Kommunikationsfachleute, welche die Corporate Identities entwickeln, Logos und Farbkonzepte entwerfen, Schriften auswählen und sich Markennamen ausdenken. Dann sind da diejenigen, die das Ausgedachte umsetzen, das heißt Schaufenster und Firmenwagen bekleben, Berufsbekleidung im Sinne der CI herstellen, Büromöbel tischlern und Geschäftsausstattungen realisieren. Designer*innen setzen Vorstellungen der Marken in Materialien und Formen um. Physical Evidence wird dabei für alle menschlichen Sinne entwickelt und realisiert, also visualisiert für die Augen, vertont für die Ohren, mit Oberflächen versehen für die Haptik sowie mit Geschmack versehen, für den gustatorischen wie olfaktorischen Genuss. Alle Gestaltungsbereiche bieten Existenzgründer*innen beste Business-Chancen. Mirjam Breitenmoser und Henri Rottier haben eine solche ergriffen. Sie kreieren mit ihrem Start-up Aroma Sensation Solutions

B.V vom holländischen Utrecht aus Air Design und Duftmarketing. Konkret: Düfte für Hotels, »Corporate Scents« für Unternehmen sowie Duftkonzepte für Privatpersonen. Wir haben mit der Gründerin und Air Designerin Mirjam ein Interview geführt[332], in dem sie uns erzählte, dass die Leichtigkeit des Seins und die Welt der Düfte zum Kern ihres Schaffens geworden sind. Mirjam platziert sich damit als Dienstleisterin in einem Markt, der oft noch unterschätzt wird. Doch Unternehmen können sich mit einer ganzheitlichen, alle Sinne ansprechenden Markenpositionierung stärker wahrnehmbar und erinnerbar im Unterbewusstsein von Kunden verankern.

Zudem können Düfte bedürfnisgerecht (sicherheitsgebend, sozial, anregend, statushebend et cetera) sowie zur Betonung von Materialien (Leder, Metall, Stoff et cetera) eingesetzt werden. Im Geruchssegment ist auch die in Stavanger, Norwegen, geborene und in Berlin lebende Künstlerin und Geruchsforscherin Sissel Tolaas tätig. Ein Artist-Interview der National Gallery Singapore gibt es mit ihr auf YouTube: https://www.youtube.com/watch?v=hsllZ7GTKrA.

Wenden wir uns von der Nase weg, dem Mund zu, wird der Geschmackssinn kaum mehr zur Grundlage von Geschäftskonzepten gemacht. Unsere Liste von Dienstleister*innen ist sehr kurz. Hier wünschen wir uns selbst viel mehr Anbieter*innen, die in der Lage sind, die Identität von Unternehmen geschmacklich als Menü, Vor- oder Nachspeise oder Getränk umzusetzen. Vorbild ist natürlich das schwedische Möbelhaus Ikea mit seinen Signature »Köttbullar« (Fleischbällchen).

Übrigens kann auch der Bereich »Hören« ein spannendes Business-Feld sein, angefangen von Akustiker*innen, die perfekte Türschließgeräusche entwickeln können, über den perfekten Elektroautosound bis hin zur Entwicklung von Geräuschlandschaften für öffentliche Plätze, Geschäfte und Arztpraxen. Einen entsprechenden Studiengang bietet die Universität der Künste Berlin mit dem Titel »Sound Studies (Master of Arts)«.[333]

4.2.7.1 »NEW NORMAL«

Beispiel 1: Nach dem Lockdown-Ende 2020 in Spanien spielte das UceLi-Quartett in Barcelona im Gran Teatro del Liceu die Trauermusik »Crisantemi« von Giacomo Puccini. Dabei waren alle 2292 Plätze mit Pflanzen gefüllt, die nach dem Konzert an ebenso viele Beschäftigte der Gesundheitseinrichtungen gehen sollten.[334] Das »Concerto para el bioceno« kann auf dem YouTube-Kanal des »LiceuOperaBarcelona« angeschaut und angehört werden.[335]

Beispiel 2: Der altehrwürdige Kunstpalast, die Uffizien in Florenz, ließ während des Corona-Lockdowns seine Attraktionen auf dem Social Media-Kanal TikTok tanzen. Das war für die Uffizien neu, die Anfang 2020 nicht einmal einen Facebook-Account hatten. Neu war dies auch für die bisherigen (physischen) Besucher*innen, wie auch die jungen Online-Besucher*innen. Im Juli 2020, während wir unser Buch-Manuskript beenden, verfügt der TikTok-Account der Uffizien bereits über 44.300 Follower und 241.700 Likes.[336]

Beispiel 3: Im Restaurant »Fredi« im Casinotheater Winterthur in der Schweiz wurden Pflanzen in Waschbecken und Pissoirs gepflanzt, um den Gästen die neuen Abstandsregeln (durch die Blume) anzuzeigen[337], aber gleichzeitig eine Wohlfühlatmosphäre beibehalten zu können.

Was ist allen drei Beispielen gemein? Sie nutzen »Physical Evidence«, den physikalischen Beweis, um Inhalte und Aussagen aktuell und publikumswirksam zu kommunizieren. Bei den Uffizien, die typische Ausnahme von der Regel, wird dabei genau entgegengesetzt gearbeitet. Der bei jungen Menschen veraltet wirkende physikalische Beweis des Museums wird nicht physikalisch verjüngt, stattdessen in die digitale Welt überführt. Und prompt berichten die Medien weltweit über die nun als innovativ und jung erlebte Kulturanbieterin. Wir sehen, nicht nur die Identität eines

Unternehmens lässt sich physikalisch darstellen, auch aktionistisch und im Eventbereich finden sich Inspirationen für neue Geschäftsideen und Geschäftskonzepte.

4.2.8 »PURPOSE« – DER UNTERNEHMENSZWECK ALS GESCHÄFTSKONZEPT

»Dass Frauen gerne mehr Sport treiben, ist uns eine Herzensangelegenheit«[338], lautet der Anspruch der 2004 in Berlin von der Tennis-Ikone Steffi Graf und dem Ehepaar Nicolas und Valerie Bönström gegründeten Fitnessstudio-Kette für Frauen *Mrs. Sporty*[339]. Heute ist die Franchise-Marke mit 540 Studios in sieben Ländern Europas vertreten. Immer mehr Start-ups und Existenzgründer*innen konzentrieren sich auf den Unternehmenszweck und die Unternehmenswirkung, bevor sie ihr Unternehmen gründen. Sie stellen sich eine konkrete gesellschaftliche, kulturelle, soziale oder ökologische Aufgabe, an der sie arbeiten wollen, und damit verbundene Ziele und Wirkungen, die sie erreichen wollen. Das ist sowohl für große und international ausgerichtete Franchise- und Lizenzkonzepte interessant als auch für kleinste und kleine Existenzgründungen. So formulierten Valeria und Pascal ihre Zielvorgabe, bevor sie ihr Tiny Start-up im schweizerischen Einsiedeln, im Kanton Schwyz, eröffneten: »Wir möchten mit unserem Laden na-le unverpackt in der heutigen Konsum- und Wegwerfgesellschaft auf einen nachhaltigeren Lebensstil aufmerksam machen«.[340] Internationaler ist der Schweizer Dominic Ziegler unterwegs. Sein Impact Investment-Start-up Arbofino AG[341] ermöglicht Investitionen in Teakbaumanpflanzungen in Ecuador sowie Naturwaldaufforstungen. Er sagt: »Wir wollen mit all unseren Projekten eine messbare positive Wirkung erzielen!« Roberta und Tobias Zingg sind Händler. Mit ihrem Schweizer Onlineshop Stadtlandkind[342] für nachhaltige Kinderkleidung wollen sie: »... unseren Teil dazu beitragen, dass Vereinbarkeit von Familie und Beruf möglich ist.« So können ihre Mitarbeiter*innen ihre Arbeitszeit größtenteils frei einteilen und wann immer möglich von zuhause aus arbeiten. Eine weitere »Purpose driven company« ist die schweizerische ÄSS BAR, die der Nahrungsmittelverschwendung den Kampf angesagt hat. Ein Interview, das wir mit Sandro Furnari, Mitgründer und Geschäftsführer der Äss-Bar GmbH, geführt haben, kann auf unserem Greenfranchise Market nachgelesen werden.[343] Während sich die Äss-Bar auf hochwertige Backwaren von gestern konzentriert, ist es bei SIRPLUS gleich eine ganze Supermarkt-Kette, die sich gegen Foodwaste, also die Verschwendung von Lebensmitteln wendet. So hat SIRPLUS auch »Rettermärkte« für abgelaufene Lebensmittel eröffnet. Ein Interview, das wir mit den Gründern Raphael Fellmer und Martin Schott geführt haben, gibt es unter tinystartups.ch[344] zu lesen.

Mit Valeriana, einer Social Impact Community, die Online Education und eine Buchungsplattform für Haushaltsservices beinhaltet, sind 2019 Salomé Fässler und Bora Polat gestartet. Beide in ihren Dreißigern, haben sie sich mit ihrem Geschäftskonzept einer besonderen Mission verschrieben. Sie bringen die in- und ausländische Bevölkerung näher zusammen, indem sie nebst der Vergabe von Teilzeitjobs auf wirkungsvolle Community-Aktivitäten setzen. Welche Geschichte hinter dieser Idee steckt, haben sie uns in einem Coaching erzählt. Der Auslöser ist so anrührend, dass wir die beiden unbedingt in einem Interview vorstellen möchten:

Salomé Fässler und Bora Polat, Gründer von Valeriana

Valeriana ist eine Social Impact Community mit einer Online-Education- und Buchungsplattform für Haushaltsservices.

»Unsere Vision mit Valeriana:

Dank ›Integration durch Arbeit‹ das gemeinsame ›Wir-Gefühl‹ in der Bevölkerung stärken. Wir bringen die in- und ausländische Bevölkerung näher zusammen, indem wir nebst der Vergabe von Teilzeitjobs auf wirkungsvolle Community-Aktivitäten setzen. Dafür nutzen wir smarte Technologien, in Form einer Plattform und fördern den interkulturellen Austausch. Wir sind gebootstrapped (eigenfinanziert) und finanzieren Valeriana über externe Beratungsmandate wie Kommunikation und Digital Marketing. Ziel ist es, nach und nach mehr Vollzeitstellen zu schaffen.

Vorlaufzeit von Idee bis zur Gründung: 6 Monate«

Warum habt ihr euer Tiny Start-up gegründet?

»Valeriana wurde aus Eigennot gestartet. Wir haben erfasst, dass es eine halbe Million Frauen mit Migrationshintergrund gibt, die sich im Isolationsdreieck zwischen Haushalt, Familie und ein paar Bekannten befinden. Für diese Frauen ist es schwer, in Kontakt mit der hiesigen Bevölkerung zu treten und gleichzeitig einer bezahlten Nebentätigkeit nachzugehen.«

Illustration: Valeriana Mascott © Valeriana

»Valeriana ist eine Social Impact Community mit einer Online-Education- und Buchungsplattform für Haushaltsservices. Mit Valeriana begehen wir neue Wege und verbinden das Beste aus beiden Welten, der Business- und Sozialwelt. Dabei fokussieren wir uns auf die Menschen, nutzen unsere Technologie für automatisierte Prozesse und erzielen effektiv ›Integration durch Arbeit‹. Das macht Freude und ist erfüllend. Diesen Impact werden wir in weitere Städte und Länder multiplizieren. Dafür haben wir bereits Anfragen für Franchising erhalten aus den Nachbarländern.«

Illustration: Valeriana Power © Valeriana

Was war der Auslöser für eure Geschäftsidee?

»Es war einmal eine Mutter, die vor über 25 Jahren mit drei kleinen Kindern in die Schweiz kam, da es für sie und ihre Familie im Herkunftsland nicht mehr sicher war. Die Kinder integrierten sich gut, weil sie in den Schulalltag eingebunden waren. Doch für die Mutter, ohne anerkannte Berufsausbildung, war es schwierig, einen Nebenjob zu finden. Der Nebenjob hätte ihr auch regelmäßigere Kontakt zur hiesigen Bevölkerung gesichert, was wiederum ihre Deutschkenntnisse verbessert hätte. So kam es, dass sie über Jahre auf der Suche nach einem Nebenjob als Näherin war, jedoch nie eine wirkliche Chance bekam. Sie war isoliert in einem Dreieck zwischen Zuhause, Einkaufsladen und ein paar Bekannten. Diese Frau ist Boras Mutter. Und als Salomé davon erfuhr, war dies für sie ein ›Call-to-Action‹. Was kann man hier tun? Die Lösung war eine simple Webseite mit drei Angeboten für Nähen, Putzen und Bügeln. Schon in der ersten Woche tröpfelten die ersten Aufträge rein und weitere Frauen wurden in die Verteilung der Aufträge einbezogen. So hat alles angefangen. Die Wirkung war überwältigend, die Frauen selbstsicherer und die Kunden begeistert von deren herzlichen Geschicklichkeit. Ziel ist es nun, die kleine Erfolgsgeschichte von Valeriana auszuweiten und unsere Gesellschaft noch näher zueinander zu bringen – für ein gemeinsames ›Wir-Gefühl‹.«

Wie erlebt ihr euer Kleinst-/Kleinunternehmertum? Worin liegen die größten Chancen, worin die größten Herausforderungen?

»Unsere größte Chance ist: Wir sind agil und legen großen Wert auf unsere loyale Community. Dadurch erhalten wir stets ehrlichen Feedback von unseren Kunden und Valeriana-Frauen und können neue Ideen einfach mal ausprobieren. Eine der größten Herausforderungen ist die interkulturelle Kommunikation zwischen den Valeriana-Frauen. In den Aufbau für ein gutes Vertrauensverhältnis investieren wir viel Zeit. Herausfordernd ist zusätzlich, die richtigen Mitarbeitenden ins Boot zu holen, damit Valeriana groß und stark wird. Dafür setzen wir auf regelmäßige Schulungen und nutzen unsere Online-Education-Plattform.«

Welche Auswirkungen hat die Corona-Krise auf euer Tiny Start-up?

»Wir haben proaktiv bereits ein paar Tage vor dem offiziellen Lockdown die Services on hold gesetzt, da uns klar war: ›Da kommt was Unbekanntes mit größerem Ausmaß auf uns zu.‹ Uns war es wichtig, die Sicherheit der Valeriana-Frauen und die der Kunden zu sichern. Unsere Frauen haben weiterhin den vollen Lohn erhalten. Wir sind der Überzeugung, dass sich das so gehört. Doch anscheinend ist dem nicht immer so. Andere Anbieter in der Branche bekamen wegen der schlechten Behandlung von Angestellten einiges an ›bad press‹ ab. Die geplanten Community-Aktivitäten mussten wir auf den Sommer verschieben. Dafür haben wir während der Corona-Zeit einen Pivot hingelegt. Unsere Valeriana-Frauen haben wiederverwendbare Gesichtsmasken genäht und im neuen Onlineshop angeboten. Schnell sind weitere Produkte dazugekommen, und mehr Produkte sind in der Pipeline, die es in den nächsten Monaten zu kaufen geben wird. Unser Vorteil auch hier: Wir agieren ad hoc auf den Markt und testen live.«

Was ist ein typischer Glücksmoment, den ihr immer wieder in eurem Tiny Start-up erlebt?

»Zu sehen, wie unsere Valeriana-Frauen an Selbstwertgefühl dazu gewinnen, gehört definitiv immer wieder zu unseren Höhepunkten. Manchmal haben wir wirklich das Gefühl, dass die Frauen sichtbar wachsen. Sie wachsen, natürlich im übertragenen Sinne, um einige Zentimeter und erkennen ihren Wert in der Gesellschaft. Sie tun etwas Gutes für sich und andere. So ist es auch bei den Kunden. Beispielweise sinkt die Hemmschwelle, eine Haushaltshilfe in den eigenen Haushalt zu holen, da sie wissen, dass sie dadurch einem anderen Menschen Würde und Weiterentwicklung ermöglichen. Die Wohnung oder das Haus nicht selber zu putzen, hat nichts damit zu tun, faul zu sein. Es ist vielmehr Tatsache, dass man sich und seiner Familie damit etwas Gutes tut und zusätzliche Zeit schenkt. Warum Zeit rauben lassen für etwas, was man sowieso nicht gerne macht, wenn es da jemanden gibt, der sehr gerne ein schönes Ambiente zaubert und einem die Arbeit abnimmt? Glücksmomente entstehen auch immer wieder, wenn Kundinnen und Kunden anrufen und total happy sind mit unseren Services und gar nicht mehr aufhören können, die Valeriana-Frauen und uns mit Lob zu überschütten. Die beste Werbung ist immer noch die, wenn bestehende Kunden uns an ihre Freunde weiterempfehlen und das gleich mehrfach.

Total schön ist es auch, an unseren Community-Anlässen zu sehen, wie sich die Frauen untereinander vernetzen und Freundschaften entstehen. Das sind motivierende Glücksmomente.«

https://valeriana.ch

4.2.8.1 »NEW NORMAL«

Zweckorientierte, sogenannte »Purpose driven companies« werden außerhalb von Impact Labs und studentischen Campussen gern noch als exotische Randerscheinungen gesehen. Das wird sich ändern. Zukünftig werden Unternehmen mit klarer gesellschaftsrelevanter Zweckorientierung eine stärkere Wahrnehmung und Verankerung in der Gesellschaft finden und dadurch besser florieren und Problemzeiten gefestigter überstehen können. Unternehmen können sich nicht mehr auf Kosten der Gesellschaft profilieren. Wer durch seine Produkte oder Leistungen Schäden für die Umwelt, die Menschen oder das Zusammenleben erzeugt, wird dafür haftbar gemacht. So lange das nicht direkt kostenmäßig möglich ist, wird ihm oder ihr die öffentliche Aufmerksamkeit und der Konsum entzogen, davon ist auszugehen. Als Existenzgründer*in empfehlen wir dir, dass du dich intensiv mit dem Zweck deines Unternehmens sowie Sinn und Profit für die Gesellschaft auseinandersetzt und diese klar definierst. Denn zukünftig gilt für alle Märkte und alle Formen der Zusammenarbeit: Die Werte, der Sinn und die Zweckorientierung zählen!

4.2.9 »PERFORMANCE« – LEISTUNG ALS GRUNDLAGE DES GESCHÄFTSKONZEPTS

Die Mercedes-AMG GmbH[345], bekannt unter der Marke AMG, ist die Daimler-AG-Tochtergesellschaft, die für die Leistungssteigerung von Fahrzeugen des Unternehmens, sogenannten High-Performance-Fahrzeugen, zuständig ist. A steht für den Ingenieur Hans Werner Aufrecht, M für den Ingenieur Erhard Melcher und G für den Wohnort Großaspach. AMG steht damit für die erfolgreiche und rasante Entwicklung eines Zweimann-Betriebs zu einer Weltmarke, auf Basis einer Geschäftsidee, der Performance-Steigerung.

Doch nicht nur Autos lassen sich auf klassisch konventionelle oder umweltbewusste Art tunen. So befindet sich im deutschen Hockenheim das Unternehmen von Herbert Kainzinger, KAINZINGER[346] The Tuning Company, spezialisiert auf Motorrad-Tuning. Die Küberl Tuning GmbH[347] im österreichischen Kufstein bietet dagegen auch Bootstuning. Leistungssteigerungen für PCs erreicht man durch Produkte von McAfee.[348] Eine ganz besondere Leistungssteigerung, nämlich beim Schmelzen von Glas durch Sauerstoff-Befeuerung von Glaswannen (Produktionssteigerung bei gleichzeitiger Brennstoffersparnis), ermöglicht Carbagas[349] aus dem Schweizerischen Liebefeld.

Die pure Leistung und Leistungssteigerungen sind in allen Branchen und Bereichen nachgefragt. Deswegen können Angebote zur Leistungssteigerung auch die Basis für tragfähige Geschäftskonzepte bilden. Überlege dir einmal, was du möglichen Firmen- oder Privatkunden anbieten kannst, um ihnen selbst zur Leistungssteigerung zu verhelfen. Kannst du ihre Produkte und Leistungen, Maschinen und Werkzeuge leistungsfähiger machen? Kannst du den Umsatz in ihren Verkaufskanälen steigern? Kannst du die Effektivität und Effizienz ihrer Mitarbeitenden oder Prozesse steigern? Kannst du durch neue Technologien, neue Partnerschaften oder rechtliche Verträge die Umsätze und Gewinne deiner Kunden-Unternehmen erhöhen? Kannst du mit deinen Produkten oder Leistungen die körperliche, geistige oder seelische Kondition von einzelnen Menschen verbessern und steigern? Besser werden geht immer. Damit eröffnen sich für performancesteigernde Angebote viele neue Geschäftsmöglichkeiten.

4.2.9.1 »NEW NORMAL«

Lange wird vor einer Weltklimakatastrophe gewarnt, doch erst während der Corona-Pandemie ist vielen Menschen bewusst geworden, dass mehr, stärker, größer, höher und weiter nicht unbedingt die Maßstäbe für eine bessere Welt sind. Ganz im Gegenteil. Der eingeschränkte Blick auf Leistungsdaten lässt Unternehmen nicht mehr langfristig auf der Gewinnerseite stehen. Deshalb gibt es seit Jahren neue Kennzahlen, um die in einen intensiven Wettbewerb getreten wird. Sie messen die Erreichung von ökologischen, sozialen und kulturellen Zielen. Zum Beispiel: Wie viel CO_2-Einsparungen gelingen mit welchen Maßnahmen? Wie viel Energie kann eingespart, wie viel Müll vermieden, wie viel Material recycelt werden? Wie viel Langzeitarbeitslose und körperlich, geistig oder seelisch benachteiligte Menschen können in Arbeit gebracht werden? Wie vielen Wohnungslosen können Unterkünfte zur Verfügung gestellt werden? Wie stark werden kulturelle Unterschiede erkannt, berücksichtigt und wertgeschätzt? Wir haben bereits in unserem Buch Green Franchising[350] von 2012 die Steuerberatung ETL mit ihren grünen Leistungskennzahlen für die Betriebswirtschaftliche Auswertung (BWA) vorgestellt. Gerade im Bereich der grünen Wirtschaft sind Angebote gefragt, die sich in nachhaltigen Leistungszahlen messen und darstellen lassen. Die ist ein zukunftskompatibler Bereich für innovative Geschäftskonzepte.

4.2.10 »PARTNERSHIP« – WENN PARTNERSCHAFT FÜR DAS GESCHÄFTSKONZEPT ZÄHLT

Dominic Ziegler, den wir schon vorgestellt haben, gründete die Arbofino AG[351] für Impact Investment als Familienunternehmen. Bei Stadtlandkind[352] gingen Roberta und Tobias Zingg, Eltern von drei Kindern, mit ihrem Onlineshop für Kinderkleidung an den Gründungsstart. Die YaMax Travel AB, Inhaberin der NORRSKEN LODGE[353] für eine »fantastic time« in Schweden, gründete das Schweizer Ehepaar Yasmine und Max Hensler. Beim Schweizer Doppelkonzept Pasta Barn/Müesli Bar sind die beiden Gründer Brüder, nämlich Pascal und Philipp Luder. Bei der Marmetube

GmbH[354] gründeten die beiden Geschäftsführer Daniel Hutschenreuther und Max Ehmig und bei der Boutique Herzblut Vintage Fashion die beiden Frauen Annika Lerch und Anna Baduini. Das Start-up Gluehweinwerk.ch KGL[355] wurde von einem dreiköpfigen Gründer*innen-Team, bestehend aus Vivi, Mirko und Aurel, gestartet. Bei der zweckorientierten Äss-Bar[356], die als Pionier der Anti-Foodwaste-Bewegung in der Schweiz gilt, waren 2013 vier Freunde als Gründer am Start, die sich bereits seit der Jugend- und Studienzeit kennen. Heute verfügt die Äss-Bar über Filialen in Basel, Bern, Biel, Fribourg, Luzern, Lausanne, St. Gallen, Winterthur und Zürich.

Wir haben dir viele Beispiele von partnerschaftlich gegründeten Start-ups vorgestellt. Diese können sich aus Familien, Ehepartnern oder dem Freundes- oder Bekanntenkreis zusammensetzen oder aus Vereinen und Interessengruppen. Wichtig ist dabei, dass die Chemie stimmt. Nur dann können die Energien fließen und immer wieder neu mobilisiert werden. Man muss sich vertrauen und gemeinsam große Weg- und Durststrecken zurücklegen können. Man muss Hindernisse überwinden können, ohne den Mut, die Vision und das Ziel aus den Augen zu verlieren. Der Humor darf dabei nie verloren gehen. Am besten klappt das, wenn die Partner*innen über sich ergänzende, komplementäre Charaktereigenschaften, Fähigkeiten und Kenntnisse verfügen. Als Autorenduo merken wir immer wieder, wie wichtig diese Eigenschaften über die Jahre sind. Natürlich kann man auch allein gründen und große Partnerschaften für später avisieren, zum Beispiel mit einem Franchise-System. Dann beginnt man mit seinem standardisierten Geschäftskonzept, testet es in Pilotbetrieben und sucht anschließend Partner*innen, denen man ermöglicht, mit diesem erfolgreichen Konzept sofort an den Markt zu gehen. Auf diese Weise können, ganz klein begonnen, mit der Zeit Systeme mit vielen Partner*innen entstehen. Als bekannteste Marke dafür gilt wohl das Schnellrestaurant McDonald's. Das erste eröffnete 1940 in San Bernadino, Kalifornien, USA. Heute zählt die McDonald's Corporation über 38.700 Restaurants, von denen über

80 Prozent von Franchisenehmer*innen geführt werden. Der Umsatz 2019 lag bei über 21 Milliarden US-Dollar.[357]

4.2.10.1 »NEW NORMAL«

Wir glauben an Netzwerke. Die Corona-Pandemie hat gezeigt, wie wichtig und tragfähig Netzwerke sein können. Zukünftig werden sich vermehr kleinste und kleine Unternehmen mit sich ergänzenden, komplementären Leistungen und Produkten in partnerschaftlichen Netzwerken oder auf Plattformen zusammenschließen. Diese werden eventuell von Marketing-Expert*innen moderiert. Hierbei geht es nicht mehr um langfristig angelegte und starre Franchise-Partnerschaften oder um Genossenschaften, sondern um flexible, fluide Kooperationen, pro Projekt, auf Zeit. Vielleicht spielen dabei auch neue Formen der Lizenzierung, quasi als Qualitätszertifikat, eine Rolle. Für dich als Existenzgründer*in oder Start-up bedeutet dies: Schau dich um, wer in deiner Branche als mögliche*r Kooperationspartner*in zur Verfügung steht. Mit wem ist es sinnvoll, zeitlich befristet zu kooperieren? Wer verfolgt ähnliche Ziele und vertritt ähnliche Werte wie du, bietet aber komplementäre Angebote? Wie kannst du deine Absatzmärkte vergrößern und sogleich dein Geschäft stabilisieren und absichern? Neu gedachte Kooperationsformen können einen nachhaltigen Beitrag für neue Geschäftskonzepte liefern.

4.2.11 »PROPULSION« – TECHNOLOGIEN ALS ANTRIEB FÜR DEIN GESCHÄFTSKONZEPT

Drohnen mit Wärmebildkameras werden zur Gelege-Erkennung und Rehkitzrettung[358] in Weizenfeldern vor der Mahd eingesetzt und beim Flugzeug-Check genutzt[359]. Multicopter überprüfen große und schwer zugängliche Flächen, zum Beispiel in der Photovoltaik, besprühen Agrar- und Weinbauflächen, übernehmen Einsätze gegen Vogelschlag an Flughäfen, reinigen (oder desinfizieren) Fassaden und Dächer und nehmen Indoor-Inspektionsflüge in Rohren und Industrieanlagen vor.[360] Sie liefern Blutkonserven aus und übernehmen die kontaktfreie Zustellung von Proben und Waren. Das sind Aufgabengebiete, die für technisch versierte Unternehmer*innen zukunftssichere Perspektiven als Drohnenpiloten[361] bieten. Multifunktional einsetzbar und Grundlage für neue Geschäftskonzepte sind auch Roboter, zum Beispiel die des Unternehmens Blue Ocean Robotics.[362] Sie sind für rund 60.000. Euro das Stück erhältlich[363] und können Krankenhäuser desinfizieren, Medikamente verteilen, Blutproben sortieren oder Rachenabstriche von Patienten vornehmen. Alles, ohne selbst angesteckt zu werden. Neue Einsatzgebiete und Geschäftskonzepte ergeben sich durch die Unterstützung von Robotern auch in der Immobilienwirtschaft, zum Beispiel bei der Besichtigung von Wohnungen und Häusern, in Elektromärkten, beim Service, in der Gastronomie, zum Beispiel bei der standardisierten Herstellung von Burgern und Pizzen, im Wachschutz, für große und unübersichtliche Gelände und Fabrikgebäude sowie im Reinigungsgewerbe. Viele Händler*innen und Hersteller*innen beginnen gerade erst, das Potenzial und die Vorteile des Robotereinsatzes zu entdecken. Es ist niemals zu spät, neue Technologien als Basis für das eigene Geschäftskonzept zu entdecken.

4.2.11.1 »NEW NORMAL«

Als die Hamburger Singer/Songwriterin Fidi Steinbeck[364] im Frühjahr 2020 aufgrund der Corona-Maßnahmen nicht mehr live spielen durfte, nahm sie digitale Grußbotschaften auf. Etwa zur gleichen Zeit stellte der 15-Jährige Noah Adler aus Berlin seine Website www.coronaport.net ins Netz. Er hatte sie selbstmotiviert, mit eigenen Webdesign- und Webentwicklungskenntnissen entwickelt, damit Hilfsbedürftige während des Lockdowns (und danach) Helfer*innen für

Einkäufe oder zur Kinderbetreuung finden könnten.[365] Lehrer*innen begannen Homeschooling-Programme auf YouTube-Kanälen und das Programmkino Arsenal in Berlin eröffnete einen eigenen virtuellen Kinosaal, das »Arsenal3«. Kein Wunder, dass in Deutschland, am weltgrößten Internetknotenpunkt in Frankfurt am Main, am 10.03.2020 ein Datenverkehr von 9,1 Terabit pro Sekunde und damit Weltrekord gemessen wurden.[366] Auf die Uffizien, im italienischen Florenz sind wir bereits unter dem Punkt »Physical Evidence« eingegangen. Durch die Nutzung einer technologischen Plattform, in diesem Fall TikTok, konnte sich das altehrwürdige Museum in kürzester Zeit verjüngen, beziehungsweise junge Zielgruppen ansprechen und gewinnen, selbst in Zeiten, in denen die normale Museumsöffnung aufgrund des Lockdowns nicht möglich war. Der Museumsleiter Eike Schmidt wird dann auch mit den Worten zitiert, dass Technologie und Tradition kein Widerspruch sein müssen.[367] Krisenzeiten wirken oft wie Verstärker. Sie lassen den Wert von Technologien deutlicher hervorscheinen. Speziell dann, wenn sie mit Kreativität und Engagement gekoppelt werden wie in diesen Beispielen. Technologien können eine tragfähige und nachhaltige Basis für Geschäftskonzepte sein, in allen Branchen. Neue Technologien und Software-Produkte werden zukünftig noch wichtiger für eine reibungslos funktionierende Gesellschaft und Wirtschaft. Roboter werden verstärkt in Herstellungs- und Dienstleistungsabläufe integriert. Sie müssen keinen gesundheitlichen Abstand zueinander halten und brauchen weder einen Virustest noch Impfungen. Das Start-up Nuro[368], gegründet von zwei Ex-Google-Managern, konzentriert sich beispielsweise auf autonome Lieferwagen. Es will in den nächsten zwei Jahren 5000 Roboterautos im Raum Houston auf die Straße bringen.[369] Dabei soll eine Zusammenarbeit mit Kroger, Walmart und Domino's erfolgen.[370] Es schätzt die zukünftigen Kosten einer Roboterlieferung auf 5 Prozent der Kosten einer menschlichen Lieferung. In virologischen Bedrohungsphasen, ob lokal, regional, national oder international, gewährleisten Technologien zudem die Kommunikation sowie die soziale, politische, kulturelle, religiöse wie wirtschaftliche Interaktion. Menschen finden auch online Raum für soziale Nähe. Technologien helfen ihnen dabei, zu kommunizieren, sich zu organisieren und zu interagieren. Hier sind Abstimmungen, Foren, Meetings, Vorträge und Workshops problemlos möglich. Dies gilt ebenso für Ausstellungen, Konzerte, Kinoprogramme, Lesungen sowie Theatervorstellungen, alles mit technologischer Hilfe im Internet sowie sozial- und umweltverträglich, ohne physische Treffen, Reisezeiten, Reisekosten und sonstige Umweltbeeinträchtigungen. Es bietet sich viel Platz für weitere Geschäftskonzepte, rund um technologische Produkte und Leistungen, die den Mensch-Maschine-Kontakt in den Mittelpunkt stellen.

4.2.12 »PROPELLENT« – KUNDEN ALS TREIBSTOFF FÜR DAS GESCHÄFTSKONZEPT

»Das Entscheidende unseres heutigen Erfolges in einem doch eher schwieriger werdenden Markt des Mode-Einzelhandels ist der konsequente Aufbau nachhaltiger, sehr persönlicher Kundenbeziehungen während der vergangenen 22 Jahre«, haben uns die Gründer der Berliner Modeboutique meyer & nehls im Interview mitgeteilt. Erreicht haben sie das durch eine sehr individuelle Beratung und Betreuung, entsprechende Services sowie durch personelle Kontinuität.

Viele kleine und junge Unternehmen, die jetzt auf den Markt des Einzelhandels drängen, arbeiten kundenorientiert. Für sie stehen die Kunden selbst und der Kundennutzen im Mittelpunkt. Für sie zählen Individualisierung, Personalisierung und maßgeschneiderte Angebote sowie zentrale Marktplätze. Wenn du eine Selbstständigkeit mit Fokus auf aktuelle und potenzielle Kunden suchst, wäre vielleicht die Marktforschung etwas. Heute wird das Kundenverhalten auf unterschiedlichste Art und Weise ermittelt, zum Beispiel durch Gaming-Formate oder auf Erfinder*innen-Plattformen. Das

Mitgestalten von Kunden an konkreten Projekten zeigt auf, wo ihre Präferenzen liegen und welche Bedürfnisse sie gern wie zufriedengestellt haben würden – ein Vorgehen, das auch im Design Thinking Anwendung findet.

4.2.12.1 »NEW NORMAL«

Unternehmen, die kundenorientiert arbeiten, brauchen einerseits einen ständigen Draht zu den Kunden, um Bedürfnisveränderungen sensibel und zeitnah wahrnehmen zu können, andererseits müssen sie so hochflexibel aufgestellt sein, dass sie Produkte und Leistungen immer wieder schnell anpassen können. Du kannst diesen Unternehmen als »Kundenversteher*in« helfen, wenn du eine große Sensibilität für feine Kundenbedürfnisse und -wünsche hast. Vielleicht eignest du dich dann als »Trendscout«, um Unternehmen die neusten Entwicklungen nahezubringen. Dazu solltest du gut im Beobachten und Befragen von Kunden sein, aber auch in der Auswertung von Kundendaten.

4.2.13 »PROTECTION« – SCHUTZ ALS GESCHÄFTSKONZEPT

Das Schutzbedürfnis in der Geschäftswelt, in der Welt der Konsument*innen wie in der Gesamtgesellschaft steigt. Daraus ergeben sich für Existenzgründer*innen und Start-ups viele unterschiedliche Chancen und Möglichkeiten, sowohl im Business-to-Business als auch im Privatkundengeschäft.

Schutz ist das Kerngebiet von Rechtsanwälten und Rechtsberatungen. Sie bieten ihre Leistungen proaktiv und spezialisiert, zum Beispiel zum Markenschutz, Geschmacksmusterschutz, Patentschutz oder für das Franchiserecht. Sie entwerfen und formulieren Verträge und stehen bei juristischen Auseinandersetzungen helfend zur Verfügung. Sinnvollerweise werden sie auch frühzeitig in der Konzeptionsphase von Innovationen und Kommunikationsprojekten eingebunden, um auf juristische Klippen und Stolpersteine aufmerksam zu machen. Versicherungen und Versicherungsmakler*innen konzentrieren sich ebenfalls auf das Sicherheitsbedürfnis und bieten vorsorglich absichernde Policen. Andere Unternehmen haben sich auf den Schutz von physischen Firmen oder Eigenheimen spezialisiert (Wachschutz), oder sie begleiten Persönlichkeiten, um deren Unversehrtheit zu gewährleisten (Personenschützer*innen). Bedroht ist aber auch zunehmend die IT-Architektur von Unternehmen und Privatpersonen. Hier werden sowohl Dienstleistungen wie der Aufbau und die Installation, die Überprüfung der vorhandenen IT, Reparaturen sowie der Aufbau von Firewalls angeboten als auch konkrete Softwareprodukte verkauft. Zudem hat sich ein großer Markt der »Befähigung« (»Enabling«) etabliert. Hier werden Menschen zum »Selbstschutz« geschult, und sie werden angeleitet, wie sie sich, ihr persönliches Umfeld sowie ihr Eigentum besser schützen können. Das lässt sich für alle Branchen realisieren. Als Existenzgründer*in bietet sich dir dieser Ausbildungs- und Befähigungsmarkt sowohl für die Entwicklung und Produktion von Informationsmaterialien an (E-Book/Buch, Podcast, Vlog) als auch in der konkreten Anleitung und im Training (Studio). Am Anfang des vierten Kapitels, unter Bedürfnisse (»Schutzbedürfnisse«) sind wir bereits auf neue Schulen zur körperlichen Selbstverteidigung wie »KRAV CORE«[371] (für »KRAV MAGA«) in Basel eingegangen. Hier kannst du auch nochmals zurückblättern, um die weiteren Inspirationen erneut auf dich wirken zu lassen.

4.2.13.1 »NEW NORMAL«

Ein Bereich, der seit Anfang 2020 besonders ins öffentliche Bewusstsein gerückt ist, ist der »Gesundheitsschutz«, wir sind darauf bereits eingegangen. Hier eröffnen sich für Existenzgründer*innen und Start-ups aus den unterschiedlichsten Branchen interessante neue Möglichkeiten.

Verkaufsstopp-Schild in Zug am 26.02.2020 © Bellone Franchise Consulting GmbH

Industriedesigner*innen wie der von uns vorgestellte J. Roberto Inderbitzin verwenden neue Materialien und etablieren neue Produkte, um die Übertragbarkeit von Viren zu reduzieren. App-Designer*innen ermöglichen neue kontaktlose Interaktionsformen. Innenarchitekt*innen denken im Rahmen von »Social Distancing« Kundenströme in Läden neu. Ladenbauer*innen entwerfen neue Möbel, mit neuen gesundheitsfördernden Funktionen. Anfang 2020 ging es um Schutzmasken, Schutzwände und Hygienespray. Jetzt werden die Produktangebote und Leistungen vielfältiger und innovativer. Es ist nie zu spät, in diesen »Gesundheitsschutz-Markt« proaktiv und unternehmerisch einzusteigen.

4.2.14 ÜBRIGENS, ... – DIE HISTORIE DES MARKETING-MIX

»13-P-Marketing-Mix« © Bellone Franchise Consulting GmbH

Der »4-P«-Ur-Marketing-Mix wurde in den USA entwickelt und 1960 von dem Marketing-Professor Edmund Jerome McCarthy verfeinert. Er wollte alle notwendigen Bereiche des Marketings in ihm abbilden, die es brauchte, um ein Unternehmen erfolgreich zu führen. Dafür reichten in der damaligen Zeit vier Marketing-Dimensionen aus, die englisch mit »P's « bezeichnet wurden. Deshalb gab man ihm den Namen »4-P-Marketing-Mix«. Die vier P's stehen für die Bereiche »Product«, »Price«, »Place« und »Promotion«. Im Dienstleistungsmarketing entdeckte man später, dass Dienstleistungen anders vermarktet werden müssen als Produkte. Schließlich sind Dienstleistungen immaterieller Natur. Sie lassen sich nicht auf Halde produzieren und in einem Hochregal lagern. Zusätzlich binden sie Menschen mit ein, sowohl in der Leistungserbringung als auch im Prozess des Leistungsempfangs. Man denke nur an die

Dienstleistungen von Friseur*innen. Einerseits muss mindestens ein*e Mitarbeiter*in zur Leistungserbringung anwesend sein, zusätzlich aber auch der Kunde oder die Kundin. Deshalb wurden die weiteren drei P's »People«, »Process« und »Physical Evidence« hinzugefügt und die Bezeichnung des »7-P-Marketing-Mix«[372] gewählt. Uns reichte auch dieser Marketing-Mix für die heute notwendigen Marketingherausforderungen nicht mehr aus, um sie umfassend abzubilden. Man denke nur an die Gestaltungsbereiche »Purpose« für den Unternehmenszweck, »Performance« für Leistungszahlen, »Partnership« für kooperative Arbeitsformen, »Propulsion« für Technologien, »Propellent« für die Kundensicht und »Protection« für die Gestaltung von Schutzmaßnahmen. Zusätzlich wollten wir mit unserem Marketing-Mix, den wir in der Schweiz, im Land der Tüftler*innen und Erfinder*innen, entwickelt haben, ein ausgeklügeltes Multifunktionswerkzeug zur Analyse, Inspiration, Entwicklung und zum Projektmanagement erschaffen, das zukunftskompatibel ist. Bisher konnten wir mit dem »13-P-Marketing-Mix« all diese Aufgaben zu unserer Zufriedenheit erledigen. Gern tauschen wir uns mit dir über deine Erfahrungen und Anregungen aus.

ÜBER DIE AUTOREN

Veronika Bellone, Professorin für Marketing, ist Gründerin und Geschäftsführerin der Bellone Franchise Consulting GmbH. Zu ihren internationalen Referenzkunden zählen unter anderem Fleurop, Mövenpick, Sara Lee, Schweizer Post, ACCOR, Spar und Valora. Als Wegbereiterin eines nachhaltigen Franchisings hat sie zusammen mit Thomas Matla den Green Franchise Award entwickelt, der in Zusammenarbeit mit dem Deutschen Franchiseverband in Berlin 2019 zum siebenten Mal vergeben wurde. Sie ist Coach im Rahmen der Swiss Innovation Challenge, Expertin im Impact Hub Basel und Entwicklerin der »Future is now«-Projekte an der FHNW.

Thomas Matla ist Brand-Marketing-Experte und Gründer des Greenfranchise Lab in Berlin. Seit 2008 ist er Partner, seit 2018 CMO der Bellone Franchise Consulting GmbH in der Schweiz. Als Dozent ist er für den Schweizer Franchise Verband in Zürich, als Jurymitglied für den Green Franchise Award in Berlin sowie als Experte für das Impact Hub in Basel tätig. Seine Themen sind Innovation, Nachhaltigkeit und Internationalisierung.

Das Autorenduo Bellone/Matla publiziert seit über zehn Jahren Bücher zu den Themen Trends, Marketing, Franchising und Existenzgründung.

DANKSAGUNG

Wir haben betreffend offizieller Danksagung recherchiert! Es gibt einen Welttag der Dankbarkeit. Dieser findet jährlich am 21. September statt und wurde 1977 ins Leben gerufen. Er wird genutzt, um anderen Menschen seinen Dank auszusprechen. Seit 1994 existiert zusätzlich ein internationaler Dankestag, der jeweils am 11. Januar gefeiert wird. Unser Dankestag ist der 13. Oktober 2020. Dann nämlich erscheint dieses Buch. Wir möchten uns in diesem Sinne ganz herzlich bei all den Interviewpartner*innen bedanken, die uns so offen und ehrlich Fragen zu ihrem Konzept und auch zu ihrer Situation in der Corona-Zeit beantwortet haben. Wir wurden mitunter von ihren Antworten verblüfft und konnten sehr zu Herzen gehende Momente erleben. Wir hatten mit ihnen großen Spaß und sehr philosophische Gespräche. Wir durften Bekanntschaften neu erleben und vertiefen sowie ganz neue aufbauen. Herzlichen Dank und weiterhin viel Erfolg mit euren Unternehmen! Unser Dank geht auch an den Redline Verlag, speziell an Michael Wurster, für den inspirierenden Austausch und die Realisation unseres Buchprojektes. Wir möchten uns auch bei denjenigen Menschen bedanken, die uns mit wunderbaren Momenten in unserer Schreibzeit bedacht haben. Zum Beispiel Brigitte und Anne-Sophie, die mitten im Lockdown und kurz nach dem Umzug mit ihrem speziellen Geburtstagseinsatz für enorme Glücksgefühle gesorgt haben – zumal Veronika zu denen gehört, die Geburtstage unglaublich gerne feiern. Das Fest wird noch gehörig nachgeholt! Und natürlich auch Dank an René, der so vieles während des Umbaus koordiniert hat. Monika, vielen Dank für das tolle Picknick draußen, für die guten Gespräche und ebensolches Essen. Danke für die guten Reflexionen, Barbara und Angelika. Guni, die mit ihren sagenhaften veganen Lebkuchen auch im Buch erwähnt ist, vielen Dank – somit auch an André und Valentin, die sich gleichermaßen zurückgehalten und uns wirklich gefüllte Keksdosen überlassen haben. Andreas, der uns ganz trocken und klar wieder Berliner Stimmung ins Haus gebracht hat, und Manuela, die feingeistig immer nur das Schöne sieht – auch wenn manches noch durchaus chaotisch war. Natürlich danken wir auch wieder Maria und Josef, die wirklich so heißen, und die jetzt fast 90 Minuten fernab wohnen, aber dennoch nur einen Klick entfernt sind und einen festen Platz in unseren Herzen haben.

Hier nun unsere offizielle Interviewpartner*innen-Dankesliste. Vielen Dank an:

- Kurt Aeschbacher
- Lukas Alt, fit4school
- Werner Bachofen, JobTalente GmbH
- Anna Baduini & Annika Lerch, Herzblut Vintage Fashion KlG
- Titus Dittmann, skate-aid-international e.V.
- Susanne Dröscher, CARU AG
- Salomé Fässler & Bora Polat, Valeriana (All Impact GmbH)
- Freddy Gisler, Gisler Regioladä
- Silvia Göttel, tailormade communications
- Valeria Grätzer & Pascal Kälin, na-le GmbH
- Ralph Heidemann, Heidemann Kommunikation
- Yasmine & Max Hensler, YaMax Travel AB/NORRSKEN LODGE
- Jakob Hirzel, Bubble Box AG
- Freya Hoffmeister, Janny´s Eis Franchise GmbH
- Ingrid Huse, CHIMETAC GmbH

- J. Roberto Inderbitzin, REFRAME Design Studio
- Lars Meyer & Frank Nehls, meyer & nehls
- Thomas Laux, Hausboote Lahn
- Monique Leonhardt & Peggy Reichelt, XbyX (chowa GmbH)
- Nico Leuenberger, Podcast-Schmiede GmbH
- Maurice Morell, Sylter Suppen
- Rainer Oleak, Tonscheune Oleak
- Ilona Peters, Zauberfrau
- Alina Russ, LoLa's Kitchen (Russ Marketing GmbH)
- Beate Sander
- Barbara Schärz, Funeral Planning
- Nico Vogt, Podcast »Mach dis Ding«

Zu guter Letzt geht unser großer Dank an all unsere Leser und Leserinnen! Ihr macht es mit euren Feedbacks und Buchkäufen möglich, dass wir diese Bücher schreiben können. Vielen Dank dafür, denn wir tun es wirklich gern.

ANHANG

1 https://www.tinystartup.ch/interviews/marmetube/

2 https://spotfolio.com/2019/08/05/marmetube-schliesst-eine-sechs-stellige-finanzierungsrunde-mit-square-one-foods-erfolgreich-ab/

3 https://www.focus.de/regional/berlin/berlin-so-suess-zwei-maenner-fuer-den-fruehstueckstisch_id_9109067.html

4 https://www.youtube.com/channel/UCSSUG_vo76v04FKRnsWavMA

5 https://www.shz.de/regionales/hamburg/lakritz-senf-aus-hamburg-ein-besuch-in-der-manufaktur-id19097701.html

6 https://www.senfpauli.de/

7 https://www.zukunftsinstitut.de/fileadmin/user_upload/Publikationen/Auftragsstudien/studie_generation_y_signium.pdf, S. 23.

8 https://www.welt.de/vermischtes/article204218328/Frauen-bekommen-im-Durchschnitt-mit-30-Jahren-erstes-Kind.html

9 https://www.welt.de/finanzen/immobilien/article132157105/Wer-heute-ein-Haus-kauft-ist-fast-40-Jahre-alt.html

10 https://deutscherstartupmonitor.de/fileadmin/dsm/dsm-19/files/Deutscher_Start-Monitor_2019.pdf, S. 31.

11 https://startupwissen.biz/wie-alt-sind-startup-gruender-im-durchschnitt/

12 https://ind-berlin.net/

13 https://www.tinystartup.ch/interviews/ind-berlin/

14 https://www.tinystartup.ch/interviews/na-le/

15 https://www.werbewoche.ch/werbung/agenturen/2020-03-09/ralph-heidemann-gruendet-luzern-seine-eigene-agentur

16 https://www.rkw-kompetenzzentrum.de/gruendung/blog/best-practice-reihe-senior-entrepreneurship-thomas-laux/

17 https://www.wiwo.de/unternehmen/industrie/james-dyson-zwei-milliarden-pfund-umsatz/10753966-2.html

18 https://blog.dorotheum.com/de/james-dyson-mister-miss-erfolg/

19 https://www.mynewsdesk.com/de/dyson/pressreleases/janina-huenerberg-ist-absolventin-der-muthesius-kunsthochschule-kiel-und-gewinnerin-des-nationalen-james-dyson-awards-und-des-german-design-awards-punkt-punkt-punkt-2992829

20 https://www.dub.de/franchise/franchisethemen/die-ganze-wahrheit-ueber-aeltere-gruender/

21 https://www.eataly.com/us_en/stores/

22 https://www.handelszeitung.ch/unternehmen/london-statt-lausanne-eataly-cancelt-den-start-der-schweiz

23 https://www.brandeins.de/magazine/brand-eins-wirtschaftsmagazin/2018/marketing/eataly-der-kostverfechter

24 https://www.handelszeitung.ch/unternehmen/london-statt-lausanne-eataly-cancelt-den-start-der-schweiz

25 https://www.gruender.de/existenzgruendung-ueber-50/

26 www.handelszeitung.ch/beruf/sind-sie-alter-als-45-dann-grunden-sie-doch-ein-unternehmen

27 https://lowbluelights.com/dr-richard-hansler

28 https://www.nestle.de/unternehmen/geschichte/portrait-heinrich-nestle

29 https://asienspiegel.ch/2018/08/vor-60-jahren-die-geburt-der-instant-ramen

30 https://celebritydead.com/2019/01/05/momofuku-ando/

31 https://www.swinburne.edu.au/news/2015/09/the-rise-of-the-senior-entrepreneur/

32 https://www.smh.com.au/business/small-business/never-too-old-to-be-an-entrepreneur-20150107-1201wd.html

33 http://www.on-purpose.com.au/

34 https://www.girlsinvent.com.au/

35 https://money.cnn.com/gallery/smallbusiness/2013/03/20/startup-over-60/2.html

36 https://www.entrepreneur.com/article/241346

37 https://my.lumitylife.com/multi-millionaire-carol-gardner-72-on-why-its-never-too-late-to-become-an-entrepreneur/

38 https://zeldawisdom.com/

39 https://maxdaddy.com/

40 https://my.lumitylife.com/multi-millionaire-carol-gardner-72-on-why-its-never-too-late-to-become-an-entrepreneur/

41 https://www.wearedore.com/features/in-her-words-jennifer-fisher/

42 Business Punk, (02/2020), S. 18.

43 https://www.share.eu/

44 https://wiso.uni-koeln.de/de/praxis/wisoalumni/wiso-alumni-im-interview/ben-unterkofler

45 https://www.presseportal.de/pm/79557/2022977

46 https://www.gruenderszene.de/allgemein/nathan-blecharczyk-airbnb-interview

47 https://roamlike.com/

48 https://www.gruenderszene.de/business/roamlike-wohnung-gratis-einrichten

49 https://de.statista.com/themen/2747/airbnb/

50 https://connfair.com/

51 https://www.welt.de/wirtschaft/gruenderszene/article207215871/Corona-Krise-Start-ups-kaempfen-mit-neuen-Geschaeftsideen-gegen-Pleite.html

52 https://connfair.com/das-coronavirus-bringt-uns-alle-zum-umdenken/

53 https://charle-berlin.de/de/

54 https://www.lebenskleidung.com/de/blog/post/lebenskleidung-stellt-vor-mandy-geddert-von-charle

55 https://www.startupvalley.news/de/berlinerin-naeht-masken/

56 https://www.sekken.ch/de/

57 https://www.solothurnerzeitung.ch/solothurn/kanton-solothurn/solothurner-start-up-produziert-statt-kosmetik-nun-desinfektionsmittel-nachfrage-ist-riesig-137734142

58 https://happypo.de/

59 https://www.press1.de/ibot/db/press1.openpr_1523868474.html#:~:text=Das%20Startup%20HappyPo%20mit%20Sitz,Kommunikation%20mit%20Augenzwinkern%20Hemmschwellen%20l%C3%B6sen.

60 https://utopia.de/happypo-po-dusche-bei-hoehle-der-loewen-69940/

61 https://mo-mi-ji.com/

62 https://www.finanznachrichten.de/nachrichten-2020-03/49128014-geschaeftskonten-startup-penta-kassiert-18-5-millionen-finanzierung-397.htm

63 https://www.faz.net/aktuell/finanzen/penta-erhaelt-4-millionen-euro-von-investoren-16848754.html

64 https://www.deutsche-startups.de/2020/03/27/dealmonitor-27-03-2020/

65 https://www.munich-startup.de/59920/yfood-erhaelt-15-millionen-euro-in-series-b/

66 https://fashionunited.de/press/einzelhandel/melagence-local-berliner-vertriebsagentur-verknuepft-luxusmode-undlokale-businesses-auf-neuer-e-commerce-plattform/2020051135588

67 https://www.bellone-franchise.com/optimierung/intro/detail.asp?IDinfo=56

68 Konjunkturtendenzen SECCO, Sommer 2020, S. 22, einsehbar auf: https://www.seco.admin.ch/seco/de/home/Publikationen_Dienstleistungen/Publikationen_und_Formulare/konjunkturtendenz/kt_sommer_2020.html

69 https://www.manager-magazin.de/lifestyle/artikel/ifo-geschaeftsklimaindex-steigt-im-juni-so-stark-wie-nie-zuvor-a-1307958.html

70 https://www.bmwi.de/Redaktion/DE/Dossier/wirtschaftliche-entwicklung.html

71 https://www.bmwi.de/Redaktion/DE/Pressemitteilungen/Wirtschaftliche-Lage/2020/20200615-die-wirtschaftliche-lage-in-deutschland-im-juni-2020.html

72 https://www.sachverstaendigenrat-wirtschaft.de/konjunkturprognose-2020.html?returnUrl=%2F&cHash=b3546368099694acd8368bcac083dfb3

73 https://www.sachverstaendigenrat-wirtschaft.de/konjunkturprognose-2020.html?returnUrl=%2F&cHash=b3546368099694acd8368bcac083dfb3

74 https://www.google.com/publicdata/explore?ds=d5bncppjof8f9_&met_y=ny_gdp_mktp_cd&idim=country:DEU:FRA:ITA&hl=de&dl=de#!ctype=l&strail=false&bcs=d&nselm=h&met_y=ny_gdp_mktp_cd&scale_y=lin&ind_y=false&rdim=world&idim=country:DEU:AUT:CHE&ifdim=world&hl=de&dl=de&ind=false

75 https://www.seco.admin.ch/seco/de/home/wirtschaftslage---wirtschaftspolitik/Wirtschaftslage/konjunkturprognosen.html

76 https://www.seco.admin.ch/seco/de/home/wirtschaftslage---wirtschaftspolitik/Wirtschaftslage/konjunkturprognosen.html

77 https://de.statista.com/statistik/daten/studie/289345/umfrage/bruttoinlandsprodukt-bip-in-der-schweiz-nach-quartalen/#:~:text=Im%201.,als%20im%20Vorquartal%20und%20Vorjahresquartal.

78 https://de.statista.com/statistik/studie/id/31493/dokument/konjunktur-in-der-schweiz-statista-dossier/

79 https://www.ifo.de/umfrage/ifo-geschaeftsklimaindex

80 https://www.markiteconomics.com/Public/Home/PressRelease/30803ceec73c41b59c1660a907c1ebee, S. 1.

81 https://www.markiteconomics.com/Public/Home/PressRelease/30803ceec73c41b59c1660a907c1ebee, S. 1.

82 https://www.markiteconomics.com/Public/Home/PressRelease/30803ceec73c41b59c1660a907c1ebee, S. 2.

83 https://www.markiteconomics.com/Public/Home/PressRelease/000117762f5f44a1a38d9056f44e85ec, S. 1.

84 https://www.markiteconomics.com/Public/Home/PressRelease/90cafb1663b5400cbcda7a0944a5c8f2

85 https://www.mineralienatlas.de/lexikon/index.php/Pal%C3%A4ontologisches%20Portrait/Massenaussterben

86 https://www.youtube.com/watch?v=6T8moaEZntk

87 https://www.cruisetricks.de/dream-cruises-neue-premium-marke-fuer-asien/

88 https://www.bluewin.ch/de/news/vermischtes/italien-verbannt-kreuzfahrtschiffe-nun-endgueltig-aus-venedig-285439.html

89 https://www.spiegel.de/reise/europa/italien-massnahmen-gegen-kreuzfahrtschiffe-in-venedig-a-1281366.html

90 https://www.spiegel.de/reise/europa/italien-massnahmen-gegen-kreuzfahrtschiffe-in-venedig-a-1281366.html

91 https://www.cruise4news.at/159867/royal-caribbean-ersetzt-venedig-im-jahr-2021-durch-ravenna/

92 https://www.kreuzfahrt-aktuelles.de/news/tui-cruises-geplanter-start-noch-im-juli-2020-mein-schiff-1-ab-kiel-mein-schiff-2-ab-hamburg/7055/

93 https://www.falstaff.de/nd/hapag-lloyd-cruises-kuendigt-neustart-an/

94 https://www.cliadeutschland.de/presse/Neustart-der-Kreuzfahrt-Leitsaetze-fuer-Wiederaufnahme-erarbeit-170

95 https://www.fr.de/panorama/corona-ausbruch-auf-kreuzfahrtschiff-in-norwegen-hunderte-muessen-in-quarantaene-90016380.html

96 https://www.dreamcruiseline.com/en-sg/plan-your-holiday/our-ships/global-dream/

97 https://www.cruisetricks.de/die-groessten-kreuzfahrtschiffe-der-welt/

98 https://www.schiffe-und-kreuzfahrten.de/news/hausboot-oder-wohnwagen-kaffeeroester-tchibo-bietet-ein-caravanboat-an/207466/

99 https://www.shz.de/regionales/kiel/weltweit-einmaliges-projekt-geht-in-serie-id158684.html

100 https://production.htr.gi-dev.ch/news/spiez-hat-neu-ein-amphibien-fahrzeug-im-angebot-9481.html

101 https://www.welt.de/motor/gallery110362759/Viele-Deutsche-wollen-einen-feschen-Haenger.html

102 https://www.nzz.ch/mobilitaet/verkehr/elektro-bootsmotoren-die-leise-revolution-auf-dem-wasser-ld.118208

103 https://gentlemag.ch/kai-boat-sushi/

104 https://www.geo.de/reisen/reiseziele/10690-rtkl-mount-everest-stau-der-todeszone

105 https://www.reisereporter.de/artikel/9203-himalaya-nach-todesserie-am-mount-everest-kommen-schaerfere-regeln-fuer-bergsteiger-in-nepal

106 https://www.helgahengge.com/; https://www.youtube.com/embed/BoTC3TW169w?rel=0

107 https://www.franchiseportal.ch/ratgeber/was-haben-bergsteiger-innen-und-angehende-franchisegeber-innen-gemeinsam-a-24872

108 https://www.nationalgeographic.de/reise-und-abenteuer/2020/06/zum-mount-everest-bitte-hinten-anstellen

109 https://www.gruenderkueche.de/gruendertalk/gruenderstory-startup-auroco-das-b2b-startup-aus-muenchen-macht-klettern-auch-ohne-zweiten-mann-sicher/#Das_ist_Auroco

110 https://www.suedkurier.de/region/kreis-konstanz/konstanz/Diese-drei-Konstanzer-haben-ein-Haendchen-fuer-den-richtigen-Griff;art372448,10184241

111 https://www.derstandard.de/story/2000107461773/firma-virgin-galactichat-seinen-weltraumbahnhof-fertiggestellt

112 https://www.nzz.ch/mobilitaet/luftfahrt/weltraum-tourismus-virgin-galactic-in-der-endphase-der-tests-ld.1541251

113 https://www.finanzen.net/nachricht/aktien/space-act-abkommen-weltraumtourismus-bald-moeglich-virgin-galactic-und-nasa-schliessen-sich-zusammen-9005386

114 https://www.nasa.gov/press-release/nasa-broadcasts-first-splashdown-of-american-astronauts-in-45-years

115 https://www.faz.net/aktuell/wissen/weltraum/spacex-neuer-raum-fuer-die-private-raumfahrt-16787012.html

116 https://www1.wdr.de/stichtag/stichtag5396.html

117 https://lunavity.com/

118 www.hurricanefactory.com

119 Global Destination Cities Index von Mastercard 2019: https://www.presseportal.de/pm/113997/4365804

120 Der Spiegel Nr. 28 vom 04.07.2020, Die einsame Insel, S. 80

121 https://www.luzernerzeitung.ch/international/corona-chaos-am-ballermann-partys-ohne-schutz-machen-mallorca-angst-ld.1237613

122 https://www.luzernerzeitung.ch/international/corona-chaos-am-ballermann-partys-ohne-schutz-machen-mallorca-angst-ld.1237613

123 http://www.ladysfirst.es/

124 https://www.unwto.org/EU-guidebook-on-sustainable-tourism-for-development

125 https://www.umwelt-im-unterricht.de/hintergrund/nachhaltiger-tourismus-oekologisch-sozial-und-chance-fuer-die-wirtschaft-vor-ort/

126 Kategorisierung von Bellone/Matla, angelehnt an den »Monitoringbericht Kultur und Kreativwirtschaft 2019« des deutschen Bundesministeriums für Wirtschaft und Technologien.

127 https://www.bmwi.de/Redaktion/DE/Publikationen/Studien/monitoringbericht-kultur-und-kreativwirtschaft-2019.pdf?__blob=publicationFile&v=4; S. 14, 15, 18.

128 https://www.bmwi.de/Redaktion/DE/Publikationen/Wirtschaft/monitoringbericht-kultur-und-kreativwirtschaft-2019-kurzfassung.pdf?__blob=publicationFile&v=22, S. 12.

129 https://www.bmwi.de/Redaktion/DE/Publikationen/Wirtschaft/monitoringbericht-kultur-und-kreativwirtschaft-2019-kurzfassung.pdf?__blob=publicationFile&v=22, S. 2, 6.

130 mit Doppelzählung

131 https://www.bmwi.de/Redaktion/DE/Publikationen/Wirtschaft/monitoringbericht-kultur-und-kreativwirtschaft-2019-kurzfassung.pdf?__blob=publicationFile&v=22, S. 8.

132 https://www.stern.de/reise/fernreisen/das-sind-die-meistbesuchten-museen-der-welt-8612742.html#mg-1_1594817060572

133 https://www.aecom.com/wp-content/uploads/2019/05/Theme-Index-2018-4.pdf, S. 19.

134 https://www.aecom.com/wp-content/uploads/2019/05/Theme-Index-2018-4.pdf, S. 18.

135 https://de.statista.com/statistik/daten/studie/189559/umfrage/ausstellungen-wel7tweit-nach-anzahl-der-taeglichen-besucher/

136 https://www.sueddeutsche.de/kultur/kultur-reisen-corona-1.4955816?fbclid=IwAR3UNjtBYVy-Z_3f2i98kJouLY4meO-qr3AMEXiwN6urjyVZg35nhP-uWrOo

137 Der Spiegel Nr. 33 vom 08.08.2020, Das Monstrum, S. 110-112

138 https://www.bmwi.de/Redaktion/DE/Wettbewerb/kultur-und-kreativpiloten-deutschland.html

139 https://www.concerti.de/vermischtes/couponconcerts-bietet-musiker-soforthilfe-in-krisenzeiten/

140 https://www.aecom.com/wp-content/uploads/2019/05/Theme-Index-2018-4.pdf, S. 10, 11.

141 https://www.aecom.com/wp-content/uploads/2019/05/Theme-Index-2018-4.pdf, S. 59.

142 https://www.aecom.com/wp-content/uploads/2019/05/Theme-Index-2018-4.pdf, S. 9.

143 https://www.aecom.com/wp-content/uploads/2019/05/Theme-Index-2018-4.pdf, S. 9.

144 https://de.wikipedia.org/wiki/Liste_erfolgreicher_Filme

145 Der Spiegel Nr. 28 vom 04.07.2020, Die Angsthasen, S. 129

146 http://www.filmstarts.de/nachrichten/18529144.html

147 https://www.cinema.de/kino/news/corona-filme-verschoben-kino-new-mutants-tenet-wonder-woman-bond-matrix-301049_ar.html

148 https://de.statista.com/statistik/daten/studie/2272/umfrage/die-15-erfolgreichsten-filme-aller-zeiten/

149 https://de.wikipedia.org/wiki/Liste_erfolgreicher_Filme

150 https://de.wikipedia.org/wiki/Liste_erfolgreicher_Filme

151 https://www.dokfest-muenchen.de/

152 Der Spiegel Nr. 22 vom 23.05.2020, Große Reichweite, S. 115

153 https://www.salzgeber.de/

154 Der Spiegel Nr. 22 vom 23.05.2020, Große Reichweite, S. 115

155 https://www.arsenal-berlin.de/mitgliedschaft/arsenal-3/anmeldung.html

156 https://www.arsenal-berlin.de/kino-arsenal/programm/einzelansicht/article/8423/2796.html

157 https://www.heise.de/tp/features/William-Higinbothams-Tennis-for-Two-3451524.html

158 https://www.businesslocationcenter.de/games/

159 https://www.20min.ch/story/6-highlights-der-groessten-gaming-messe-der-welt-831458600393

160 https://stadia.google.com/

161 https://www.xbox.com/de-CH/xbox-game-streaming/project-xcloud

162 https://store.playstation.com/de-ch/grid/STORE-MSF75508-PLAYSTATION_NOW/1?emcid=pa-no-233072&gclid=EAIaIQobChMIzJjL48LU6gIVweeyCh18MwYlEAAYASAAEgLqL_D_BwE&gclsrc=aw.ds

163 https://gdconf.com/?_mc=sem_gdcsu_x_gdcsu_ve_tsnr_x_x_bgdc_2020&gclid=EAIaIQobChMIgfvv28PU6gIVCtGyCh1BlQFXEAAYASAAEgLQk_D_BwE

164 https://www.esportsearnings.com/

165 https://de.wikipedia.org/wiki/Liste_der_erfolgreichsten_E-Sportler_nach_Preisgeld

166 https://www.ifpi.org/news/IFPI-issues-annual-Global-Music-Report

167 https://www.ifpi.org/wp-content/uploads/2020/07/Global_Music_Report-the_Industry_in_2019-en.pdf, S. 14.

168 https://www.ifpi.org/wp-content/uploads/2020/07/Global_Music_Report-the_Industry_in_2019-en.pdf, S 18.

169 https://www.ifpi.org/wp-content/uploads/2020/07/Global_Music_Report-the_Industry_in_2019-en.pdf, S. 11.

170 https://www.ifpi.org/wp-content/uploads/2020/07/Global_Music_Report-the_Industry_in_2019-en.pdf, S. 13.

171 https://www.musikindustrie.de/fileadmin/bvmi/upload/06_Publikationen/Musikwirtschaftsstudie/musikwirtschaft-in-deutschland-2015.pdf, S. 6.

172 https://www.musikindustrie.de/fileadmin/bvmi/upload/06_Publikationen/MiZ_Jahrbuch/2019/Musikindustrie_in_Zahlen_2019_ePaper.pdf, S. 11.

173 https://www.musikindustrie.de/fileadmin/bvmi/upload/06_Publikationen/MiZ_Jahrbuch/2019/Musikindustrie_in_Zahlen_2019_ePaper.pdf, S.m2, 46, 8 und 13.

174 https://www.musikindustrie.de/fileadmin/bvmi/upload/06_Publikationen/MiZ_Jahrbuch/2019/Musikindustrie_in_Zahlen_2019_ePaper.pdf, S. 14, 15, 17.

175 https://www.musikindustrie.de/fileadmin/bvmi/upload/06_Publikationen/MiZ_Jahrbuch/2019/Musikindustrie_in_Zahlen_2019_ePaper.pdf

176 https://www.ifpi.org/news/IFPI-issues-annual-Global-Music-Report

177 https://www.arte.tv/de/videos/096844-001-A/united-we-stream-1-watergate/

178 https://www.youtube.com/watch?v=LNNPNweSbp8

179 https://www.youtube.com/watch?v=N7pZgQepXfA

180 https://www.npr.org/series/tiny-desk-concerts/?t=1594892428423

181 https://www.npr.org/2020/05/05/850123745/lianne-la-havas-tiny-desk-home-concert

182 https://www.kultur-kreativ-wirtschaft.de/KUK/Navigation/DE/DieBranche/Designwirtschaft/designwirtschaft.html

183 https://www.aargauerzeitung.ch/blogs/nvidia-mit-rekord-1937-in-5-jahren-138485397

184 https://www.nvidia.com/de-de/about-nvidia/corporate-timeline/

185 https://www.bmwi.de/Redaktion/DE/Publikationen/Studien/analyse-der-deutschen-bildungswirtschaft-im-zeichen-der-digitalisierung.pdf?__blob=publicationFile&v=12, S. 23, 2122, 51.

186 https://www.watson.ch/schweiz/coronavirus/750393044-coronavirus-novartis-erlaubt-home-office-fuer-immer

187 https://www.absatzwirtschaft.de/die-maslowsche-buerobeduerfnis-pyramide-172758/?fbclid=IwAR2GlkxhuOkbNo2gYCLHl3yCGC5qT2x5QqOHmookU9Flv5vTyzK_IjPSGBM

188 https://www.deutschlandfunk.de/zukunft-der-arbeit-siemens-setzt-dauerhaft-auf-homeoffice.769.de.html?dram:article_id=480719

189 https://www.ifo.de/node/56686

190 https://blog.wiwo.de/look-at-it/2019/01/22/400-millionen-gruender-weltweit-und-viele-weitere-ueberraschende-startup-fakten/

191 https://www.forbes.com/sites/neilpatel/2015/01/16/90-of-startups-will-fail-heres-what-you-need-to-know-about-the-10/#6382349b6679

192 https://www.lead-innovation.com/blog/gr%C3%BCnde-startups-scheitern

193 SIRPLUS https://www.tinystartup.ch/interviews/SIRPLUS/

194 https://www.wiwo.de/erfolg/gruender/juicero-mit-wahnwitzigem-geschaeftsmodell-juicero-der-wahnsinn-aus-der-tuete/19713676-2.html

195 https://www.pwc.de/de/startups/pwc-studie-startups-in-deutschland-2018.pdf, S. 24.

196 CB Insight Studie 2018, https://www.start-up.ch/umstrukturierung-scheitern/start-up-scheitern-gruende/studie-cb-insight

197 https://taz.de/!866465/

198 https://www.yamo.bio/de-ch/

199 https://eduwo.ch/bildungsmagazin/yamo-ceo-tobias-gunzenhauser-geschichtsstudium/

200 https://www.luzernerzeitung.ch/wirtschaft/zuger-babybrei-startup-yamo-erhaelt-eine-finanzierung-ueber-10-millionen-euro-ld.1236810

201 https://www.yamo.bio/de-ch/produkt-sets/Jumbo-Set

202 https://www.cbinsights.com/research/startup-failure-post-mortem/

203 https://www.wohlglueckheit.de

204 https://www.companisto.com/de/blog/allgemeines/10-entrepreneure-die-vor-ihrem-erfolg-so-richtig-scheiterten-77

205 http://news.bbc.co.uk/2/hi/business/6988365.stm

206 https://www.mactechnews.de/news/article/Jobs-Flops-10-Produkt-pleiten-unter-Steve-Jobs-160358.html

207 http://www.findglocal.com/DE/Nuremberg/185280878148658/Babyviduals

208 https://wearesocial.com/digital-2020

209 https://deutscherstartupmonitor.de/fileadmin/dsm/dsm-18/files/Deutscher%20Startup%20Monitor%202018.pdf, S. 47.

210 https://community.youtiful.net/

211 https://wadi24.de/2019/10/07/youtiful-ist-die-erste-beauty-involvement-marke/

212 https://community.youtiful.net/

213 https://www.smino.ch/

214 https://www.handelszeitung.ch/tech/startups-digitalisieren-den-immobiliensektor

215 https://www.handelszeitung.ch/das-start-smino-automatisiert-bauprojekte

216 https://www.vivelacar.com/

217 https://mycamper.ch/

218 https://www.tv24.ch/hoehle-der-loewen/startups/die-hoehle-der-loewen-mycamper-waechst-weiter-137745592

219 https://bellevue.nzz.ch/mode-beauty/die-schuh-revolution-ein-schuh-fuer-alle-gefaelle-ld.1309123

220 https://mimemoi.com/

221 https://fashionunited.de/nachrichten/einzelhandel/am-ende-customization-pionier-shoes-of-prey/2019031831318

222 https://www.ifhkoeln.de/blog/details/produktindividualisierungen-wer-gerne-individualisiert-und-welche-produkte-am-interessantesten-sind/

223 https://www.gruenderszene.de/business/madeone-produkte-personalisieren?interstitial

224 https://www.startupvalley.news/de/nextbase-onlineshop-produkte-startups/

225 https://www.startupvalley.news/de/nextbase-onlineshop-produkte-startups/

226 https://www.bpb.de/nachschlagen/zahlen-und-fakten/globalisierung/52510/vernetzung

227 https://de.statista.com/themen/702/tourismus-weltweit/

228 https://praxistipps.chip.de/tiktok-2020-diese-stars-haben-die-meisten-follower_117355

229 https://www.shopify.de/blog/paper-and-tea-shopify-pos

230 https://www.paperandtea.de/

231 https://www.marktforschung.de/aktuelles/marktforschung/regionale-produkte-im-trend/

232 https://www.schweizerbauer.ch/politik--wirtschaft/agrarwirtschaft/regionale-produkte-bevorzugt-41567.html

233 https://de.statista.com/infografik/7621/relevanz-regionaler-produkte-in-oesterreich/

234 https://www.wuv.de/marketing/made_in_germany_gilt_weltweit_als_qualitaetssiegel

235 https://deutschestartups.org/wp-content/uploads/2020/04/Green-Startup-Monitor-2020.pdf; S. 2, 7.

236 https://www.s-ge.com/sites/default/files/article/downloads/ueber-blick_start-ups.pdf, S. 2.

237 https://austrianstartupmonitor.at/wp-content/uploads/2020/04/Austrian-Startup-Monitor-2019-compressed.pdf, S.6.

238 https://www.techfounders.com/wp-content/uploads/20200421_PM_Whitepaper-Startups_Sustainability_akzente_TechFounders_final_final.pdf

239 https://www.the-nu-company.com

240 https://www.exist.de/

241 https://homtastics.com/food/the-nu-company/

242 https://www.transportenvironment.org/sites/te/files/publications/One%20Corporation%20to%20Pollute%20Them%20All_English.pdf, S.6.

243 https://daphnetechnology.com/

244 https://www.swissinfo.ch/ger/daphne-technology_-swiss-ma-de--filter-zur-reduzierung-der-schadstoffemissionen-von-schif-fen/45605184

245 https://nachhaltigkeitsbericht.vaude.com/gri/vaude/faire-preise.php

246 https://www.brandeins.de/magazine/brand-eins-wirtschaftsmagazin/2019/mit-leichtem-gepaeck/sylter-suppen-skalierbare-freude

247 https://eedoctors.ch/

248 https://www.miinmarkt.ch/portr%C3%A4ts/ee-doctors-ag/

249 https://www.handelszeitung.ch/digital-switzerland/schweizer-helfen-deutschem-gesundheitsmarkt-auf-die-sprunge

250 https://www.thefemalecompany.com/

251 https://ooia.de/

252 https://www.gruenderszene.de/business/bio-tampon-startups

253 https://pwrgum.com/de_de/

254 https://www.startupvalley.news/de/pwrgum-energy-kaugummi/

255 https://8sense.com/

256 Veronika Bellone, Thomas Matla: Praxisbuch Trendmarketing. Innovationskreislauf und Marketing-Mix für KMU, Campus-Verlag, 2017, S. 115.

257 https://www.deutschland.de/de/topic/leben/stadt-und-land-fakten-zu-urbanisierung-und-landflucht

258 https://www.bfs.admin.ch/bfs/de/home/statistiken/kataloge-datenbanken/publikationen/uebersichtsdarstellungen/statistik-schweizer-staedte.html

259 https://de.statista.com/themen/3417/bevoelkerung-in-oesterreich/

260 https://www.recyclehero.de/

261 https://www.basicthinking.de/blog/2019/09/04/recyclehero-start-up-check/

262 https://www.dnn.de/Nachrichten/Panorama/Leben-auf-der-Strasse-In-Deutschland-gibt-es-48.000-Obdachlose

263 https://www.findeling.de/

264 https://www.hamburg.de/gruender-persoenlich/10664560/findeling/#:~:text=Interview%20mit%20Findeling%2DGr%C3%BCnderin%20%E2%80%9EEs,%E2%80%9C&text=Danke%20f%C3%BCr%20Ihr%20Interesse!&text=Katharina%20Walter%20und%20Florian%20Schneider,Guide%20f%C3%BCr%20Sch%C3%B6nes%20und%20Lokales

265 https://info.fairling.com/

266 https://www.faz.net/aktuell/karriere-hochschule/buero-co/die-kunden-suchen-auf-findeling-vor-allem-kakteen-16046386.html

267 https://www.bundesstiftung-baukultur.de/presse/hier-landflucht-dort-stadtflucht

268 https://villageoffice.ch/de/

269 VillageOffice und SBB erschaffen gemeinsam Coworking Spaces https://villageoffice.ch/de/geschichten/partnerschaft-sbb/

270 https://www.starten-mit-egon.de/

271 https://gruendervilla.de/

272 https://www.berlin-institut.org/fileadmin/user_upload/Europas_demografische_Zukunft_2017/Europa_online.pdf, S. 5.

273 https://www.tamandua.ch/

274 https://update.sml.zhaw.ch/alumni-start-up-tamandua-mit-alt-und-jung-zum-erfolg/

275 https://www.seniorsatwork.ch/

276 https://www.forbes.at/artikel/30-under-30-2019-schweiz.html

277 https://www.demografie-portal.de/SharedDocs/Handeln/DE/Best-Practice/Silver-Human-Resources-Center-Japan.html

278 https://www.growwisr.com/

279 https://www.wiwo.de/erfolg/beruf/altersdiskriminierung-in-jeder-lebensphase-haben-wir-kompetenzen/23017854.html

280 https://www.growwisr.com/companies-blog/wisr-fur-google-forder-programm-female-founders-immersion-ausgewahlt?lang=de

281 https://www.nessita.de/

282 https://www.deutschlandfunkkultur.de/sexualitaet-es-geht-um-die-erotische-beruehrung.2156.de.html?dram:article_id=293616

283 https://www.daserste.de/information/politik-weltgeschehen/weltspiegel/sendung/niederlande-meine-92-jaehrige-mitbewohnerin-100.html

284 https://www.wohnbuddy.com/

285 https://www.handelszeitung.ch/podcasts/upbeat/diese-grunderin-baut-einen-digitalen-mitbewohner-fur-senioren

286 Abraham H. Maslow: Motivation und Persönlichkeit, Rowohlt 2010. Das Buch erschien erstmals 1954 bei Harper and Row, Publishers, NY

287 https://thefrankjuice.com/

288 https://www.indiegogo.com/projects/juno-like-a-microwave-for-cooling#/

289 https://www.gruenderszene.de/galerie/tee-startups

290 https://directcoffee.net/

291 https://coffee-bike.com/de/

292 https://de.statista.com/themen/1543/wach-und-sicherheitsdienste/

293 Aus dem Verkaufsprospekt des Schweizer Fahrradproduzenten »STROMER«, unter »Highlights des ST5«, S. 12.

294 https://www.kravcore-basel.ch/

295 https://readersdigest.de/de/wissen-tipps/familie-leben/item/most-trusted-brands-2020-die-studie

296 https://www.payoff.ch/news/post/zoom-home-office-profiteur?hl=de

297 https://medium.com/thrive-global/the-inspiring-backstory-of-eric-s-yuan-founder-and-ceo-of-zoom-98b7fab8cacc

298 https://www.fuer-gruender.de/blog/deutscher-social-entrepreneurship-monitor-2019/

299 https://shop.artnight.com/

300 https://gruender.wiwo.de/artnight-investment-in-millionenhoehe/

301 https://www.gruenderszene.de/perspektive/podcast-aimie-carstensen-artnight

302 https://www.aargauerzeitung.ch/wirtschaft/trotz-coronakrise-schweizer-sportgeschaefte-sind-optimistisch-138531713

303 https://www.brand-trust.de/de/artikel/2019/lululemon-botschafter-klare-werte-sportmodemarke-star.php

304 https://mobile2.12app.ch/articles/25906194

305 https://www.tinystartup.ch/interviews/gluehweinwerk-ch-klg/

306 https://www.tinystartup.ch/interviews/ppura/

307 https://www.greenfranchisemarket.com/interviews/bugfoundation-barris-max/

308 https://www.tinystartup.ch/interviews/avenwood/

309 https://www.tooche.ch/rent-a-dress/

310 https://www.tagblatt.ch/leben/ob-das-vor-corona-schuetzt-promis-setzten-jetzt-auf-luxus-schutzmasken-ld.1211728

311 https://de.expensereduction.com/

312 in: Veronika Bellone, Thomas Matla: Praxisbuch Franchising, Redline Verlag 2018, S. 257-258

313 https://preisagentur-pfennigfuchser.de/

314 https://www.moneyland.ch/de/

315 https://fintechnews.ch/top-30-fintech-startups-in-switzerland-2/

316 https://www.vlot.ch/

317 https://aidonic.io/

318 https://www.youtube.com/watch?time_continue=10&v=yKI4oPD7SM8&feature=emb_logo

319 https://bellevue.nzz.ch/mode-beauty/livestream-shopping-ueber-den-einkaufs-trend-aus-china-ld.1521220

320 https://www.alibaba.com/

321 https://taobaolive.taobao.com/

322 Status 27.07.2020

323 https://shoclef.net/

324 @livbylive auf Instagram

325 https://www2.deloitte.com/content/dam/Deloitte/global/Images/infographics/technologymediatelecommunications/gx-deloitte-tmt-2018-online-world-report.pdf, S.4.

326 https://yun-berlin.com/

327 Peter Baumgartner: Lebensunternehmer/in, S&B Institut für Berufs- und Lebensgestaltung, 4. Auflage 2007. https://www.orellfuessli.ch/shop/home/artikeldetails/ID14408354.html

328 https://www.tinystartup.ch/interviews/bb-selfmanagement/

329 https://www.celonis.com/de/

330 https://www.deutscher-zukunftspreis.de/de/team-2-2019

331 https://www.celonis.com/de/press/celonis-customer-lufthansa-city-line-crowned-the-winner-for-data-powered-business-in-idc-european-data-strategy-innovation-awards-2020/

332 https://www.tinystartup.ch/interviews/aroma-sensation-solutions-b-v/

333 https://www.udk-berlin.de/studium/sound-studies-master-of-arts/

334 https://universes.art/de/magazine/articles/2020/eugenio-ampudia-concierto-bioceno

335 https://www.youtube.com/watch?v=rgvadprJFRc

336 https://www.tiktok.com/@uffizigalleries?lang=en

337 https://www.ahgz.de/news/corona-exit-das-sind-die-kreativsten-corona-umbauideen-der-branche,200012262923.html

338 https://www.mrssporty-franchise.de/fileadmin/user_upload/www_mrssporty-franchise_de/017_ueberuns/5_Karriere/E-Book-Karriere-MrsSporty-Franchise.pdf, S. 2.

339 https://www.mrssporty.de/

340 https://www.tinystartup.ch/interviews/na-le/

341 https://www.tinystartup.ch/interviews/arbofino/

342 https://www.tinystartup.ch/interviews/stadtlandkind/

343 https://www.greenfranchisemarket.com/interviews/%C3%A4ss-bar-sandro-furnari/

344 SIRPLUShttps://www.tinystartup.ch/interviews/SIRPLUS/

345 https://www.mercedes-amg.com/de.html

346 https://kainzinger.com/

347 https://www.kueberl.com/boot/

348 https://www.mcafee.com/consumer/de-de/microsite/wss-common-features/PC-Boost.html

349 https://industrie.carbagas.ch/glas/schmelzen/leistungssteigerung-mit-sauerstoff

350 Veronika Bellone, Thomas Matla: Green Franchising, mi-wirtschaftsbuch 2012, S. 97-99..

351 https://arbofino.ch/

352 https://www.tinystartup.ch/interviews/stadtlandkind/

353 https://www.tinystartup.ch/tiny-start-up-gr%C3%BCsse/gr%C3%BCsse-von-der-norrsken-lodge/

354 www.marmetube.de

355 https://gluehweinwerk.ch/

356 https://www.greenfranchisemarket.com/interviews/%C3%A4ss-bar-sandro-furnari/

357 https://de.statista.com/themen/275/mcdonalds/

358 https://rehkitzrettung.at/

359 https://www.cockpit.aero/rubriken/detailseite/news/austrian-airlines-setzt-auf-drohnen-beim-flugzeug-check/?no_cache=1

360 http://www.eagle-eye-multicopter.ch/

361 https://vertical-master.ch/de/startseite/

362 https://www.blue-ocean-robotics.com/

363 https://sifted.eu/articles/blue-ocean-robotics/

364 https://www.fidiswelt.de/

365 https://www.rbb24.de/panorama/thema/2020/coronavirus/beitraege/coronaport-nachbarschaftshilfe-hilfe-einkaufen-betreuung-internet-coronavirus-interview.html

366 https://www.de-cix.net/de/about-de-cix/media-center/press-releases/de-cix-sets-a-new-world-record

367 »Medusa mit Mundschutz«, Der Spiegel Nr. 29 vom 11.07.2020, S. 116

368 https://nuro.ai/

369 https://etailment.de/news/stories/Logistik-Coronavirus-Ein-Ausloeser-fuer-den-Boom-der-Lieferroboter-22853

370 https://www.youtube.com/watch?time_continue=4&v=VFOisGUSDGk&feature=emb_logo

371 https://www.kravcore-basel.ch/

372 Alan Wilson, Valarie A. Zeithaml, Mary Jo Bitner, Dwayne D. Gremler, Mc Graw Hill: Service Marketing Integrating Customer Focus Across the Firm, 3rd Edition, 2016, S. 22.

REGISTER